“十二五”全国计算机专业高等教育
编委会

U0685215

创意文化

中文版

Flash CS6 游戏开发教程

Programming in Flash CS6 & ActionScript 3 of Game of Computer / Frontpage / Mobile

策划◎ 创意智慧图书
著◎ 张 鹏 等

北京联合出版公司
北 京

内容简介

本书是专为想在较短时间内通过课堂教学或自学，快速掌握用中文版 Flash CS6 结合 ActionScript 3.0 开发当下最为流行的、在计算机、网页、手机等平台运行的各类游戏的理论知识、开发流程、方法和具体程序编写步骤的优秀教科书。

本书根据教学大纲，由多年在一线组织课堂教学和社会培训的实践经验丰富的教师编写，旨在帮助读者提高和掌握 Flash CS6 开发游戏的基础知识、原理和实际编程能力及技能。

本书内容：本书由 17 章组成。第 1～2 章讲解 Flash 与 ActionScript 3.0 语言的基础知识；第 3～12 章通过 10 个典型案例（《打字测试》、《智力拼图》、《扑克对对碰》、《超级大炮》、《弹力小球》、《丛林对打》、《圣剑传说》、《超级马里奥》、《3D 赛车》、《植物大战僵尸》），生动直观地讲授了如何用 Flash CS6 开发文字、益智、棋牌、射击、休闲、动作、角色扮演、冒险、体育竞技、策略这 10 类游戏的理论知识与实践知识；第 13 章通过《小鸟打猪头》游戏讲解 Flash 手机游戏的开发方法；第 14～16 章增加了 3 款当下流行的游戏（《黄金矿工》、《开心泡泡猫》、《急速逃亡》）的具体制作过程与编程方法；第 17 章讲解 Flash 游戏的优化方法。

本书特色：利用基础知识+难点与讲解+范例开发流程图+各流程程序编写方法+全部源程序代码的教学方式，授人以渔，直观、生动、具体，大大降低学习和编程难度，激发学生的学习兴趣和动手编程的欲望；通俗易懂，图文并茂，边讲解边操作。书中提供的全部源程序代码稍加改进即可为读者"据为己用"，为毕业后进入游戏一线领域就业打下基础。

光盘内容：所有范例的源程序代码和配套电子教案。

适用范围：全国高等教育院校游戏软件专业、通信专业或计算机专业教材，广大 Flash 及 ActionScript 编程爱好者实用的自学用书。

图书在版编目（CIP）数据

中文版 Flash CS6 游戏开发教程 /张鹏 等著. —北京：北京联合出版公司，2014.3

ISBN 978-7-5502-2185-7

Ⅰ. ①中… Ⅱ. ①张… Ⅲ. ①游戏－动画制作软件－程序设计－高等学校－教材 Ⅳ. ①TP391.41

中国版本图书馆 CIP 数据核字（2013）第 254985 号

总体企划：周京艳
书　　名：中文版 Flash CS6 游戏开发教程
著　　者：张　鹏　等
责任编辑：王　巍　秦仁华
编　　辑：黄梅琪　李梦娇
图文设计：周京艳　张　园
出　　版：北京联合出版公司
发　　行：北京创意智慧教育科技有限公司
发行地址：北京市海淀区知春路 111 号理想大厦 909 室（邮编：100086）
经　　销：全国新华书店

编 辑 部：（010）82665118 转 8011、8002
发 行 部：（010）82665118 转 8006、8007
（010）82665789（传真）
印　　刷：北京瑞富峪印务有限公司
版　　次：2014 年 5 月北京第 1 版
印　　次：2014 年 5 月北京第 1 次印刷
开　　本：787mm×1092mm　1/16
印　　张：18.75 印张
字　　数：425 千字
印　　数：1～3000 册
定　　价：39.00 元（附 1CD）

“十二五”全国计算机专业高等教育精品课程教材

编 委 会

前　言

近年来，Flash 游戏异军突起，已然成为游戏产业中的一支重要力量。不少业界专家认为，Flash 游戏将会成为游戏产业革新和发展的先驱。虽然与网络游戏的大投入相比，Flash 游戏的成本低、规模小，但其却在游戏市场中长期占据重要地位，并已开始向传统主机游戏发起挑战。

本书特色

- 知识点讲解透彻。笔者根据多年教学和工作经验的积累，用通俗的语言和生活中的场景去解释 Flash 游戏制作中的专业知识，易教易学。
- 实例丰富。本书提供了 14 个完整的游戏实例，每个实例都是某类型游戏的典型代表，并按照开发难度由浅入深的顺序安排实例的讲解。
- 理论和实践紧密结合。本书将 Flash 游戏开发的理论知识完全溶入实例的制作中，每个实例分为实例说明、图形制作方法、脚本难点解析、程序流程图、代码编写等几个部分讲解，逐步渗透 Flash 游戏开发的各种知识。
- 图文并茂。书中大量使用图片的方式进行知识点的讲解，目的是希望读者能够更加有效地吸收和掌握。
- 适用范围广。本书既可作为高校游戏软件专业、通信专业和计算机专业课程教材，同时也适用 Flash ActionScript 编程人员自学用书。书中各章节都附有习题及上机操作，这些内容不仅仅是为了便于学生复习思考，更主要的是作为课堂教学的一种延续。书中所附的某些设计性的习题可用来组织学生进行讨论。

本书内容

本书由 17 章组成。第 1~2 章讲解 Flash 与 ActionScript 3.0 语言的基础知识；第 3~12 章通过 10 个典型案例（《打字测试》、《智力拼图》、《扑克对对碰》、《超级大炮》、《弹力小球》、《丛林对打》、《圣剑传说》、《超级马里奥》、《3D 赛车》、《植物大战僵尸》），生动直观地讲授了如何用 Flash CS6 开发文字、益智、棋牌、射击、休闲、动作、角色扮演、冒险、体育竞技、策略这 10 类游戏的理论知识与实践知识；第 13 章通过《小鸟打猪头》游戏讲解 Flash 手机游戏的开发方法；第 14~16 章增加了 3 款最新流行的游戏案例（《黄金矿工》、《开心泡泡猫》、《急速逃亡》）；第 17 章讲解 Flash 游戏的优化方法。

读者对象

- 高校游戏软件专业、通信专业和计算机专业师生。
- Flash 动画制作人员。
- ActionScript 语言编程人员。
- 有一定面向对象的语言基础的编程人员。
- Flash 游戏开发的爱好者。

• 学习网页游戏编程的读者。

本书由张鹏、翟红兵、孙丽君、许伟共同编写。其中第 1~6 章由翟红兵完成，第 7~8 章由孙丽君完成，第 9~10 章由许伟完成。本书能够顺利完成，还要感谢王东、高明明、李季等几位教师为本书提出的宝贵建议；感谢冯胜利、刘大勇、刘佳、李淇越等游戏开发工程师对本书实例进行的多次验证，修正了初稿中的一些不合理代码；感谢李林军、李野、雷志梅、王婷婷、刘雨波、卢玉伟等几位学生对初稿的认真阅读与学习，并从学生的角度提出的一些见解，使本书的可读性和实用性更强。

本书提供所有范例的源程序代码和配套电子教案，需要者请与 010-82665789 或 lelaoshi@163.com 联系。

由于时间紧迫，笔者虽已尽全力，书中仍难免出现不足甚至纰漏之处，欢迎广大读者指正，以便今后修订。

在使用本书过程中的任何问题请直接与 zhangpeng_book@126.com 联系。

编　者

《中文版 Flash CS6 游戏开发教程》教学大纲

一、课程性质

游戏、通信或计算机专业课。

二、预修课程

计算机应用基础、某一门常用的程序设计语言（如 ActionScript、C、C++、Java 等）。

三、教学目的

通过本课程的教学，使学生理解游戏的基本概念，掌握开发设计的基本原理、技巧和方法，并能够利用 Flash ActionScript 语言编写常见的游戏程序，同时还具有一定的程序调试能力，为日后进入游戏的一线开发队伍打下坚实的基础。

四、基本内容

游戏的基本概念；游戏应用开发、编程框架、文字控制、图像显示、音效播放、记录存储、高级组件等方面的基础知识与技能；各类游戏的基础知识与开发方法。

五、基本要求

1. 了解游戏的基本概念。
2. 熟悉 ActionScript 集成开发环境。
3. 掌握各种游戏的定义、特点、分类、用户群及开发要求。
4. 明确 ActionScript 游戏开发的具体过程、实际操作和实际难题的解决方法。
5. 通过实践操作，逐步掌握 ActionScript 的编程框架、文字控制、图像显示、音效播放、记录存储等开发知识。

六、总学时分配表

（总学时 106，其中授课 36 学时，具体安排见下表。）

内容	讲授	实验	备注
第 1 章　概述	2	0	
第 2 章　ActionScript 编程基础	2	0	
第 3 章　开发文字游戏	2	4	
第 4 章　开发益智游戏	2	4	
第 5 章　开发棋牌游戏	2	4	
第 6 章　开发射击游戏	2	4	
第 7 章　开发休闲游戏	3	6	
第 8 章　开发动作游戏	3	6	
第 9 章　开发角色扮演游戏	3	6	
第 10 章　开发冒险游戏	2	6	
第 11 章　开发体育游戏	2	6	
第 12 章　开发策略游戏	2	6	
第 13 章　开发手机游戏	2	6	
第 14 章　开发休闲类游戏《黄金矿工》	2	4	
第 15 章　开发泡泡类游戏《开心泡泡猫》	2	4	

第 16 章　开发跑酷类游戏《急速逃亡》	2	4	
第 17 章　Flash 游戏的优化	1	0	
合计	36	70	总学时为 106 学时

本书各实例游戏的类型、制作各实例所需要掌握的核心理论知识与技能见下表。

实例游戏的类型与核心知识点对应表

游戏实例名称	所属的游戏类型	对应的核心知识
《打字测试》	文字游戏	1．随机数字的产生 2．文本与字符串的显示 3．键盘的监听与响应
《智力拼图》	益智游戏	1．数组的使用 2．键盘输入信息的获取
《扑克对对碰》	棋牌游戏	1．鼠标的监听与响应 2．图形按钮的制作 3．资源文件的动态加载
《超级大炮》	射击游戏	1．图形的旋转计算 2．影片播放的控制 3．定时器的使用 4．一般的碰撞检测
《弹力小球》	休闲游戏	1．图层的应用 2．鼠标拖拽功能的实现 3．复杂的数学模拟计算 4．精确的碰撞检测
《丛林对打》	动作游戏	1．遮罩层的使用 2．图像透明度的设置 3．局部的碰撞检测 4．多个按键的同时输入 5．图像翻转的实现 6．图层位置的调换
《圣剑传说》	角色扮演游戏	1．基于图块的游戏场景 2．“摄像机跟随”的实现 3．动态绘图操作
《超级马里奥》	冒险游戏	1．引导层的使用 2．系统公共元件的使用 3．开机界面的制作 4．声音的播放 5．XML 文件的动态加载
《3D 赛车》	体育游戏	1．三维绘图操作 2．三维运动的控制

《植物大战僵尸》	策略游戏	1. Gif 图片的应用 2. 复杂游戏对象的处理
《小鸟打猪头》	手机游戏	1. Flash Builder 开发环境 2. Flash Builder 手机项目开发
《黄金矿工》	休闲游戏	通过程序绘制直线
《开心泡泡猫》	泡泡类游戏	递归算法的实际应用
《极速逃亡》	跑酷类游戏	多层背景的实现

目　录

第一章 概述

内容提要

本章由 6 节组成。首先概述 Flash 软件的发展历程，然后重点介绍 Flash CS6 新增的功能、市场前景，之后是书中 14 个实例运行效果图预览。最后是小结和作业安排。

学习重点

- Flash 基础知识
- Flash CS6 新增功能
- Flash 游戏的市场前景
- 实例预览

教学环境：多媒体教室

学时建议：2 小时（其中讲授 2 小时，实验 0 小时）

近些年来，随着技术的不断进步发展，Flash 游戏越来越受到玩家的喜爱。Flash 游戏，逐渐具备了与大型网络游戏分庭抗礼、一争高低的实力。

1.1 Flash 基础知识

Flash 是由 Macromedia 公司开发的网络动画制作软件。利用 Flash 工具，网页设计者可以将音乐、动画、人机交互等多种功能融合在一起，制作出高品质的动态网页效果。

1.1.1 Flash 的诞生与发展

20 世纪 90 年代初期，很多人已经不满足于互联网的静态死板浏览模式，希望能欣赏到更为生动新颖的网页效果。在这种市场需求下，FutureWave 公司开发了一种名为 Future Splash Animator 的二维矢量动画和绘图的工具软件，并很快得到了福克斯（Fox）、迪士尼（Disney）和微软（Microsoft）等公司的认可，这些公司也成为 Future Splash 的主要客户。

1996 年底，Future Splash 技术被 Macromedia 公司重金收购，并将其改名为 Flash，并于 1997 年初发布了第一个版本。但是，由于网络技术的限制，Flash 1.0 和 Flash 2.0 都没有得到市场的认可。

1998 年，Macromedia 公司推出了 Flash 3.0，并以其简便灵活的开发模式，逐渐获得了业界的一致认可，并逐渐成为了交互式矢量动画的标准。随着 Flash 技术的进步与发展，Flash 新版本的不断推出，使 Flash 技术应用不断深入，Flash 动画与游戏已在很多领域得到了广泛的应用，并引领着数字化媒体和 Internet 开发的发展。

1.1.2 Flash 的应用领域

目前，Flash 技术处于交互式网页设计的最前沿，已经被全球大部分开发人员所信赖，成为网页动画、影视、游戏开发的最重要工具。

Flash 的应用领域非常广泛，Flash 设计者可以运用 Flash 软件制作电子贺卡、MTV、动画短片、电子商务、网站片头、网络广告、电子课件、交互游戏等很多方面的开发。甚至在消费电子、移动设备、视频、电视等领域，开发者也常常使用 Flash 技术。

5.0 以上版本的 IE 浏览器都自带有 Flash 播放插件，这使得 Flash 技术得到了更广泛的传播。现在，无论是艺术家、专业人员还是普通的爱好者，都可以从 Flash 中寻找到展现自己的舞台，相信这些专心从事 Flash 事业的朋友们，会在不久的将来带给我们更多的惊喜。

1.1.3 Flash 的特点

Flash 技术在网络动画或游戏产品中具有很多优势，其功能特点如下：

（1）产品文件小巧精致，非常适合在网络上传输；

（2）动画使用矢量图形，可以进行任意尺寸的缩放，而且不影响图像质量；

（3）动画采用流式技术，可以边下载边播放，从而减少了用户的等待时间；

（4）软件具有很强的交互性，用户可通过鼠标或键盘的操作，来真正享受网络虚拟世界所带来的愉悦；

（5）软件的制作成本低廉，在 Flash 强大功能的支持下，制作 Flash 动画或游戏软件无需投入太多的资金、时间与精力。

1.2 Flash CS6 的新增功能

目前，Flash 软件的最高版本为 Flash CS6，它在上一版本的基础上，增加了很多新功能，这些功能如下所述。

- **支持 HTML5 的发布**

Flash CS6 可利用新的扩展包（CreateJS 工具包）来导出支持 HTML5 的交互内容。

- **自动生成 Sprite sheet**

Flash CS6 可将元件和动画导出为 Sprite sheet 序列帧，使得游戏开发流程更顺畅，并增强了游戏的运行效率和体验效果。

- **锁定 Stage 3D 硬件加速**

Flash CS6 启用开源的 Starling 框架，并采用 GPU 硬件加速模式，提高了二维图形的渲染效率。

- **增强的绘图及动画工具**

Flash CS6 新增 smart shape 和强大的设计工具，让设计更精准、更高效。Flash CS6 用时间轴和动画编辑器来创建补间动画，用反向运动工具来开发自然顺畅的角色关节动画。

- **与开发套装整合**

Flash CS6 可与 Adobe Flash Builder 4.6 紧密结合，共同编辑同一张位图。

- **具有弹簧属性的骨骼工具**

Flash CS6 在骨骼系统中加入了缓动和弹性功能，通过反向动力关节引擎来产生栩栩如生的动作效果。

- **装饰画笔**

Flash CS6 配备了装饰画笔工具，利用该工具可绘制动态粒子特效（如云和雨），也可用多个对象绘制风格化的线条或图案。

- **便捷的视频集成**

Flash CS6 采用可视化的视频编辑器，这样将大幅简化视频嵌入和编码的过程，用户可直接在场景上编辑 FLV 视频。

- **关节锁定**

Flash CS6 可设置骨骼的运动范围，定义更复杂的运动，比如循环行走。

- **Adobe AIR 移动设备模拟**

Flash CS6 可模拟移动应用中常见的互动方式，例如自动转向、触控手势、重力感应等，方便用户模拟测试。

- **ActionScript 编辑器**

Flash CS6 内置 ActionScript 编辑器，并提供自定义类代码提示和代码自动填充功能，该编辑器简化了开发过程，更能有效地引用代码库。

- **无缝式移动设备调试**

在支持 Adobe AIR 的设备上，只需 USB 连接即可使 Flash CS6 提供源码级的调试服务。

- **一次创建、全盘部署**

Flash CS6 可发布绑定 Adobe AIR 的应用程序，这种应用可以运行在台式电脑、智能手机、平板和电视上运行。

- **跨平台开发**

Flash CS6 同时支持 Mac OS 和 Windows 两种操作系统。

- **自动存盘和文件恢复**

有了这项功能，即使电脑死机或突然停电，Flash CS6 也可以确保文件的一致和完整。

1.3 Flash 游戏的市场前景

近年来，Flash 游戏异军突起，已成为游戏产业中的一支重要力量。很多业界专家认为，Flash 游戏将会成为游戏产业革新和发展的先驱。

1.3.1 Flash 的普及

目前，全球已有 98%的可上网的台式机安装了 Flash Player（Flash 文件的播放器）；大约 70%的财富百强企业网站拥有 Flash 内容；超过 200 万的设计者和开发者正在使用 Flash 开发工具；已有 6500 万手机和消费电子设备支持 Flash 动画，而且这些数字还在不断地增加。Flash 动画标准已在全球普及，并引领着数字化媒体和 Internet 开发技术的发展。

同时，Flash 标准的普及也进一步推动了 Flash 游戏产业的发展。毫无疑问，Flash 游戏蕴藏着巨大的市场空间，未来前景一片光明。2012 年 8 月 15 日，Adobe 在其受欢迎的 Flash 插件 Flash Player 上做出了一个惊人的决定，宣布将停止为移动设备开发 Flash Player。尽管尝试过市场营销和与 Android 集成，最终 Adobe 还是退出了 Android，将自己关在约 85%移动市场之外。在此之前，微软官方博客也发布消息：Windows 8 的 Metro 版 IE10 浏览器将不再支持 Flash 插件。正如 Adobe 一位项目经理所说的，Flash“无法在移动领域达到与桌面一样的无处不在”，Flash 的发展道路似乎受到巨大的阻力。

就在人们纷纷讨论 Adobe 公司是否准备放弃 Flash 时。Adobe 亚太区专业讲师 Paul Burnett 日前明确表示：Adobe 肯定不会放弃 Flash，Flash 的未来在网页游戏。

众所周知，近几年不管是网页游戏还是小游戏，发展势头都非常迅速。而网页游戏和小游戏绝大部分都是通过 Flash 制作的，Adobe 正好借助这次游戏大发展调整 Flash 的方向，专注于 Flash 游戏的制作和 AIR 的开发。Flash 的最新版本 Flash CS6 支持 3D，而 3D 网游将会是未来发展的趋势，也会是网页游戏的主流。Flash 已经将自己定位在网游开发领域，尤其是 3D 高端网游为主的开发，其他技术是无法做到的。这是 Flash 的一大机遇，是 Flash 新的未来。

1.3.2 Flash 游戏的优势

虽然与网络游戏的大投入相比，Flash 游戏的成本低、规模小，但其却在游戏市场中长期占据重要地位。而且近些年，Flash 游戏甚至表现出相当强劲的势头，并已开始向传统主机游戏发起挑战。这一切都归因于 Flash 游戏的独特魅力和吸引力。

1．短小精悍

Flash 游戏大多简单、轻松，不用下载庞大的客户端，只要打开 IE 浏览器，很快即可进入游戏，其关闭和切换也十分方便。在紧张的工作之余，进行 Flash 游戏可以放松神经，调节心情，因此 Flash 游戏尤其受到众多年轻白领的青睐。

2．创意无限

Flash 游戏的制作成本低，这使得创意成为游戏成功的关键。“小成本，大创意”是 Flash 游戏开发的基本要求。很多 Flash 游戏画面简洁，但却拥有巨大的“粘性”，令无数玩家爱不释手。

3．广告效应强

广告收入是很多互联网企业的主要经济来源之一。Flash 游戏吸引着大量的玩家，并具有极大的广告效应。2007 年，美国游戏内置广告市场 69.5%的收入来自于互联网的小游戏。Spill 集团的统计数据表明，一个中等点击量的 Flash 小游戏每周可以产生 1000 美金的广告收入。正是源源不断的广告收入，推动了 Flash 游戏的不断创新。

4．不受平台的限制

Flash 游戏的可移植性强，可以在计算机、移动设备、视频电视等设备上运行，比传统电脑或视频游戏更为便捷。Flash 游戏几乎无所不在。

1.3.3 网页游戏的兴起

网页游戏（Web Game）起源于德国，又称 Web 游戏，这种游戏运行于网络浏览器上。网页游戏不需要下载客户端程序，用户可在任何地方、任何时间、任何可以上网的计算机上，体验享受网页游戏所带来的快乐。网页游戏的开启、关闭、切换也十分方便。网页游戏灵活便捷，容易操控，深受广大上班族的喜爱。

网页游戏通过浏览器屏蔽了网络通信细节，使得游戏开发者无需购买昂贵的网游引擎，从而节省了游戏开发的费用，降低了网游制作的门槛。网页游戏开发者可以将更多精力投入到游戏的内涵故事和创意中。

带宽速度和网页可承受能力的不断进步，为网页游戏的发展提供了保障。近两年，网页游戏进入了发展的“黄金期”，市场上新的作品不断问世，呈现出“井喷”的发展态势。网页游戏具有低成本、回报快等优点，不少开始运营的新产品都获得了较好的收益。

而 Flash 以其良好的编程环境和适应网络的特点，成为网页游戏的主流开发工具之一。目前，国内已经开发一批优秀的 Flash 网页游戏，例如《热血三国》、《武侠世界》、《梦幻红楼》、《昆仑 OnWeb》等，这些游戏的画面如图 1-1 所示。

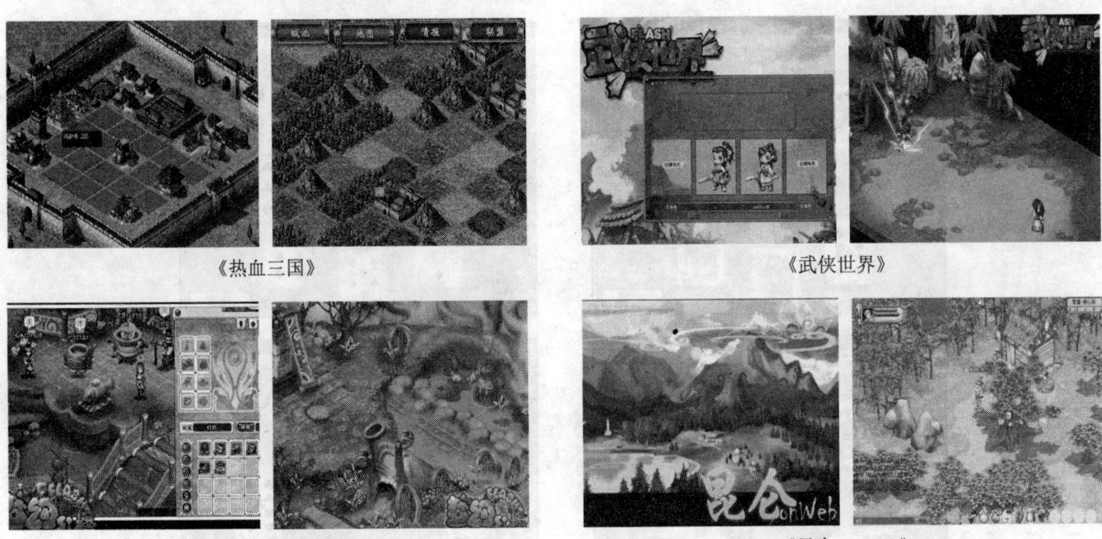
《热血三国》 《武侠世界》

《梦幻红楼》 《昆仑 OnWeb》

图 1-1 Flash 网页游戏代表

1.4 实例预览

本书将通过 9 个具体的实例，来讲解 Flash 游戏制作的各种知识。每个实例都是某类游戏的典型代表，而且本书将会根据各个实例制作的难易程度来安排讲解的顺序，希望能由浅入深地阐释 Flash 开发知识。各实例的运行效果如图 1-2～图 1-10 所示。

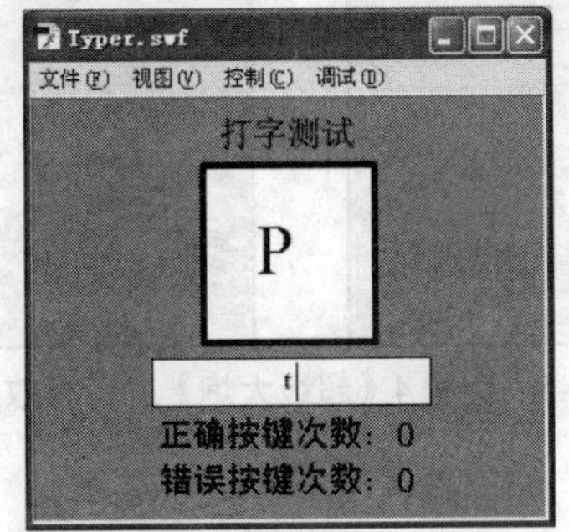

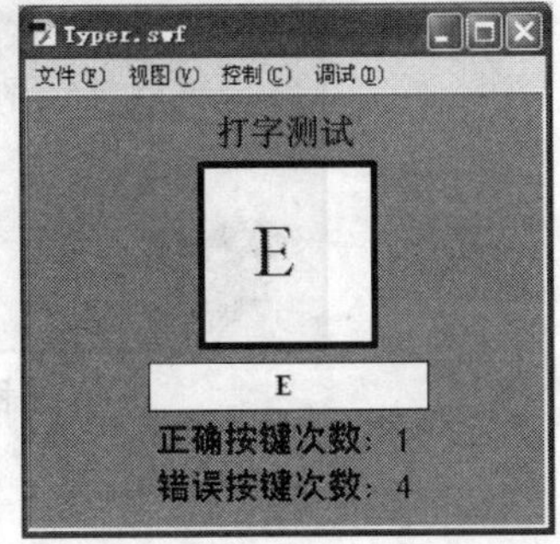

图 1-2 实例 1《打字测试》的运行效果

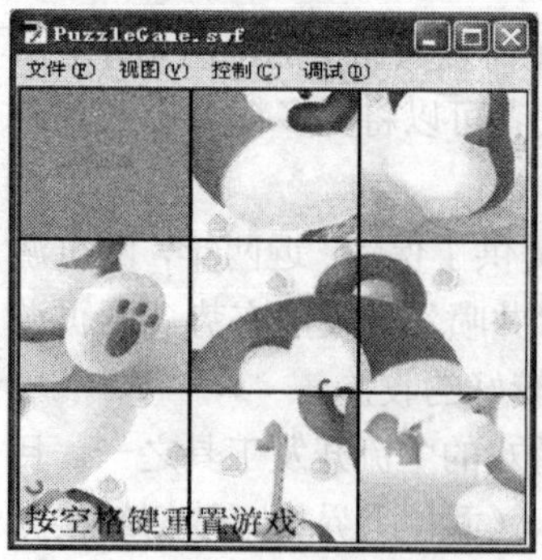

图 1-3　实例 2《智力拼图》的运行效果

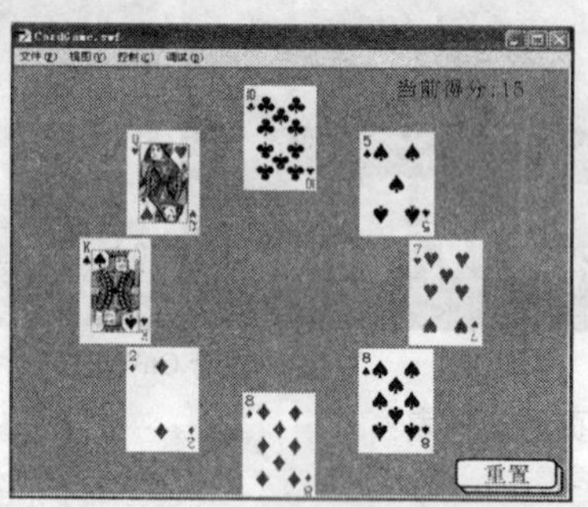

图 1-4　实例 3《扑克对对碰》的运行效果

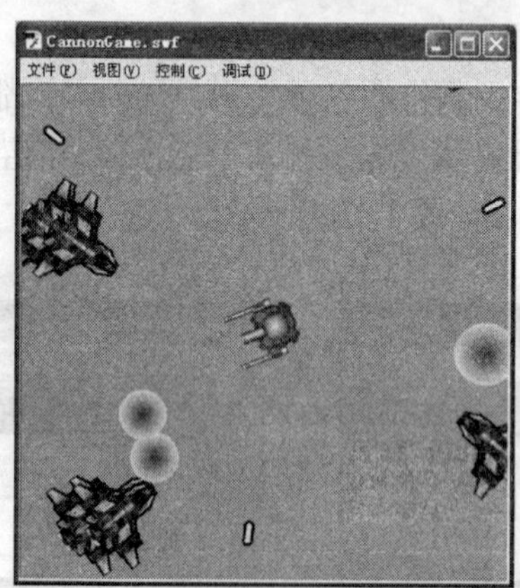

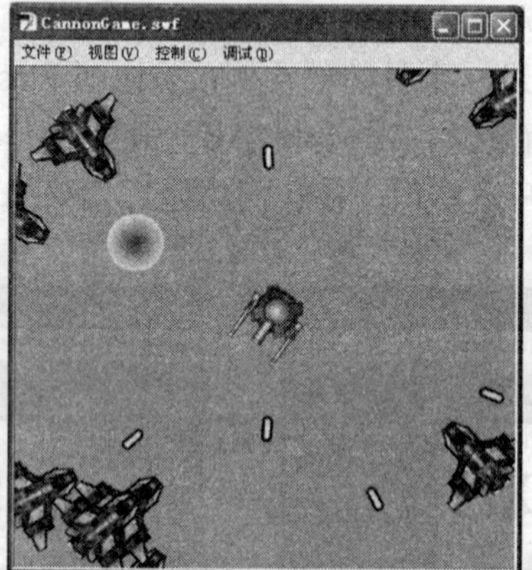

图 1-5　实例 4《超级大炮》的运行效果

图 1-6　实例 5《弹力小球》的运行效果

图 1-7　实例 6《丛林对打》的运行效果

图 1-8　实例 7《圣剑传说》的运行效果

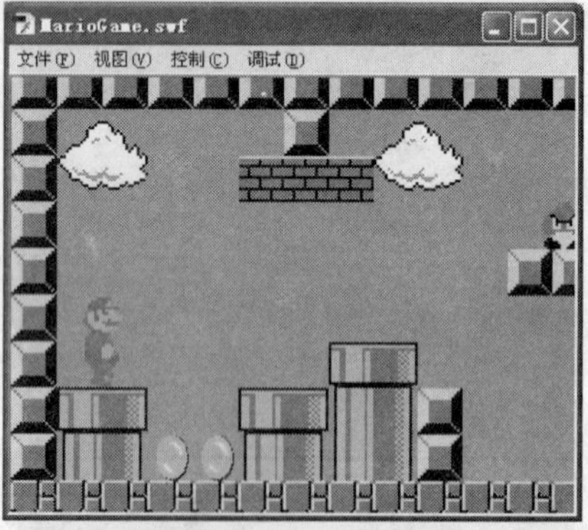

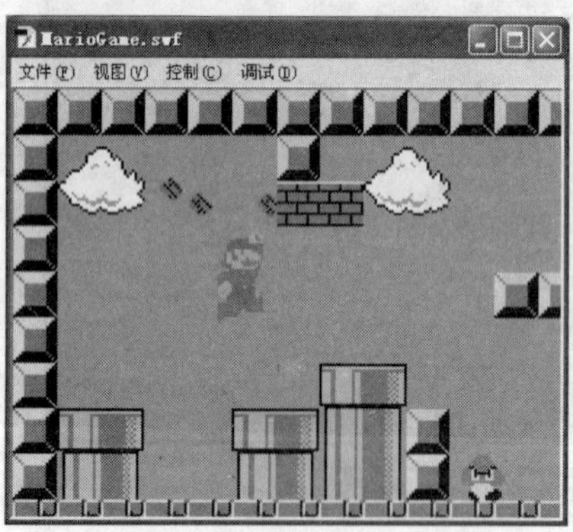

图 1-9　实例 8《超级马里奥》的运行效果

图 1-10 实例 9《3D 赛车》的运行效果

图 1-11 实例 10《植物大战僵尸》运行效果

图 1-12 实例 11《小鸟打猪头》运行效果

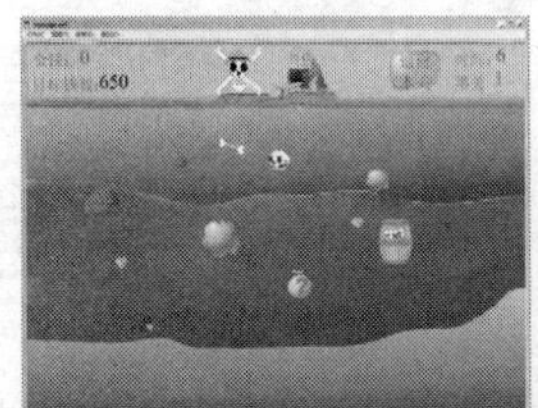

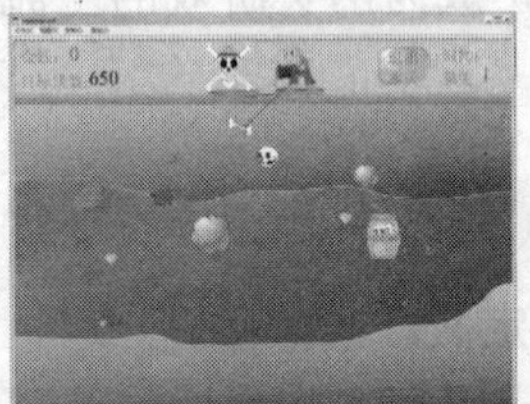

图 1-13 实例 12《黄金矿工》运行效果

图 1-14 实例 13《开心泡泡猫》运行效果

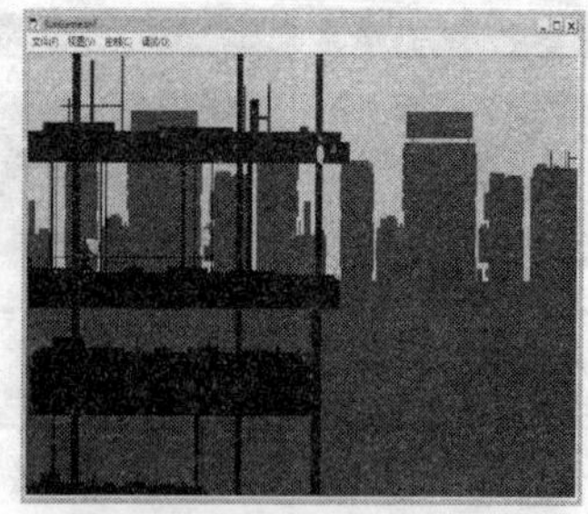

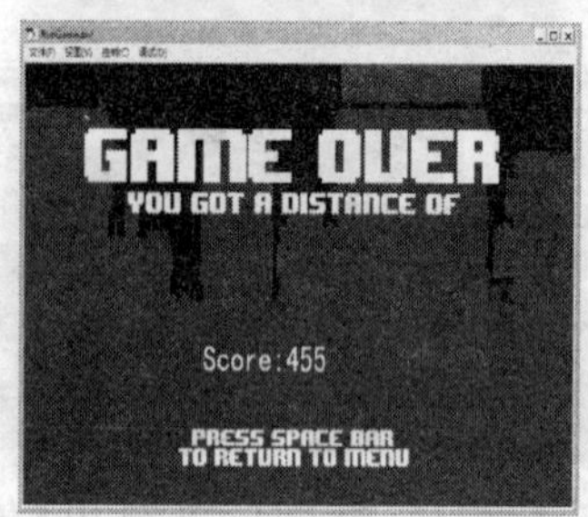

图 1-15　实例 14《急速逃亡》运行效果

本章小结

Flash 是交互式网页动画设计工具，已成为了交互式矢量动画的标准，引领着数字化媒体和 Internet 的开发和发展。Flash 产品具有无需下载、无需安装、内容丰富、趣味性强等优势，获得了很多上班族的青睐。目前，Flash 的最高版本为 CS6，与上一版本相比，Flash CS6 具有很多新增功能。

近年来，Flash 游戏异军突起，已成为游戏产业中的一支重要力量。Flash 以其良好的编程环境和适应网络的特点，成为网页游戏的主流开发工具之一。

思考与练习

1. 请说出 Flash 的定义。
2. Flash 技术可以应用到哪些领域？
3. Flash CS6 具有哪些新增功能？
4. Flash 游戏具有哪些特点？
5. 请说出网页游戏的定义及其特点。

第二章　ActionScript 编程基础

内容提要

本章由 6 节组成。首先介绍 Flash 脚本语言 ActionScript 面向对象（OOP）的编程方式、编程思想和编程流程图的绘制。最后是小结和作业安排。

学习重点

- 程序流程图的绘制
- 面向对象的编程思想

教学环境：多媒体教室

学时建议：2 小时（其中讲授 2 小时，实验 0 小时）

在开发 Flash 游戏的过程中，主要使用 ActionScript 脚本语言来编写程序。ActionScript 也是一种面向对象的编程语言。

2.1　概述

常见的程序设计方式有两种，分别为“面向过程的编程”与“面向对象的编程”。

2.1.1　面向过程的编程

面向过程的编程简称 OPP。这种程序设计方式的核心思想是“功能分解”，就是将一个完整的操作过程分解成若干个功能模块，并由主控程序统一管理各个功能模块的执行顺序。C 语言就是一种典型的面向过程的编程语言。

以下说明 OPP 的编程思想。假设某塑料制品的完整生产工序包括五个环节：预处理、成型、机械加工、修饰、装配，如图 2-1 所示。

图 2-1　某塑料制品的完整生产工序

如果开发该生产工序的管理软件，按照 OPP 的编程设计思想是，将整个生产过程分解成 5 个功能模块，每个模块分别由一个功能函数进行处理，最后在主控程序中按顺序调用这 5 个功能函数。

OPP 的优点是：程序顺序执行，流程清晰明了，易于掌握与理解。

OPP 的缺点是：主控程序承担了太多的任务，各个模块都需要主控程序进行控制和调度，从而使 OPP 不适合编写大型的软件项目。

2.1.2 面向对象的编程

面向对象的编程简称 OOP。这种程序设计方式的核心思想是“确定对象”，就是将一个或多个复杂的任务按照所属对象进行分类。目前较为流行的 C++、Java、PHP、ActionScript 等语言都是面向对象的编程语言。

为说明 OOP 的编程思想，仍然以前面提到的塑料制品的生产过程为例。如果开发该生产工序的管理软件，按照 OOP 的编程设计思想是，将生产过程中的所有工作分解为“人的工作”与“机械的工作”；其中“人的工作”又可进一步分解为“操作员 A 的工作”、“操作员 B 的工作”等；“机械的工作”又可进一步分解为“传送带的工作”、“机械手臂的工作”等；每类工作都可能会涉及到 1 个或多个工序。

如图 2-2 所示，在本例中机器手臂能同时参与机械加工、装配等两个工序的处理。而操作员会同时参与预处理、机械加工等两个工序的处理。

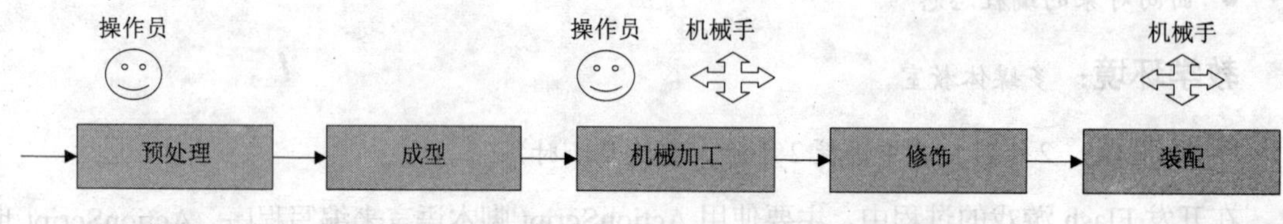

图 2-2　某塑料制品的生产中各种对象与工序的关系

OOP 的优点是：程序设计思路更加接近现实世界，程序的修改和维护更为方便，适合编写大型的软件项目。

OOP 的缺点是：程序逻辑比较抽象，初学者不容易掌握 OOP 的精髓。

2.2 ActionScript 简介

ActionScript（简称 AS）是 Flash 内置的编程语言，其语法格式与 C++、Java、PHP 等高级语言非常相似，也是一种面向对象（OOP）的编程语言。

利用 ActionScript，Flash 设计人员可以实现各种高级功能。例如，控制动画的播放顺序，渲染高级特效，进行复杂计算，响应用户输入，控制音频播放，完成网络通信等。

目前，ActionScript 的最高版本为 3.0。与之前的版本相比，AS3 具有很多性能优势。

- **代码的执行速度更快**

AS3 采用全新的 AVM（AS 代码的解析器，类似于 Java 语言的虚拟机）进行解释，其代码执行速度可以比 AS1 或 AS2 代码快 10 倍。

- **编程接口更为直观**

AS3 所提供的 API（应用编程接口）将更加直观，使用起来更为方便。

- **真正面向对象的编程方式**

AS3 是真正面向对象的编程语言，能够编写更为实用的程序。利用 AS3，程序员可以方便地创建拥有“大型数据集”和“面向对象的可重用代码库”的复杂应用程序。

- **支持 E4X**

AS3 全面支持 ECMAScript for XML（E4X），E4X 是 XML（可扩展标识语言）处理语法。

XML 已成为 AS3 的内置语法，而之前版本的 AS 则需要通过调用 API 来访问 XML 文件。

- **支持正则表达式**

正则表达式（Regular Expressions）是用于描写文本规则的代码，常用来记录字符串的语法规则。AS3 支持内置的正则表达式，从而能够高效地创建、比较和修改字符串，并能够迅速地从大量文本数据中分析、搜索和替换信息。

2.3 面向对象的编程思想

ActionScript 是一种面向对象的程序设计语言，在面向对象的编程思想中，有几个非常重要的概念，分别是：类、继承与派生、访问机制。

2.3.1 类

在程序设计中，处理某种对象时需要为它定义一些变量和方法。类（Class），就是为某种对象而定义的变量和方法的集合。在程序中，类是一种复杂的数据结构，它将不同类型的数据和相关的操作封装在一起。

下面举例说明类的使用方法。假如某家公司生产汽车，那么产品（汽车）就是一个对象。该公司要制作一个软件，其功能是为每辆汽车编号，存储每辆汽车的生产进度等信息，并且随时可更改生产进度。那么，软件中可设计如下类来对应汽车这一对象。

```
public class Vehicle                          //类名Vehicle
{
    public var m_nSN : int;                   //用于记录汽车编号
    public var m_nCurStep : int;              //当前进度，假设生产一辆汽车需要7个流水线的
                                              //环节，那么m_nCurStep将记录当前完成的环节
public var m_bFinish : Boolean;               //彻底完成的标志，若7个环节都完成，则该变量
                                              //值为true
    public function NextStep()                //当完成一个环节进入下一个环节时可调用该方法
    {
        m_nCurStep ++;
        if( m_nCurStep > 7 )                  //如果7个环节都完成了，则汽车的生产彻底完成
        {
            m_bFinish = true;
        }
    }
}
```

上面程序中的 Vehicle 类，就是每辆汽车所需要的信息变量及相关操作的集合体。但 Vehicle 本身并不对应具体的一辆汽车，它只表示所有汽车的共性。Vehicle 是抽象的，软件执行时系统内存中并不存在 Vehicle。只有 Vehicle 的实例才对应实际存在的一辆汽车。例如，软件需要记录编号为 1 和 2 的两辆汽车的信息，则需要继续添加以下代码：

```
Vehicle Vehicle1, Vehicle2;          //定义两个Vehicle类的实例
                                     //分别对应编号为1和2的两辆汽车
Vehicle1 = new Vehicle();            //为Vehicle1分配存储空间
Vehicle2 = new Vehicle();            //为Vehicle2分配存储空间
Vehicle1.m_nSN = 1;                  //把1号汽车的信息添到Vehicle1中
```

```
Vehicle1.m_nCurStep = 0;
Vehicle1.m_bFinish = false;
Vehicle2.m_nSN = 2;                    //把2号汽车的信息添到Vehicle2中
Vehicle2.m_nCurStep = 0;
Vehicle2.m_bFinish = false;
```

上述代码的第 1 行定义了两个 Vehicle 类的实例，第 2 行和第 3 行执行后，系统会分配两块内存分别存储 Vehicle1 和 Vehicle2 的内容。后面的代码分别填写了两辆汽车的信息。另外需要说明，ActionScript 语言中的基本变量（如 int 型、Boolean 型等）在定义时就会分配存储空间，而其他类型的变量或类的实例必须通过 new 函数来申请存储空间。

如果 2 号汽车完成了一个生产环节，软件中需要调用如下代码：

```
Vehicle2.NextStep();                   //注意是2号汽车
```

通过上面的例子可以看出，类是某种对象的共性。也就是说，它在内存中并不存在，仅为某种对象提供蓝图，从这个蓝图可以创建任何数量的实例。从类创建的所有实例都具有相同的变量成员和方法，但每个实例中变量的值可以不同。实际上每个实例都对应着一个独立的实体。

2.3.2 类的派生与继承

在类的层次体系中，存在着各类之间的派生和继承关系。如果某个新类是在已存在的原有类的基础上产生的，即新类所定义的数据类型除拥有原有类的成员外，还拥有新的成员。那么已存在的原有类就称为基类，又称为父类。由基类派生出的新类称为派生类，又称为子类。

继续本节中的例子。假如该公司生产的汽车有很多种，如卡车和轿车等。每辆轿车出厂前还要喷涂不同颜色的漆。如果要求软件对每辆轿车除记录一般汽车的信息外，还要记录喷漆的颜色。

如果不采用派生与继承的方法，单独为卡车和轿车建立不同的管理类。因为两个类中都需要包含公共的汽车信息，所以这两个类中的某些代码必然相同，这样就造成了代码的冗余，不利于将来的代码维护。

在这种情况下，应将卡车和轿车的公共信息提炼出来，放置到公共的父类中。如图 2-3 所示，图中的箭头方向表示派生的方向。

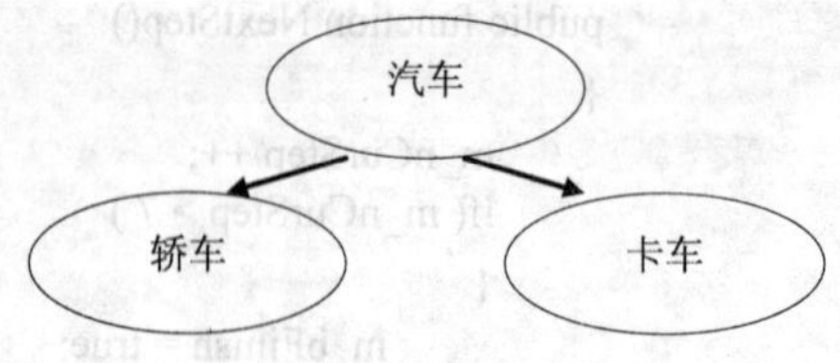

图 2-3　对象的继承关系

可以定义一个新类来管理轿车，并且该类是从 Vehicle 类派生的。代码如下：

```
public class Car extends Vehicle   //类名为Car, extends表示Car从Vehicle派生
{
    private var m_nColorType : int;   //记录要给轿车喷漆的颜色种类
    public function ChangeColor( nType : int )
    {                                         //当需要改变轿车喷漆颜色时，可调用此方法
        m_nColorType = nType;
    }
}
```

这样定义后，Car 中不仅有 Vehicle 的变量和方法，并且还具有自己的变量（如

m_nColorType）和方法（如 ChangeColor）。如果实际中需要记录编号为 3 和 4 的两辆小轿车，就可以用如下代码实现：

```
Car Car3, Car4;                    //定义两个Car类的实例，分别对应编号为3和4的两辆轿车
Car3 = new Car();                  //为Car3分配存储空间
Car4 = new Car();                  //为Car4分配存储空间
Car3.m_nSN = 3;                    //把3号轿车的信息添到Car3中
Car3.m_nCurStep = 0;
Car3.m_bFinish = false;
Car3.ChangeColor( 0 );             //让3号轿车喷0号颜色的漆
Car4.m_nSN = 4;                    //把4号轿车的信息添到Car4中
Car4.m_nCurStep = 0;
Car4.m_bFinish = false;
Car4.ChangeColor( 1 );             //让4号轿车喷1号颜色的漆
```

上面代码中，Car 类的实例即可以调用父类 Vehicle 的变量和方法，又可以调用自己特有的变量和方法。

2.3.3 类的访问机制

ActionScript 语言在类的定义中，通过 public、protected 和 private 三个关键词来规定外部访问和调用该类变量及方法的条件。

1．public（公共的）

某类中，用 public 定义的变量或方法，在外部可以被其他任何对象所访问。

2．protected（保护的）

某类中，用 protected 定义的变量或方法，在外部只能被该类的派生类的对象访问。

3．private（私有的）

某类中，用 private 定义的变量或方法，在外部不能被任何类的对象访问。

具体看下面的例子：

```
public class Class1
{
    public var m_nPara1 : int;
    protected var m_nPara2 : int;
    private var m_nPara3 : int;
    protected function AddPara2()
    {
        m_nPara2 ++;
    }
}
```

上面代码定义了一个 Class1 类，该类中分别用三种关键字定义了三个变量。再看下面的代码：

```
public class Class2 extends Class1
{
    ……                                  //其他代码省略
```

```
        public function Method()                //Class2中的一个方法
        {
            super.m_nPara1 = 1;                 //________________ (a)
            super.m_nPara2 = 1;                 //________________ (b)
            super.m_nPara3 = 1;                 //________________ (c)
            super.AddPara2();                   //________________ (d)
        }
    }
```

上面代码中的 super 表示该类的父类，也就是 Class1 类，super.m_nPara1 表示调用的是父类的 m_nPara1 变量。代码中的 Class2 是 Class1 的派生类，则（a）、（b）、（d）行代码是正确的，而（c）行代码是错误的，（c）行将不能通过编译。原因是 m_nPara3 被定义成私有的，外部任何类的对象都不能访问。m_nPara2 在 Class1 中被定义为保护的，在 Class1 的子类也就是 Class2 中是可以调用的。

接着再看下面的代码：

```
    public class Class3                         //与Class1无派生关系
    {
        ……
        public var m_Class1 : Class1;           //定义了一个Class1类的实例
        public function Method()                //Class3中的一个方法
        {
            m_Class1 = new Class1();            //为m_Class1分配存储空间
            m_Class1.m_nPara1 = 1;              //________________ (a)
            m_Class1.m_nPara2 = 1;              //________________ (b)
            m_Class1.m_nPara3 = 1;              //________________ (c)
            m_Class1.AddPara2();                //________________ (d)
        }
    }
```

上述代码中，只有（a）行是正确的，其他行都不能通过编译。原因是 Class3 与 Class1 无派生关系，也就不能在 Class3 中访问 Class1 中所有私有的和保护的变量。

2.4 程序流程图的绘制

本书后面章节在脚本代码的讲解过程中，会经常使用程序流程图来进行说明。程序流程图（program flowchart）作为一种算法表达工具，早已被广大计算机用户所熟悉和普遍使用。因为流程图便于交流，又特别适合于初学者使用，所以程序设计工作者掌握流程图的分析及使用方法是非常必要的。

流程图是对给定算法的一种图形解法。流程图又称为框图，它用规定的一系列图形、流程线及文字说明来表示算法中的基本操作和控制流程；其优点是形象直观、简单易懂、便于修改和交流。美国国家标准化协会 ANSI（American National Standard Institute）规定了一些常用的符号，如表 2-1 中列出了标准流程图中常用的符号。

表 2-1　标准流程图中的常用符号

符号名称	符号	功能
起止框	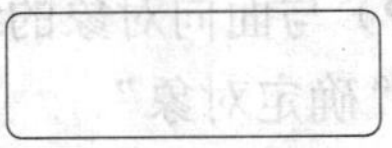 ▭	表示算法的开始和结束
输入/输出框	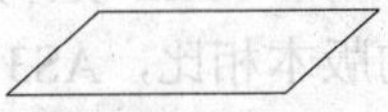 ▱	表示算法的输入或输出操作，框内填写需输入或输出的各项
处理框	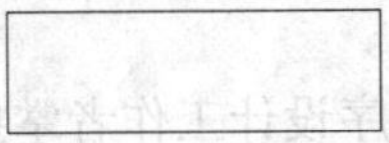 □	表示算法中的各种处理操作，框内填写处理说明或算式
判断框	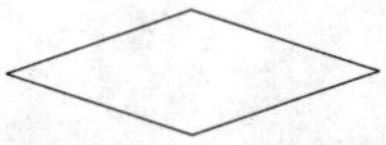 ◇	表示算法中的条件判断操作，框内填写判断条件
流程线	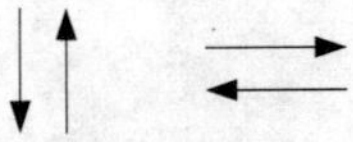 ↓↑ →←	表示算法的执行方向

起止框：用以表示算法的开始或结束。每个流程图中必须有开始框和结束框。开始框只能有一个出口，没有入口，结束框只有一个入口，没有出口，如图 2-4 所示。

输入/输出框：表示算法的输入和输出操作。输入操作是指从输入设备上将算法所需要的数据传递给指定的内存变量；输出操作则是将常量或变量的值由内存贮器传递到输出设备上。输入/输出框中填写需输入或输出的各项列表，它们可以是一项或多项，多项之间用逗号分隔。输入/输出框只能有一个入口，一个出口，其用法如图 2-5 所示。

处理框：算法中各种计算和赋值的操作均用处理框表示。处理框内填写处理说明或具体的算式，也可在一个处理框内描述多个相关的处理。但是一个处理框只能有一个入口、一个出口，其用法如图 2-6 所示。

判断框：表示算法中的条件判断操作。判断框说明算法中产生了分支，需要根据某个关系或条件的成立与否来确定下一步的执行路线。判断框内应当填写判断条件，一般用关系比较运算或逻辑运算来表示。判断框至少具有两个出口，但只能有一个入口，其用法如图 2-7 所示。

流程线：表示算法的走向，流程线箭头的方向就是算法执行的方向。事实上，这条简单的流程线是很灵活的，它可以到达流程的任意处。

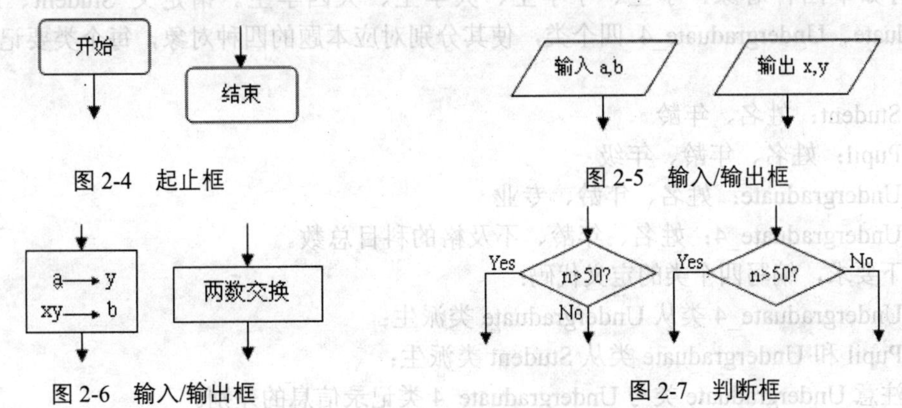

图 2-4　起止框

图 2-5　输入/输出框

图 2-6　输入/输出框

图 2-7　判断框

本章小结

常见的程序设计方式可分为：面向过程的编程（OPP）与面向对象的编程（OOP）。其中，OPP 的核心思想是“功能分解”，而 OOP 的核心思想是“确定对象”。

ActionScript 是 Flash 内置的编程语言，利用 ActionScript，Flash 设计人员可以实现各种高级功能。目前，ActionScript 的最高版本为 3.0。与之前的版本相比，AS3 具有很多性能优势。

ActionScript 也是一种面向对象的程序设计语言，学习这种语言的编程思想，首先需要掌握“类”、“继承与派生”、“访问机制”等几个概念。

流程图便于交流，又特别适合于初学者使用，所以程序设计工作者掌握流程图的分析及使用方法是非常必要的。

思考与练习

1．请说出 OPP 与 OOP 两种编程思想的主要区别。

2．某生产饼干的自动流水线可分为：成型、焙烤、冷却、理饼、分流、翻转、进给、计量、分段、给料、包装等生产工序。

所有工序全部由机械设备自动完成，其中设备 A 独立完成“成型”、“焙烤”、“冷却”工序，而设备 B 独立完成“进给”、“计量”、“分段”、“给料”、“包装”工序。设备 A 与设备 B 共同完成“理饼”、“分流”、“翻转”工序。

如果按照 OPP 的思想来编写该流水线的操作软件，应如何设计软件的功能模块？

如果按照 OOP 的思想来编写该流水线的操作软件，应首先确定哪些程序对象？

3、与之前的版本相比，AS3 具有哪些优势？

4．回答下列问题：

（1）什么是类？

（2）什么是子类和父类？

（3）子类与父类有怎样的关系？

5．使用 ActionScript 语言时，常遇到 public、protected 和 private 等几个关键词，请说出它们的作用。

6．有如下三种对象：班级、计算机班、烹饪班。这三个对象有什么关系？

7．有如下四种对象：学生、小学生、大学生、大四学生。请定义 Student、Pupil、Undergraduate、Undergraduate_4 四个类，使其分别对应本题的四种对象，每个类要记录以下信息：

（1）Student：姓名、年龄

（2）Pupil：姓名、年龄、年级

（3）Undergraduate：姓名、年龄、专业

（4）Undergraduate_4：姓名、年龄、不及格的科目总数。

按以下要求，编写四个类的定义代码：

（1）Undergraduate_4 类从 Undergraduate 类派生；

（2）Pupil 和 Undergraduate 类从 Student 类派生；

（3）注意 Undergraduate 类与 Undergraduate_4 类记录信息的差别。

第三章　开发文字游戏

内容提要

本章由4节组成。首先介绍文字游戏的特点、分类、用户群体、开发要求、发展史，接着通过实例《打字测试》讲解文字游戏制作的全过程。最后是小结和作业安排。

学习重点

- 文字游戏特点
- 《打字测试》文字游戏程序编写

教学环境： 计算机实验室

学时建议： 6小时（其中讲授2小时，实验4小时）

随着软、硬件技术的发展，计算机可显示的图像效果越来越逼真。然而画面简单的文字游戏，却仍是当今“游戏大餐”中必不可少的“一道菜”。

3.1　概述

文字游戏是以文字交换为主要形式的游戏。这类游戏中没有或仅有少量图像信息，主要用文字来描述游戏过程，并且通过文字给予游戏者一定的想象空间。

3.1.1　文字游戏的特点

1．优势

- **兼容性好**

文字游戏对硬件的要求非常低，目前几乎所有的计算机和浏览器都支持文字游戏。

- **上手容易**

图形游戏中，游戏者常常需要弄清各种图标的作用，这可能使他们感到头疼。而在文字游戏中则不会有图标的麻烦，游戏者只需要根据文字提示进行操作。

2．劣势

- **直观性差**

文字游戏中没有直观的图像，游戏者需要具备一定的想象能力，才能进行游戏。

- **游戏性差**

文字游戏大多操作简单，只能以文字提示的方式展开游戏内容，而且游戏的玩法也相对单调一些。

3.1.2 文字游戏的分类

常见的手机文字游戏，可按照游戏内容或网络环境进行分类。

1. 按照游戏内容分类

● **猜谜游戏**

类似“打灯谜”的游戏。这种游戏中，系统会先提示某些信息，游戏者需要根据这些提示，猜出某个文字或某段语句。例如经典的《猜数字》、《猜单词》等游戏。

● **测试游戏**

这种游戏中，系统先提出测试问题，并要求游戏者输入某些信息，有时系统还会列出一些选项让游戏者选择，游戏者输入或选择信息后，系统再反馈给游戏者测试的结果。很多网页上心理测试、星座预测等游戏都属于这种游戏。

● **MUD 游戏**

MUD 的全称是 Multiple User Dimension（多用户层面），也有人称之为 Multiple User Dungeon（多用户地牢），或者 Multiple User Dialogue（多用户对话）。它是指多人在线的文字网络游戏，国内玩家称之为“泥巴”游戏。

MUD 游戏类似目前流行的网络角色扮演游戏，只不过 MUD 既没有声音也没有图像，是纯文本的。在 MUD 游戏中，游戏者通过输入特定的指令来控制游戏角色。例如当前提示：“您在清风寺内”，游戏者输入指令“Out”后，系统会提示“您已经走出了清风寺”。

MUD 游戏的故事背景通常以金庸或古龙小说为题材，在游戏中，每个游戏者扮演一个角色，他们相互交谈，一起冒险。MUD 是一个没有结局的游戏，如同现实世界一样，每个游戏者都只是社会和历史的一部分。

3.1.3 文字游戏的用户群体

文字游戏的用户群具有以下特点：

（1）可能是希望通过短信交友的年轻人；

（2）希望通过答题获得奖品；

（3）对星座或爱情等预测很感兴趣；

（4）只是在无聊时间偶尔进行游戏；

（5）游戏时间很短，每次游戏的时间大多不超过 5 分钟。

3.1.4 文字游戏的开发要求

1. 设计要求

● **描述应该简洁明了**

文字游戏是以文字描述来展开游戏内容的，这就要求文字叙述要让游戏者“一读就懂”，而且不能产生歧义。

● **尽量减少用户的输入**

很多手机的用户都不会输入文字，更不会发送短信。所以在文字游戏中，应尽量减少玩家的输入，需要反馈信息时，可提供一些选项，供玩家选择。

2. 技术要求

在文字游戏的程序中，需要使用“自动换行”、“字体变换”等多种技术来提高文字的显示效果。

3.1.5 文字游戏的发展史

由于受到硬件的限制，早期的电脑游戏大多以文字叙述为主，它们赋予玩家很多想象的空间，玩家在其中感受到的乐趣远远超过今天的一些“高科技游戏”。

1.《太空大战》(SpaceWar)

世界上第一款电子游戏叫做《太空大战》（SpaceWar)，它诞生于 1961 年，是由美国麻省理工学院的学生们开发的。不过该游戏并不是文字游戏，它具有一定的图像显示效果，如图 3-1 所示。

2.《猎杀乌姆帕斯》(Hunt the Wumpus)

此后，越来越多的电脑精英被电子游戏的魅力所吸引。1972 年，《猎杀乌姆帕斯》（Hunt the Wumpus）成为继《太空大战》之后另一部广为流传的电脑游戏。《猎杀乌姆帕斯》的开发者是美国马萨诸塞大学的格雷戈里·约伯，这是一部纯文字的冒险游戏，其内容大致如下：玩家装备着 5 支箭，进入一个纵横相通的山洞，寻找游荡在其中的怪物乌姆帕斯。每进入一个洞穴，游戏都会提供一些文字线索，例如“你感觉到一股穿行于无底深渊中的气流”（表示前方有陷阱）或者“你听见前面有一群扑扇着翅膀的蝙蝠”（表示随机出现洞穴)；当游戏提示“你闻到了乌姆帕斯的气息”的时候，玩家就可以拉开弓，朝藏有乌姆帕斯的洞穴射出一箭，射中后游戏便会结束。严格地说，《猎杀乌姆帕斯》并非交互式游戏，因为在整个过程中玩家不必输入任何指令，只要选择不同的洞穴进入，最后射出致命一箭即可。

3.《探险》(Adventure)（又名《巨穴》）

第一款真正的交互式文字游戏诞生于 70 年代。1972 年，一位名叫克劳瑟的程序员与妻子黯然分手，儿女们也与他渐渐疏远。为了能够吸引儿女的注意，克劳瑟用 FORTRAN 语言在 PDP-10（早期的一种大型计算机）上编写了一个有趣的程序，这段程序就成为世界上第一款交互式文字游戏——《探险》（Adventure)。该游戏又名《巨穴》，以克劳瑟早年的洞穴探险经历为素材，其中还加入一些角色扮演的成分。《探险》游戏中，玩家的目标是探索整个“巨穴”，并带回财宝返回起点。游戏中，玩家可以输入不同的指令来控制虚拟角色，如“向西转”、“进入山谷”等。

1976 年，又有很多程序员对克劳瑟的《探险》游戏进行拓展，增加许多新的故事情节。随后这部游戏便迅速地在 ARPAnet（互联网的前身）上蔓延，几乎每台与 ARPAnet 相连的电脑上都有一份拷贝，大家陷于其中无法自拔，有人戏称《探险》使整个电脑业的发展停滞了至少两个星期。

4.《魔域帝国》(Zork)

1977 年，麻省理工学院的几位程序员（大卫·莱布林、马克·布兰克与提姆·安德森）在《探险》的基础上，开发了《Zork》游戏（后人译为《魔域帝国》)。《魔域帝国》的虚拟场景没有《探险》大，但却拥有更丰富的内容：小偷、石怪、独眼巨人、水塘、水库、房屋、森林、冰河、迷宫等。《魔域帝国》的三点创新对后来的 RPG 游戏影响很大：它首次在游戏中加入了时间因素，随着时间的推移，游戏场景会进行昼夜交替；它首次在游戏中加入 NPC（电脑控制的机器人），这些 NPC 与玩家共同进行游戏；它首次在游戏中加入性能与战斗系统，使得主角有受伤、昏迷、死亡等不同状态，每种怪物也有各自的战斗风格。需要提醒的是，《魔域帝国》中的所有内容都是用文字表述的，因此无论是开发者还是玩家，都需要具备丰富的想象力，如图 3-2 所示。

5.《超越魔域帝国》(Beyond Zork)

此后，《魔域帝国》产生了一系列后继版本，但直到 1987 年的《超越魔域帝国》（Beyond Zork）首次在《魔域》系列中采用图形界面。

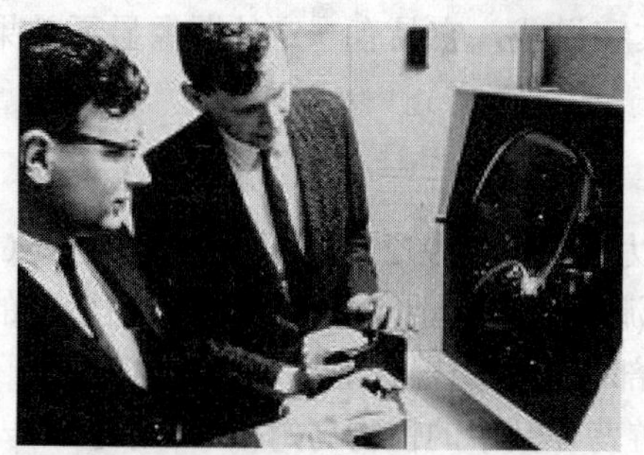
图 3-1　SpaceWar（太空大战）

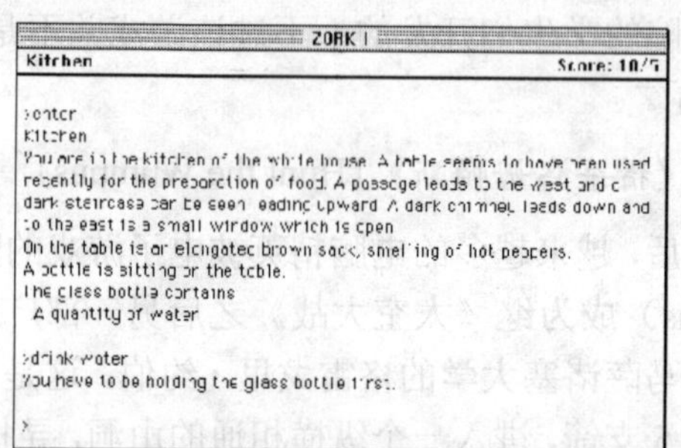

图 3-2　魔域帝国

3.2 《打字测试》文字游戏开发

接下来通过《打字测试》游戏的制作，来演示 Flash 工具软件的基本操作方式。同时，在实例的制作过程中，还将讲解如何利用 AS（ActionScript）语言来控制文本的显示，以及如何利用 AS 语言来监听键盘的输入状态。

3.2.1 操作规则

《打字测试》游戏的操作规则非常简单，运行游戏软件后，其界面上会随机出现英文字母，游戏者需要快速地按下与该字母相对应的键盘按键。软件界面的下方将显示用户按键操作的正确（按键值与显示字母相符）与错误（按键值与显示字母不符）次数。

3.2.2 本例效果

本例的实际运行效果如图 3-3 所示。

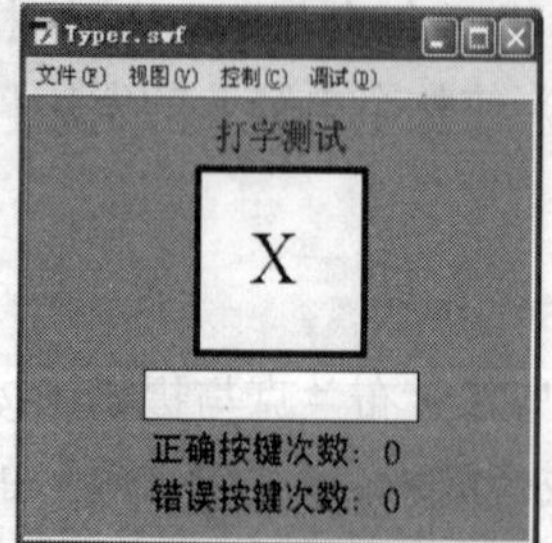

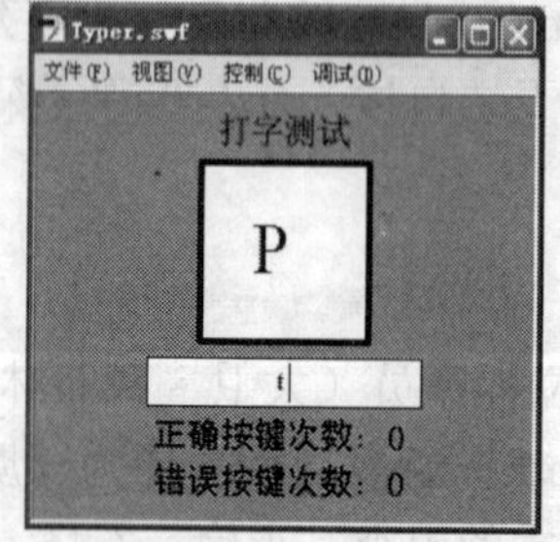

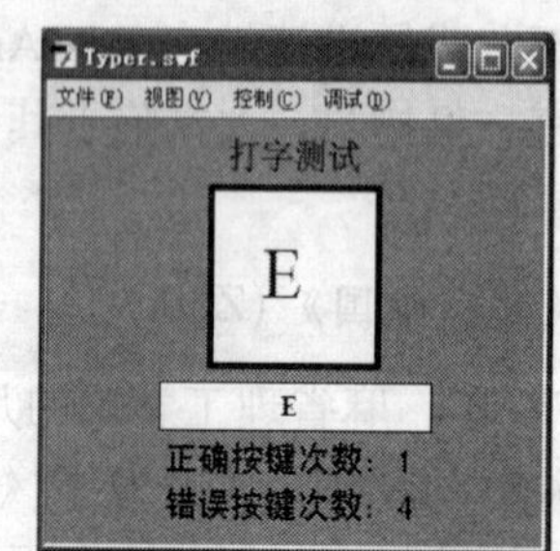

图 3-3 《打字测试》运行效果

3.2.3 开发流程（步骤）

本例开发分为 8 个流程（步骤）：①创建项目、②绘制 Flash 图形、③解决代码难点、④绘制程序流程图、⑤编写实例代码、⑥设置关联信息、⑦调试游戏程序、⑧发布游戏产品，如图 3-4 所示。

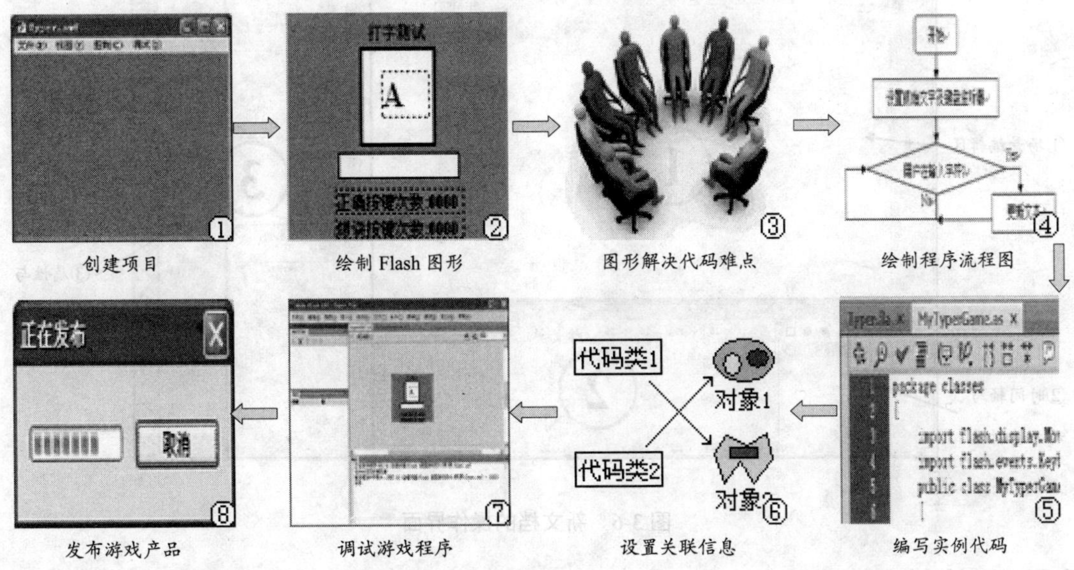

图 3-4 《打字测试》程序开发流程图

3.2.4 具体操作

流程 1 创建项目

Flash CS6 的安装过程比较简单，购买或下载 Flash CS6 后，只需运行“Setup.exe”文件，然后按照提示进行安装即可。

Flash CS6 被成功安装后，运行安装目录下的“Flash.exe”文件。打开 Flash 软件后，选择菜单命令【文件】→【新建】，系统将弹出【新建文档】窗口，如图 3-5 所示。

在【新建文档】窗口中选择 Flash 文件“ActionScript 3.0”选项，然后单击【确定】按钮。之后，Flash 将进入新文档的操作界面，如图 3-6 所示。

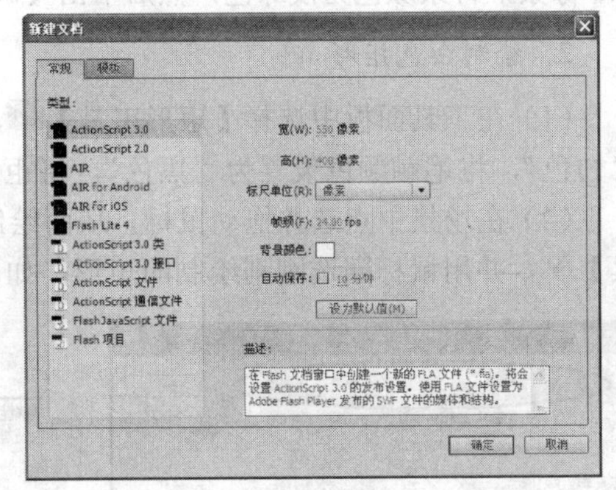

图 3-5 新建文档窗口

在操作界面中，1 区为场景编辑区，可在该区进行绘图操作；2 区是时间轴与动画编辑区，可在该区设置 Flash 动画的时间信息；3 区是属性与工具区，在该区工具面板内可以选择具体的绘图工具（如果工具面板被关闭，可点选图标将其展开），在该区属性面板内可编辑某一对象的属性（如果属性面板被关闭，可点选图标将其展开），该区库面板将显示内部资源和元件（如果库面板被关闭，可点选图标将其展开），点选该区右上角的或图标可以折叠或弹开相应的面板。

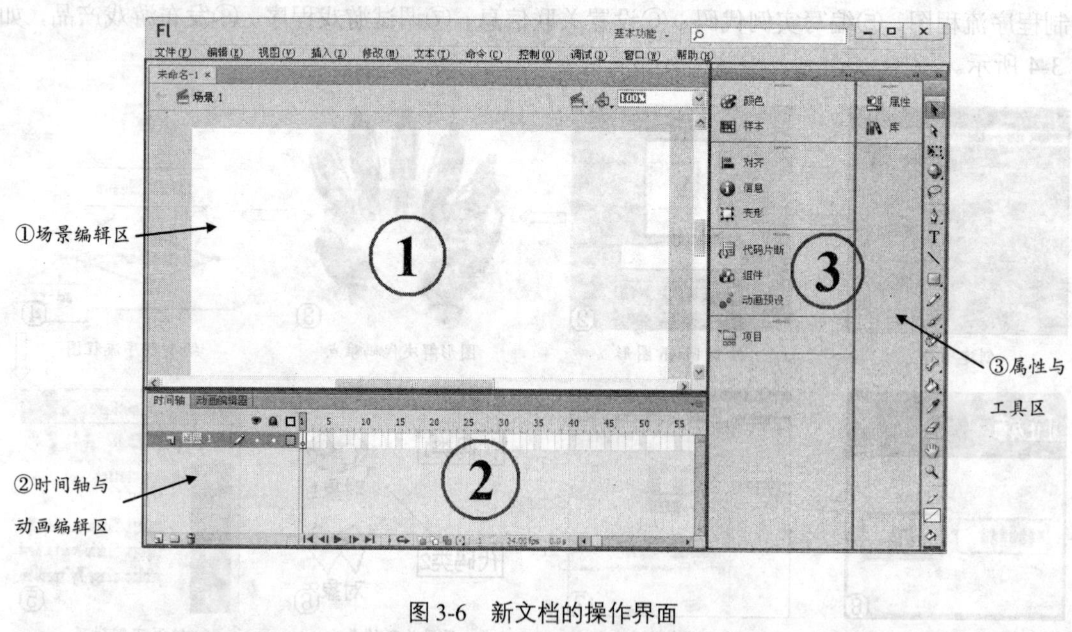

图 3-6　新文档的操作界面

流程 2　绘制 Flash 图形

绘制游戏场景及元件的操作步骤如下所述：

1．设置文档属性

选择菜单命令【修改】→【文档】，调出【文档设置】对话框。设置场景的尺寸为 300×240 像素，背景颜色为浅绿色，然后单击【确定】按钮，如图 3-7 所示。

2．绘制白色矩形

（1）在工具面板中选择【矩形工具】，然后打开属性面板，将矩形的填充颜色设置为“白色”，将笔触颜色设置为“黑色”，将矩形的边框宽度设置为 4，如图 3-8 所示。

（2）在场景中点选并拖动鼠标，从而绘制出一个矩形，然后在工具面板中选择【选择工具】，并用鼠标圈选刚刚绘制的矩形，如图 3-9 所示。

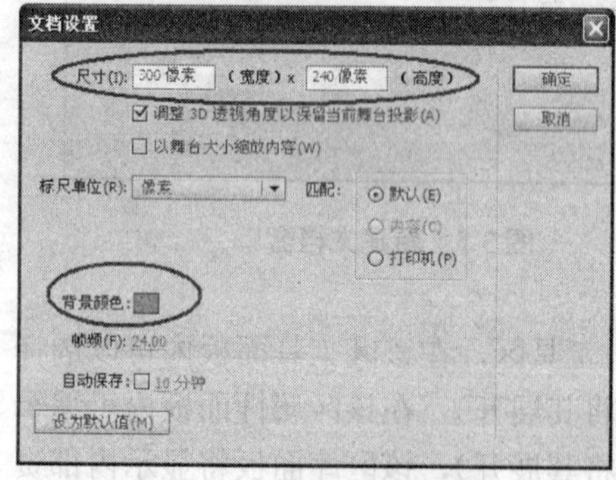

图 3-7　文档属性设置

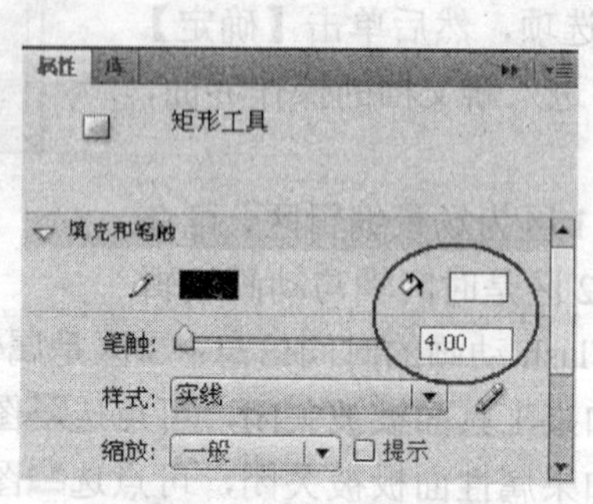

图 3-8　矩形属性设置

图 3-9　圈选图形

（3）圈选图形后，选择菜单命令【修改】→【组合】，矩形的边框与填充区域便组合起来，形成一个整体，这种组合在一起的图形也被称为矢量图形。此时可用鼠标选择并拖动该矩形，调整其位置，使矩形位于场景的中央。

3．输入各种文本

（1）在工具面板中选择【文本工具】T，在场景最上方输入“打字测试”几个字，并用【选择工具】来调整文字的位置。

（2）选择文本工具，并打开属性面板。将文本类型设置为“输入文本”，将“消除锯齿”选项设置为“使用设备字体”，同时单击字符栏中的【在文本周围显示】按钮，并单击段落栏中的【居中对齐】按钮，如图 3-10 所示。

（3）用鼠标在刚刚绘制的矩形下方拖出一个文本输入框，并调整输入框的位置。选择文本工具，并打开属性面板，将文本类型设置为“输入文本”，将文本的字体设置为“Times New Roman”，样式设置为“Bold”，大小为 40 点，同时将消除锯齿选项设置为“使用设备字体”。

需要说明的是，Flash 中的文本类型可分为静态文本、动态文本与输入文本。在软件运行过程中，静态文本将不能更改内容；动态文本则可通过脚本程序来动态改变内容；而输入文本将显现成一个文本输入框，可允许用户输入字符。此处需要注意的是，在 Flash CS6 中使用动态文本或输入文本时，一定要将文本设置成“设备字体”或通过【文本】菜单中的【字体嵌入】命令将具体的字体嵌入到项目中。

（4）在刚刚绘制的矩形中间放置一个动态文本，并输入字符“A”。在矩形的下方再放置两个动态文本，并分别输入内容“正确的按键次数：0000 次”、“错误的按键次数：0000 次”。

（5）通过工具面板中的【选择工具】，点选场景中白色矩形内的动态文本，然后打开属性面板，在【实例名称】栏中输入“T_Letter”，如图 3-11 所示。

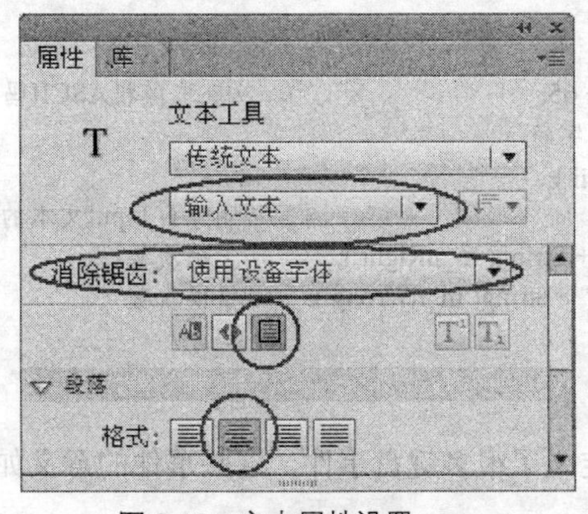

图 3-10　文本属性设置

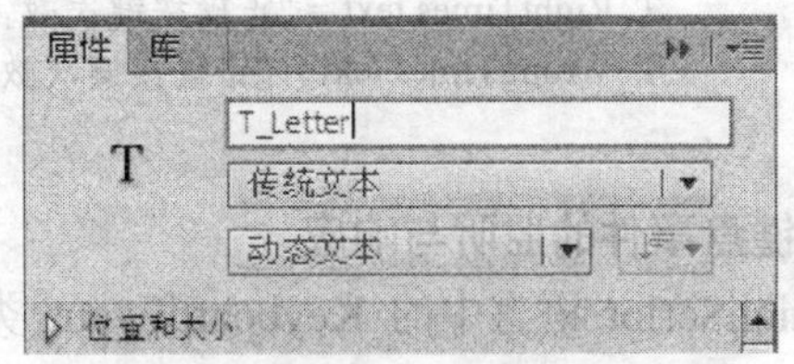

图 3-11　设置动态文本的实例名称

（6）仿照前面所介绍的方法，依次将场景中白色矩形下方的输入文本与两个动态文本分别命名为“T_Input”、“T_RightTimes”、“T_WrongTimes”。此后，在脚本程序中访问这些名称便可以设置这些文本的属性。

4．保存文件

选择菜单命令【文件】→【保存】，将文件保存为“Typer.fla”。至此，本游戏的场景图像操作部分便已全部完成。

流程 3　解决代码难点

在编写程序之前，需要先弄清代码中的制作难点，并找出难点的解决办法。

1. 脚本制作难点

编写本游戏的代码时，将会遇到如下所述的几个难点：

（1）游戏界面上会随机出现英文字母，那么在程序中该如何取得随机字母值？

（2）如何动态地更新文本的内容？

（3）如何监听、响应键盘事件？

2. 难点的解决方法

- **获取随机字母值**

在 ActionScript 语言中，调用 Math.Random()函数便可获得随机数，该随机数的取值范围为：0.0 <= Math.Random() < 1.0。

计算机中，每个字母都对应具体的 ASCII 码值，例如下面一句代码就可以获取 A~Z（ASCII 码值为 65~90）之间的 ASCII 码值。

```
var ascii:int = int( Math.random() * 26 ) + 65;
```

- **动态文本的程序控制**

Flash 中的文本类型可分为静态文本、动态文本与输入文本。在软件运行过程中，静态文本将不能更改内容；动态文本则可通过程序来动态改变内容；而输入文本将显现成一个文本输入框，可允许用户输入字符。

前面的绘图操作中，已经指定了各种动态文本实例与输入文本实例的名称。在代码中调用这些名称便可直接访问这些文本实例。更新文本内容的实现代码如下所述：

```
public function setText()
{
    var ascii:int = int( Math.random() * 26 ) + 65;                    //获取随机ASCII码
    //将T_Letter的内容设置为ascii所指定的字符
    T_Letter.text = String.fromCharCode( ascii );
    T_Input.text = "";                                                 //删除T_Input文本的内容
    T_RightTimes.text = "正确按键次数：" + String( m_nRight );          //正确次数
    T_WrongTimes.text = "错误按键次数：" + String( m_nWrong );          //错误次数
}
```

- **键盘事件的监听与响应**

ActionScript 语言中的 KeyboardEvent 类定义了很多键盘事件，这些事件的意义如表 3-1 所述。

表 3-1　常用的键盘事件

事件名称	事件意义	事件名称	事件意义
KEY_DOWN	键盘被按下	KEY_UP	键盘被释放

在 ActionScript 语言中，调用 addEventListener 函数可以实现对键盘或鼠标等事件的监听。例如下面一句代码的功能就是：监听 T_Input 对象（T_Input 是某个影片剪辑对象的实例名称）

的键盘事件，当事件发生时，系统会自动调用 onKeyboardUp 函数。

T_Input.addEventListener(KeyboardEvent.KEY_UP, onKeyboardUp);

上面代码中的 onKeyboardUp 是自定义的函数，且该函数必须拥有 KeyboardEvent 类型的参数。系统调用 onKeyboardUp 函数时，会将按键信息传递给该参数。本书下一章将深入讲解 KeyboardEvent 参数的意义。

流程 4　绘制程序流程图

难点问题逐一解决之后，则可以正式制作游戏代码。按照本书第 2 章所讲解的面向对象的编程思想，可以将本游戏的场景（舞台）确立为编程对象，而画面中各种文本及图形都可看作是场景对象所包含的属性信息。场景类（MyTyperGame 类）的程序流程如图 3-12 所示，这里将流程图标记为 A、B 两个部分，以便与“流程 5”中的具体代码相对应。

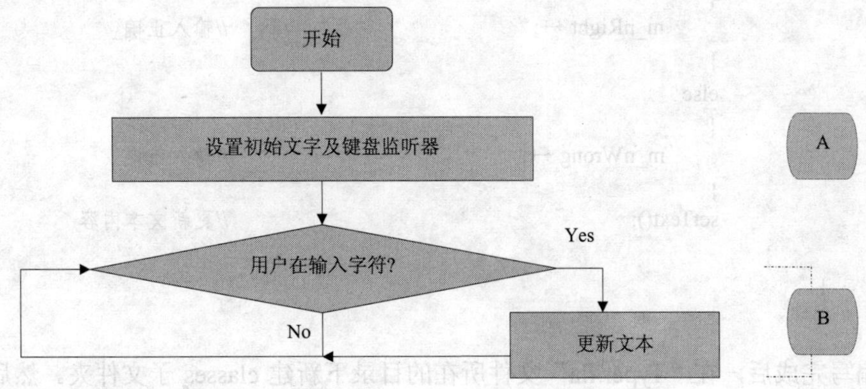

图 3-12 《打字测试》程序流程图

流程 5　编写实例代码

选择菜单命令【文件】→【新建】。在【新建文档】窗口中选择“ActionScript 文件”，然后单击【确定】按钮。这时，Flash 界面中的场景区将变为脚本编辑区，在该区域输入名为 MyTyperGame 类的程序代码。MyTyperGame 的具体代码如下所述（请参照注释进行理解）：

```
package classes                                    //包的名称（见本章稍后的讲解）
{
    import flash.display.MovieClip;                //导入影片控制的支持类
    import flash.events.KeyboardEvent;             //导入键盘事件的支持类
    //定义MyTyperGame类，场景对象类必须从MovieClip类派生
    public class MyTyperGame extends MovieClip
    {
        public var m_nRight:int = 0;               //记录正确的输入次数
        public var m_nWrong:int = 0;               //记录错误的输入次数
        public function MyTyperGame()
        {
            //这里完成程序流程图中的第A部分功能
            setText();
            this.stage.focus = T_Input;
            //定义T_Input对象的事件监听器，参数KeyboardEvent.KEY_UP
```

```
            //指定监听事件类型，即当键盘被释放时，监听器将被触发；监听
            //器被触发后，系统将自动调用onKeyboardUp函数。
            T_Input.addEventListener( KeyboardEvent.KEY_UP, onKeyboardUp );
        }
        public function setText()                    //更新文本内容
        {
            ……，此处代码略，与本章实例制作“流程3”中的同名函数代码相同
        }
        //自定义的监听器被触发后，系统将自动调用此函数。
        public function onKeyboardUp( e:KeyboardEvent )
        {
            //这里完成程序流程图中的第B部分功能
            var temp:String   = T_Input.text.toUpperCase();    //将字符转换为大写
            if( T_Letter.text == temp )
            {
                m_nRight ++;                               //输入正确
            }
            else
            {
                m_nWrong ++;                               //输入错误
            }
            setText();                                     //更新文本内容
        }
    }
}
```

代码编写完成后，在“Typer.fla”文件所在的目录下新建 classes 子文件夹。然后在 Flash 中选择菜单命令【文件】→【保存】，将代码文件保存到 classes 文件夹中，并将其命名为“MyTyperGame.as”。

需要注意的是：代码文件的名称必须与代码中的类名（MyTyperGame）相同，而代码文件所在的文件夹必须与代码中的包名称相同（classes），同时名称字母的大小写也应保持一致。文件保存完毕后，在 Flash 中选择场景区左上角的切换页回到场景编辑状态，如图 3-13 所示。

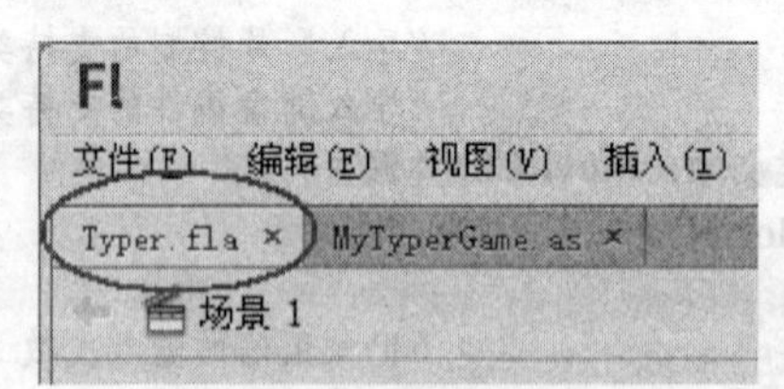

图 3-13　页面切换

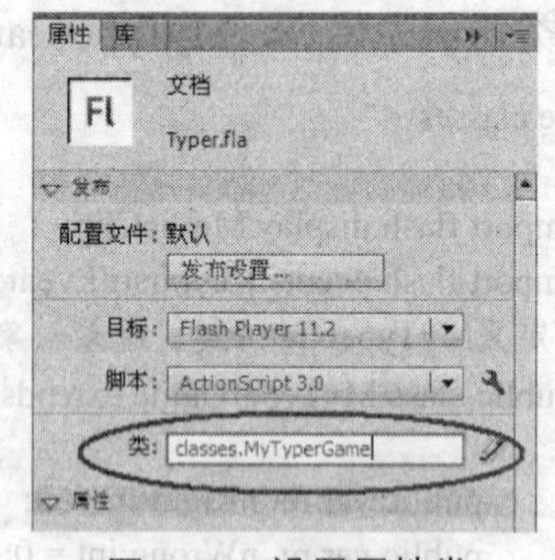

图 3-14　设置属性类

流程 6　设置关联信息

保存程序代码后，还需要将代码文件与具体的 Flash 实例相关联，使得代码程序能够作用于具体的图形对象。具体操作方法是：在工具栏中选择【选择工具】，并用鼠标点选游戏舞台的空白部分（使游戏舞台成为 MyTyperGame 类的实例对象）。然后打开属性面板，将场景

所对应的类设置为“classes.MyTyperGame”，注意包名与类名的大小写，如图 3-14 所示。

流程 7　调试游戏程序

在发布产品之前，需要对软件进行调试，找出代码的语法错误与逻辑错误。语法错误是指程序语法格式的错误，这种错误会使程序无法通过编译；而逻辑错误则是指程序没有实现预先设计的功能。测试与调试操作的具体步骤如下所述。

1．语法调试

选择菜单命令【调试】→【调试影片】→【在 Flash Professional 中】，Flash 便自动导出 SWF 影片，如图 3-15 所示。

如果程序代码没有语法错误，Flash 将自动播放刚刚导出的 SWF 影片，否则 Flash 将在时间轴与动画编辑区（图 3-6 中所示的 2 区）显示错误信息，程序设计者可根据这些错误提示对代码进行修改。例如，如果在前面程序中加入一行代码“sssssss;”（显然这句代码的语法存在错误），然后再测试影片，则 Flash 将提示如图 3-16 所示的错误。

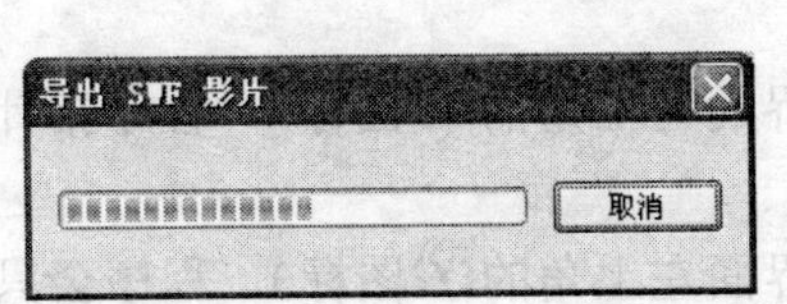

图 3-15　导出影片

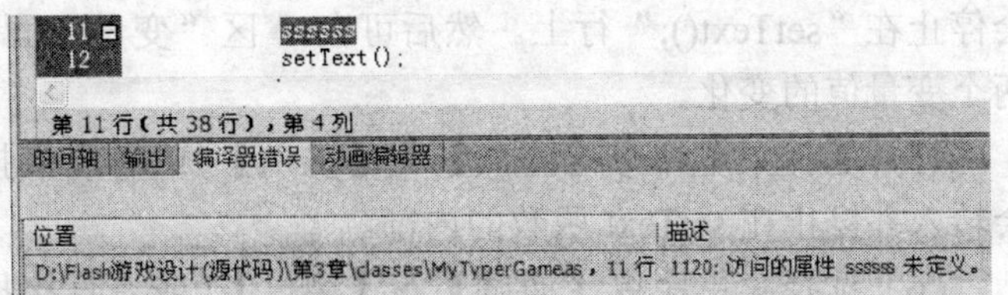

图 3-16　显示语法错误

2．逻辑调试

确保 AS 程序没有语法错误后，还需要对程序进行调试操作，以找出程序的逻辑错误。

（1）调试操作首先需要设置断点，在调试过程中，程序运行到断点处就会暂停，这样便于查找程序的逻辑错误。设置断点的方法是：在代码栏中，对齐需要调试的某行代码，用鼠标单击“行数”左侧的空白处；这时会看到行数的左侧会出现红色圆点，说明断点已经设置好了。

如图 3-17 所示，分别在 onKeyboardUp 函数中的“var temp:String = ……”行和“setText();”行设置断点，当软件以调试的方式启动后，程序执行到这两行中的任一行时，就会停止在该行对应的断点处。

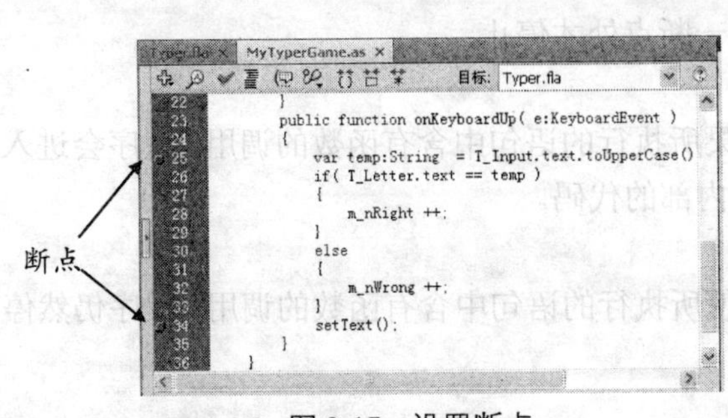

图 3-17　设置断点

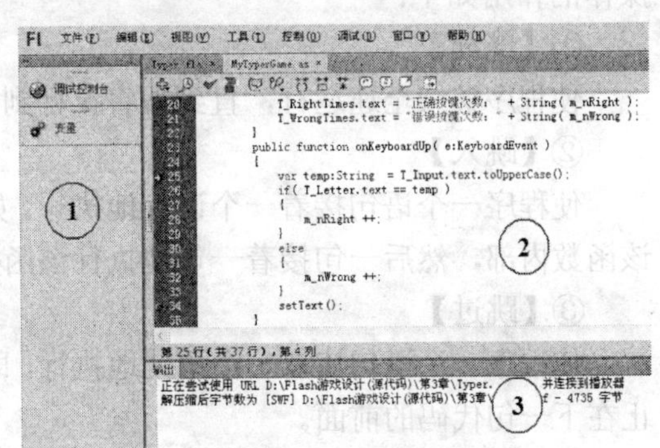

图 3-18　调试界面

（2）按图 3-17 设置好断点后，选择菜单命令【调试】→【调试影片】→【在 Flash Professional 中】，系统将自动播放影片，并进入【调试】界面，如图 3-18 所示。

图 3-18 中，1 区有两个面板按钮，当程序暂停时，【调试控制台】面板将显示当前程序指针（该指针显示程序执行的位置）所在的包、类、函数的名称；当程序暂停时，可在【变量】面板观察各个变量的当前值；2 区是代码区，当程序暂停时，代码左侧将显示黄色箭头，该箭头表示当前程序执行的位置；3 区是信息输出区，该区将输出一些调试信息。

（3）本实例的运行过程中，在软件画面上的文本框中输入字母，Flash 程序便自动调用 onKeyboardUp 函数，并停止在"var temp:String = ……"行（断点行）。此时可在调试界面的 1 区看到当前程序指针所在的包、类、函数的名称，同时也可在 1 区"变量"面板中看到变量 temp 的值（该值应等于刚刚输入的字母 ASCII 值）。

弹开 1 区【变量】面板中 this 指针左侧的三角号，找到 m_nRight 与 m_nWrong 两个变量，可以看到它们的值暂时都为 0。

（4）选择菜单命令【调试】→【继续】（或者直接按界面左上角的▶图标），可使程序继续全速运行。不过，由于前面已在"setText();"行上设置了另外一个断点，所以很快程序又会停止在"setText();"行上。然后可在 1 区"变量"面板中观察到 m_nRight 与 m_nWrong 两个变量值的变化。

（5）选择菜单命令【调试】→【跳入】（或者直接按界面左上角的图标），程序指针会转入并停止在 setText 函数的内部。

（6）选择菜单命令【调试】→【跳过】（或者直接按界面左上角的图标），程序会只执行一句，然后停在下一行上。

（7）选择菜单命令【调试】→【跳出】（或者直接按界面左上角的图标），程序又返回并停止在 onKeyboardUp 函数上。

（8）选择菜单命令【调试】→【结束调试会话】，结束调试操作。

3．调试操作的总结

下面总结一下调试操作的几个重要的知识点：

（1）如图 3-18 所示，1 区与 2 区是这个界面中的重要部分，用于观察程序调用过的函数、当前变量的值和程序当前停止的位置。

（2）可设置断点，使程序运行到我们需要的地方暂停。

（3）根据需要，采用【继续】、【跳入】、【跳过】、【跳出】等操作对程序进行控制。几种操作的作用如下：

①【继续】

使程序继续全速运行，直到即将执行到另一断点处才停止。

②【跳入】

使程序一个语句接着一个语句地执行。如果所执行的语句中含有函数的调用，程序会进入该函数内部，然后一句接着一句地执行该函数内部的代码。

③【跳过】

使程序一个语句接着一个语句地执行。即使所执行的语句中含有函数的调用，程序仍然停止在下一句代码的前面。

④【跳出】

全速执行当前的函数，当程序执行完该函数后，返回到调用该函数的上一层时立即停止。

流程 8　发布游戏产品

确定程序没有错误后，就可以发布游戏产品了。按照图 3-13 所显示的方式，将页面切换回"Typer.fla"文件编辑页，然后选择菜单命令【文件】→【发布】，Flash 便自动编译代码，并生成产品文件。

发布产品后，Flash 将在"Typer.fla"所在的文件夹中新建"Typer.swf"与"Typer.html"两个产品文件。运行"Typer.swf"文件，可以看到如图 3-3 所示的效果。

本章小结

文字游戏是以文字交换为主要形式的游戏。这类游戏中没有或仅有少量图像信息，主要用文字来描述游戏过程，并且通过文字给予游戏者一定的想象空间。

制作 Flash 游戏，通常需要先绘制场景图像，然后编写场景对象的管理类。

Flash 中的文本类型可分为静态文本、动态文本与输入文本。

在 ActionScript 语言中，调用 Math.Random()函数便可获随机数，而调用 addEventListener 可以实现对键盘或鼠标等事件的监听。

在发布产品之前，需要对软件进行测试，找出代码的语法错误。同时还要对代码进行调试，找出代码的逻辑错误。

思考与练习

1. 请说出文字游戏的定义及该类游戏的特点。
2. 在 Flash 中，如何设置场景的宽度与高度？如何设置场景的背景颜色？
3. Flash 中的文本分为哪些类型？如何设置文本的类型？
4. 在 Flash 中，如何将某些对象组合在一起？
5. ActionScript 语言中，如何获取随机数？
6. ActionScript 语言中，如何响应键盘事件？
7. 在 Flash 中，如何将编写好的代码类与具体的场景对象相关联？
8. 如何理解 ActionScript 代码中关于包（Package）的概念？
9. 调试 Flash 项目时常用到哪些操作？这些操作有怎样的作用？

第四章　开发益智游戏

内容提要

本章由 4 节组成。首先介绍益智游戏的特点、分类、用户群体、开发要求、发展史，接着通过实例《智力拼图》讲解益智游戏制作的全过程。最后是小结和作业安排。

学习重点

- 益智游戏特点
- 《智力拼图》编写脚本代码

教学环境： 计算机实验室

学时建议： 6 小时（其中讲授 2 小时，实验 4 小时）

很多优秀的益智游戏让游戏者爱不释手，这类游戏短小而又有趣，非常适合在网络环境下运行。

4.1　概述

益智游戏的英文名是 Puzzle Game，简称为 PUZ 游戏。益智游戏是指需要开动脑筋才能完成任务的游戏。

益智游戏中往往存在很多玄机，游戏者需要对游戏的规则进行思考，需要对游戏中出现的情况进行判断，需要不断地开动脑筋，才能找出所有玄机，进而完成游戏任务。

4.1.1　益智游戏的特点

益智游戏大多具有以下特点：

1．内容短小

益智游戏的容量通常在 10M 以内，甚至可能是几 K 大小。因此，这类游戏很适合在网络上传输。

2．节奏较慢

益智游戏的节奏比较缓慢，因为需要给游戏者留出足够的思考时间。

3．画面很少卷动

益智游戏场景一般比较小，无须画面的卷动，使游戏者可以掌控整个场景内的情形。游戏画面卷动是指：当游戏场景很大时（整个屏幕不能同时显示所有场景），游戏会通过移动场景画面的方式，来展现所有的场景。

4．规则稍显复杂

与一般的小游戏相比，益智游戏的规则会显得有些复杂，但正是复杂的规则中才隐藏了游戏的玄机与乐趣。

5．富有挑战性

益智游戏中，游戏者需要反复地研究与探索才能完成任务。游戏的每个任务都经过精心的设计，都是对游戏者智力的挑战。

4.1.2 益智游戏的用户群体

调查显示，益智游戏的用户群具有以下特点：

（1）喜欢独立思考，喜欢开动脑筋想问题；

（2）喜欢探索，喜欢迎接挑战；

（3）喜欢玩单机游戏，更重视游戏的内涵；

（4）游戏时间很短，常常在开会或等车时进行游戏。

4.1.3 益智游戏的分类

常见的益智游戏，按照内容可分为以下几种：

1．解迷游戏

这种游戏主要考察游戏者的观察与思考能力。在游戏中，游戏者需要仔细观察场景，发现其中的玄机，然后合理利用各种道具来完成指定的任务。例如 Window 系统自带的《扫雷》以及经典的《推箱子》（如图 4-1①所示）都属于这种游戏。

2．拼图游戏

拼图游戏的任务就是将图形拼接完整。在游戏中，系统会以各种方式将一幅完整的图像分解，游戏者需要按照规则将图像拼接回原始状态。本章将要制作的游戏《智力拼图》就属于这种游戏。

3．砖块游戏

以砖块为题材的游戏，具备“开动脑筋”的特点。例如家喻户晓的《俄罗斯方块》就属于这种游戏。

4．管道游戏

以管道为题材的游戏，这种游戏中游戏者通常需要连接各种形状的管道，以保证液体能顺利地流到指定位置。例如《接水管》就属于这种游戏，如图 4-1②所示。

5．消除游戏

这种游戏的任务是消除同种颜色的物体。在游戏中，画面上会出现各种颜色的物体，游戏者需要按照规则将同颜色的物体排列到一起。当相连的同颜色物体达到一定数量时，这些物体就会消失，游戏者也会因此赢得一定的积分。例如 QQ 游戏中的《对对碰》就属于这种游戏，如图 4-1③所示。

6. 追逐游戏

这种游戏中，游戏者需要控制某个角色，利用道具或地形摆脱敌人的追击，并完成某项任务。追逐游戏带有冒险和动作的成分，但与冒险游戏及动作游戏不同，追逐游戏的主要目的是让游戏者开动脑筋。例如 FC 游戏中经典的《吃豆人》就属于这种游戏，如图 4-1④所示。

①《推箱子》

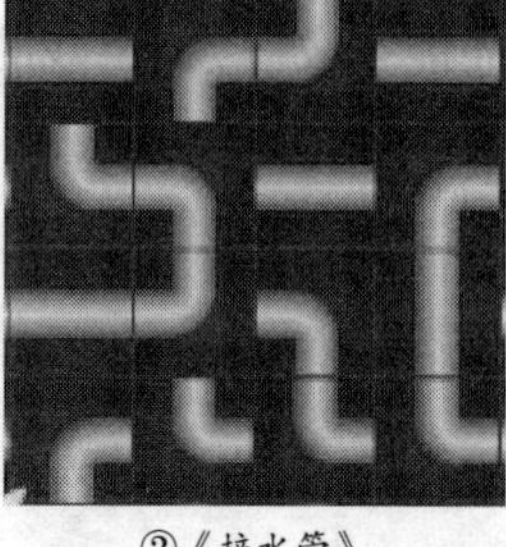
②《接水管》

③《对对碰》

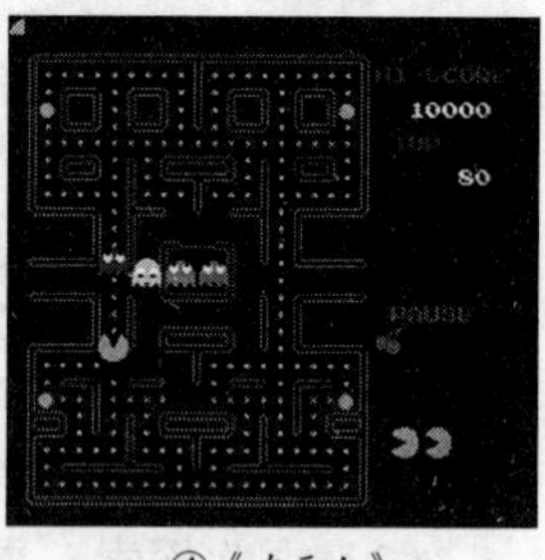

④《吃豆人》

图 4-1　益智游戏代表

4.1.4　益智游戏的开发要求

1. 设计要求

设计益智游戏时，要注意以下几个方面：

（1）游戏规则不能过于简单

制作益智游戏之前，要精心地设计游戏的规则，要将一些玄机隐藏在游戏规则中。

（2）关卡难度适中

在设置游戏关卡时，要考虑大部分游戏者的智力水平。关卡设置得过于简单，将使游戏缺乏挑战性。相反，如果关卡过于复杂，也将使很多游戏者在游戏中途就失去信心。

（3）内容要健康

近两年来，中国游戏产业发展迅速。但很多游戏中充满暴力、凶杀等内容，给青少年带来负面的影响，也使得人们谈"游戏"而色变。益智游戏主要以开发智力为目的，主要受众群体为青少年，因此这类游戏的内容一定要健康。

（4）增加合理的道具

很多益智游戏都存在各种道具，每种道具都有特殊的作用和效果。这些道具给玩家提供了更多的探索空间，进而也增加了游戏的乐趣。

2. 技术要求

开发益智游戏，通常需要在程序中利用各种算法（如多重循环、排序、递归等）来实现复杂的游戏规则。

4.1.5　益智游戏的代表

说到益智游戏，很多人都会想到《拼图》、《扫雷》、《俄罗斯方块》、《推箱子》等游戏，它们都是家喻户晓、老少皆宜的大众游戏，也是益智游戏的经典之作。

1.《拼图》

电子设备上的《拼图》游戏是从拼图玩具衍生出来的。拼图玩具已经有约 235 年的历史了。

早在1760年，法英两国几乎同时出现这种既流行又有益的娱乐方式。1762年，在法国路易十五统治时期，一个名叫迪马的推销商开始推销地图拼图，取得小小成功。同年，在伦敦，一位名叫约翰-斯皮尔斯伯里的印刷工也想到了相似的主意，发明了经久不衰的拼图玩具。他极其巧妙地把一幅英国地图粘到一张很薄的餐桌背面，然后沿着各郡县的边缘精确地把地图切割成小块。

早期的拼图只是有钱人的游戏，手工绘制、手工着色、手工剪切使拼图的价格非常昂贵。直到19世纪初，德国和法国的拼图制造商用软木材、夹板和纸板代替硬木薄板，大大降低了拼图的制作成本。最终价格低廉的拼图被各阶层的消费者接受，很快在孩子们、成年人和老年人中掀起玩拼图狂潮。1929年世界经济危机爆发，拼图游戏却十分盛行，拼图游戏让人们忘记艰难生活，沉浸在拼凑幸福日子的梦想之中。

2.《扫雷》

“人们在扫雷游戏上花费的时间，可以为这个社会创造数十亿美元的财富。”这是加拿大心理学家PiersSteel对这款Windows小游戏的感慨。《扫雷》还拥有国际性的赛事：2005年和2006年，在越南和布达佩斯分别举办过几次国际性的扫雷赛。

《扫雷》最原始的版本是一款名为《方块》的游戏，这款游戏诞生于1973年。1985年，MS－DOS系统中出现了《Rlogic》游戏，该游戏正是从《方块》游戏改编而来。在《Rlogic》里，玩家的任务是为指挥中心探出一条没有地雷的安全路线。两年后，程序员汤姆·安德森在《Rlogic》的基础上又编写出了《地雷》游戏，该游戏就是现代《扫雷》游戏的雏形。Windows平台上的《扫雷》最早出现于1981年，由微软公司的罗伯特·杜尔和卡特·约翰逊编写。

3.《俄罗斯方块》

《俄罗斯方块》游戏操作简单，难度却不低，它是俄罗斯人阿列克谢·帕基特诺夫（Alexey Pazhitnov）创造的。1985年6月，工作于莫斯科科学计算机中心的阿列克谢·帕基特诺夫在玩过一个拼图游戏之后受到启发，从而制作了一个以Electronica 60（一种计算机）为平台的俄罗斯方块的游戏。后来经瓦丁·格拉西莫夫（Vadim Gerasimov）移植到PC（个人电脑）上，并且在莫斯科的电脑界传播。

1989年7月，任天堂NES（一种家用游戏机）版的《俄罗斯方块》在美国发售，全美销量大约300万套。与此同时，GB（GameBoy，一种掌上游戏机）版《俄罗斯方块》也席卷美国，刮起一阵方块旋风。

4.《推箱子》

几年前，该游戏在PC机上非常流行，现在许多资深玩家仍然对《推箱子》赞不绝口，可见有深度的益智游戏是非常受欢迎的。

《推箱子》起源于《仓库世家》游戏。1994年，台湾人李果兆成功开发了《仓库世家》游戏（又名《仓库番》)。《推箱子》中，箱子只可以推，不可以拉，而且一次只能推动一个，游戏的任务就是把所有的箱子都推到目的地。

4.2 《智力拼图》游戏开发

制作《智力拼图》游戏的规则比较简单，算法也不是很复杂，但它绝对是益智游戏的典型代表。在实例的制作过程中，将讲解如何利用 AS（ActionScript）语言来定义数组，以及如何获取具体的键盘输入信息。

4.2.1 操作规则

拼图游戏是电脑中常见的游戏之一，用户将移动切分后的图形方块拼出指定的图形以完成游戏任务。本例中要制作的是一个 3×3 的拼图，即由 9 个切分的小图块（其中有一块不显示图形）构成一幅完整画面。

为方便叙述，这里将不显示图形的方块称为空图块，其他图形方块称为图块。如图 4-2 所示，绿色方块就是空图块，按键盘方向键可以移动空图块的相邻图块（上下左右四个方向），并且只能移动这些相邻图块中的一块到空图块的位置。移动后，原空图块消失，被移动图块的原来位置将产生新的空图块。如图 4-2 所示，其中①是某次游戏刚启动时的效果；②是移动了最上排中间图块后的效果；③是最终需要拼成的效果。

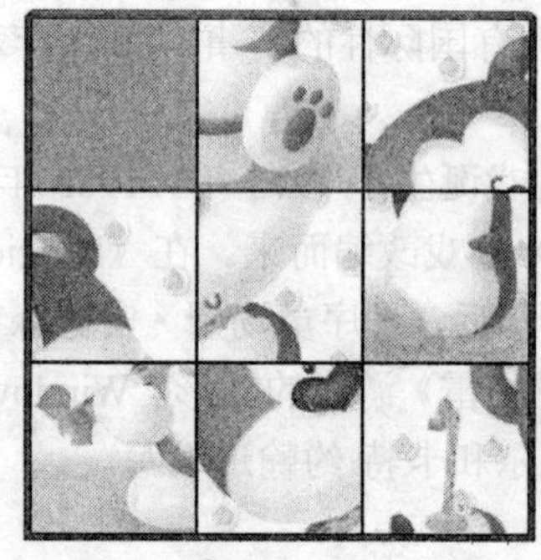
①启动效果

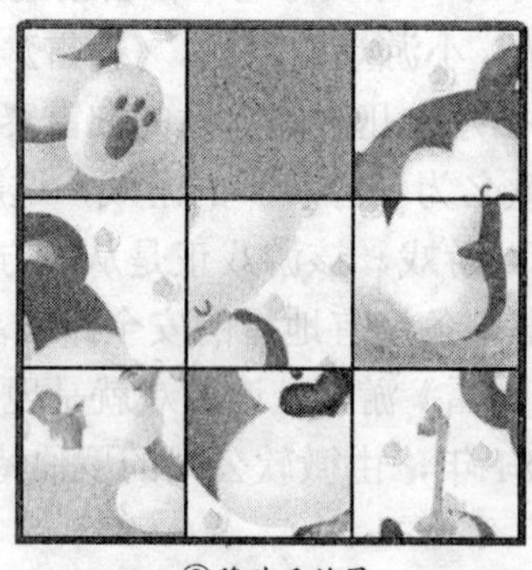
②移动后效果

③最终效果

图 4-2 《智力拼图》游戏移动规则示意

游戏过程中，按空格键可以重置游戏，即随机地重新排列各个图块的位置。所有图块的位置都排列正确后，画面上将显示“恭喜成功”字样。

4.2.2 本例效果

本例实际运行效果见图 4-3 所示。

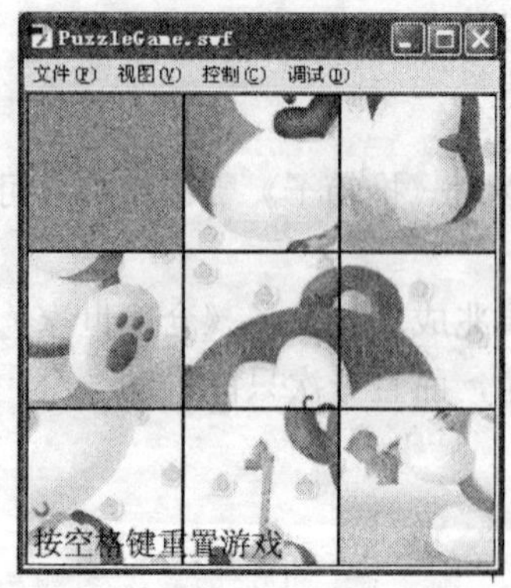

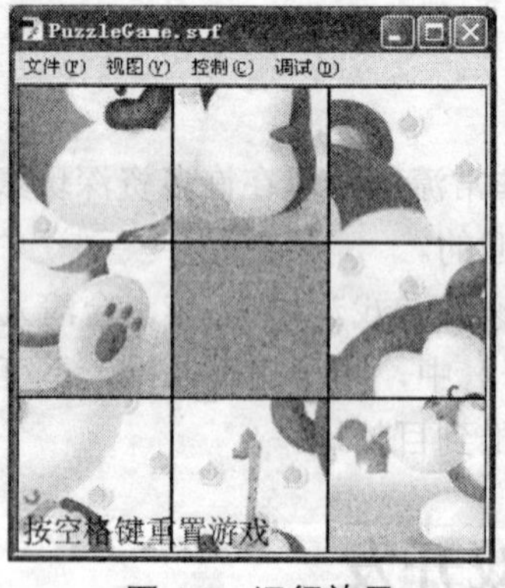

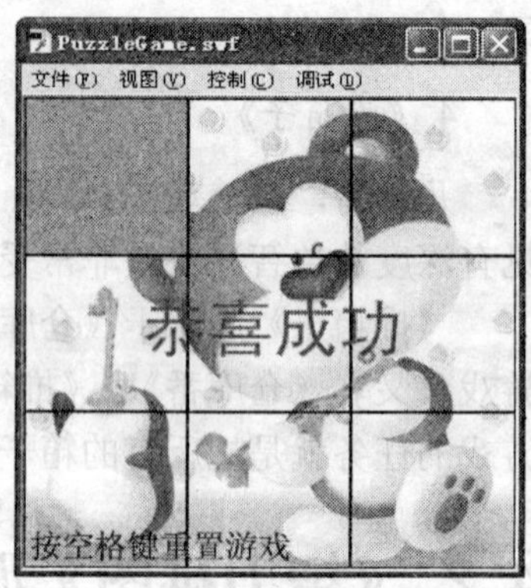

图 4-3 运行效果

4.2.3 资源文件的处理

制作本游戏之前，先准备一张像素为 300×300 大小的图片，并利用 Photoshop 中的切片工具和画笔工具将该图片切割成 9 份图块，每份图块的像素大小为 100×100，并将左上角的图块涂成纯绿色，然后将 9 份图块分别存为文件“puzzle1.JPG”、“puzzle2.JPG”……“puzzle9.JPG”。

4.2.4 开发流程（步骤）

本例游戏的开发分为 7 个流程（步骤）：①创建项目、②导入图片资源、③绘制 Flash 图形、④解决程序难点、⑤绘制程序流程图、⑥编写实例代码、⑦测试并发布产品，如图 4-4 所示。

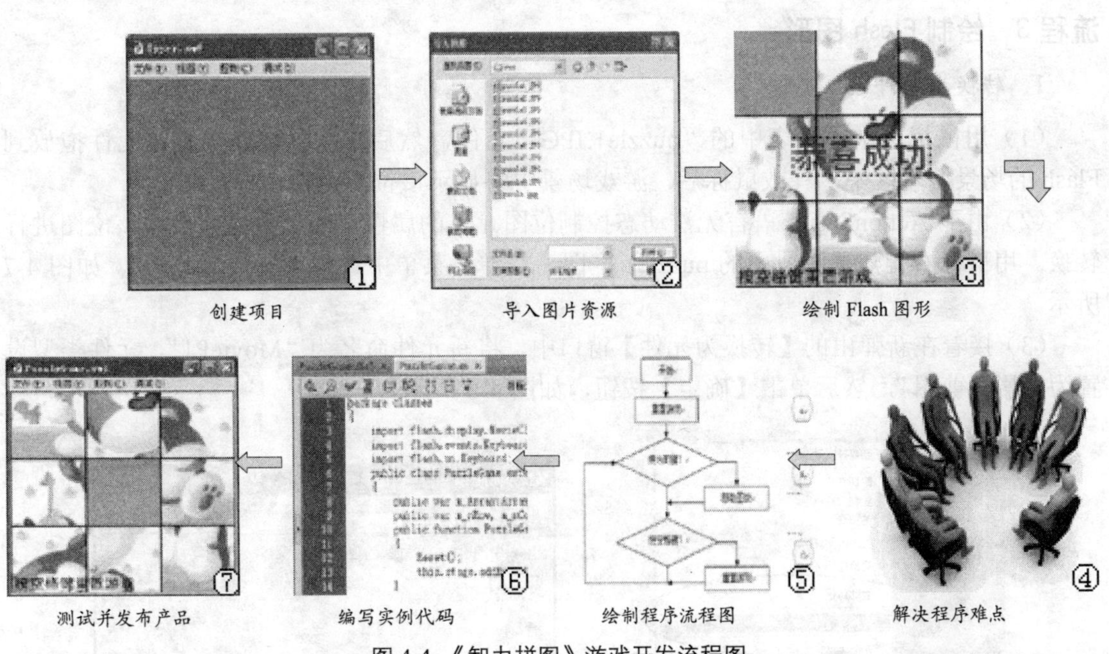

图 4-4 《智力拼图》游戏开发流程图

4.2.5 具体操作

流程 1 创建项目

打开 Flash 软件，仿照第三章所讲解的方法，创建新文档，并将其保存为“PuzzleGame.fla”。然后绘制游戏场景及图库元件，具体操作步骤如下：

选择菜单命令【修改】→【文档】，将场景尺寸设置为 300×300，背景颜色为浅绿色。

流程 2 导入资源文件

（1）设置好文档属性后，选择菜单命令【文件】→【导入】→【导入到库】，在新弹出的导入操作窗口中，找到先前制作的 9 张图块文件，如图 4-5 所示。

（2）选择菜单命令【窗口】→【库】。此时，Flash 界面中的属性区（第三章图 3-6 所示的 3 区）将切换到库元件列表面板，在该面板中可找到新导入的位图元件（位图元件是 Flash 元件的一种），如图 4-6 所示。

图 4-5 导入图片

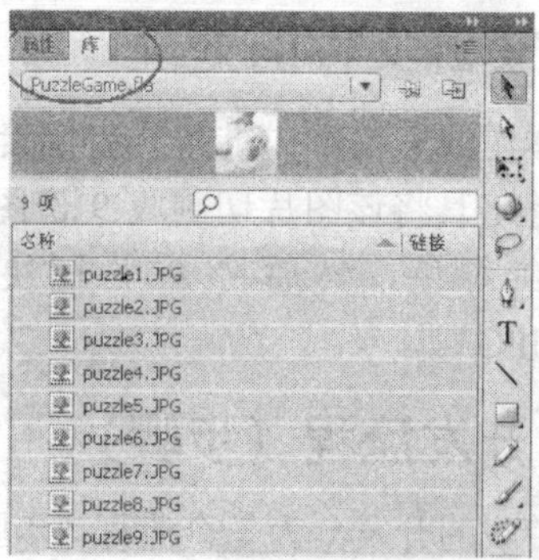

图 4-6 库中文件列表

流程 3 绘制 Flash 图形

1. 转换为元件

（1）用鼠标选中库列表中的“puzzle1.JPG”元件，然后按住鼠标左键将该元件拖放到 Flash 的场景编辑区中，释放鼠标后，游戏场景中将显示该位图元件。

（2）由于 ActionScript 语言无法动态控制位图元件的属性，所以这里需要对该位图进行转换。用鼠标右键点选场景中的 puzzle1 位图，在弹出菜单中选择“转换为元件”，如图 4-7 所示。

（3）接着在新弹出的【转换为元件】窗口中，将新元件命名为“MovieP1”，元件类型设置为“影片剪辑”，然后单击【确定】按钮，如图 4-8 所示。

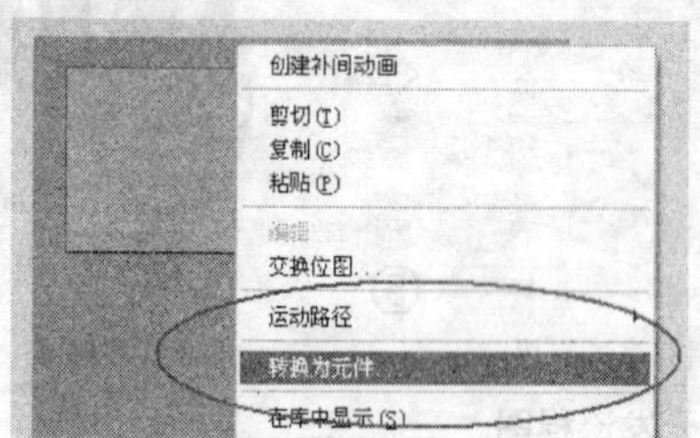

图 4-7 选择“转换为元件”菜单

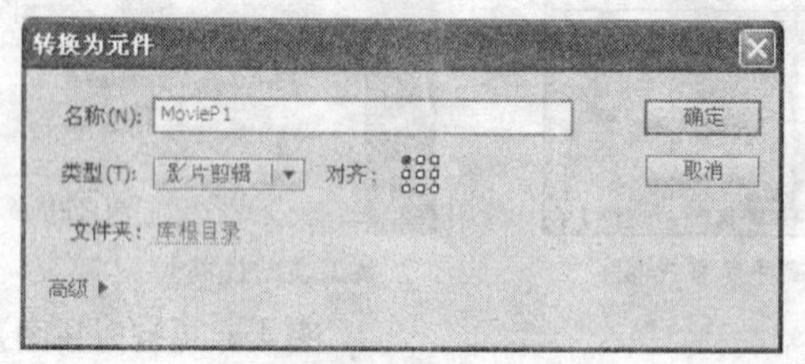

图 4-8 转换元件窗口

此后，Flash 便自动在库列表中新添加 MovieP1 元件，而且刚刚放入场景的位图也转换为 MovieP1 元件所对应的实例。

2. 设置实例属性

在 ActionScript 语言中，可通过实例的名称来访问具体的实例，所以这里需要为刚刚绘制的实例命名。

（1）在工具面板中选择【选择工具】，然后用鼠标左键选择（单击）场景中的 MovieP1 实例，接着打开属性面板。在面板中，将实例的名称设定为“T_P1”，并将实例的位置设为（0.0，0.0），如图 4-9 所示。

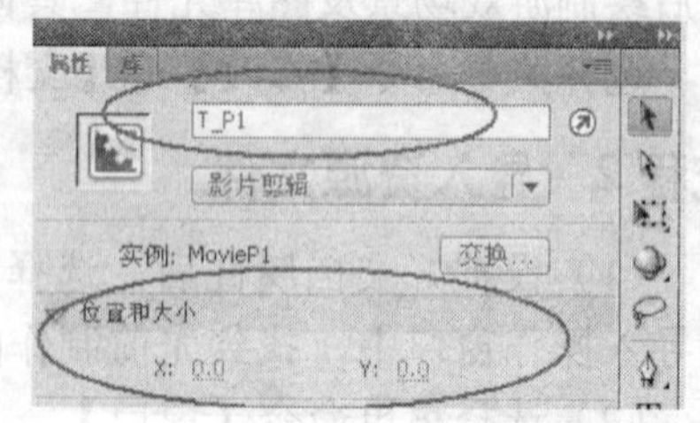

图 4-9 《智力拼图》属性设置

（2）经过属性设置后，“T_P1”将固定在场景的左上角。仿照“T_P1”的操作方法，将其他 8 张位图都放置到场景中，并将它们分别转换为影片剪辑元件（命名为“MovieP2”、“MovieP3”、……、“MovieP9”），同时将各实例分别命名为“T_P2”、“T_P3”、……、“T_P9”。设置各实例的位置属性，使9块实例拼接成完整的图案。

3．输入文字

在工具面板中选择【文本工具】T，在场景的左下角和中间区域分别写上“按空格键重置游戏”与“恭喜成功”两行文本，并在属性面板中调整文本的大小及颜色，使其更加美观。同时将“恭喜成功”文本设置成动态文本，并将消除锯齿属性设置成“使用设备字体”，最后将该实例命名为“T_FinishText”。

至此，本游戏的场景图像及库元件制作部分便已全部完成。

流程4 解决程序难点

编写脚本代码，首先需要了解该游戏的制作难点，然后制定出各个难点的解决方法，最后进行脚本程序的编写。

1．脚本制作难点

本游戏的制作过程中会遇到以下几个难点：

（1）本实例将使用数组来存储各个图块信息，那么AS语言中如何定义及使用数组？

（2）如何获取键盘的输入信息？

（3）启动拼图游戏时，如何随机地排列图块？

（4）程序中如何实现图块的移动操作？

（5）如何判断玩家是否已将图块拼接成指定的图形？

2．难点的解决方法

● 数组的使用方法

数组是若干变量或对象的组合，在ActionScript语言中，可以通过下面几种语法格式来创建数组。

```
格式一：
    var  数组名:Array = new Array( 元素1, 元素2, 元素3,……)
例如：
    var myarray:Array = new Array( 5, 8, 10 );
格式二：
    var 数组名:Array = new Array();
    数组名[0] = 值;
    数组名[1] = 值;
    ……
例如：
    var myarray:Array = new Array();
    myarray[0] = 5；
    myarray[1] = 8;
    myarray[2] = 10;
```

在ActionScript语言中，可以通过数组对象的length属性来获取数组的长度（元素个数），例如下面的代码被执行后，变量b的值将变为3。

```
var b:int = myarray.lenght;                              //myarray是前面定义的数组
```

数组对象还可以通过 push 和 pop 函数来添加或删除元素。例如下面的代码被执行后，

myarray[2]的值将等于“d”。

```
var myarray:Array = new Array( “a”, “b”, “c” );
myarray.pop();                                    //删除数组中最后一个元素
var b:int = myarray.lenght;                       //此时b=2
myarray.push( “d” );                              //将新元素添加到数组的末尾
b:int = myarray.lenght;                           //此时b=3
```

在 AS 语言中，除了用普通的 for 循环语句来定义数组外，还可通过特定的 for each....in 语句来逐个访问数组元素。

```
var myarray:Array = new Array( “a”, “b”, “c” );
for each( var item in myarray )                   //循环次数与myarray数组的长度相同
{
    //item就是当前位置的数组元素
}
```

- **键盘输入信息的获取**

第三章曾讲过，在 ActionScript 语言中，调用 addEventListener 函数可以实现对键盘或鼠标等事件的监听。当键盘事件发生时，系统会自动调用自定义的响应函数，并将按键信息传递给 KeyboardEvent 类型的参数。所以，在自定义的响应函数中可通过类似下面的代码来获取按键信息。

```
public function onKeyboardUp( e:KeyboardEvent ):void
{
    switch( e.keyCode )                           //判断用户输入的键盘值
    {
    case Keyboard.UP:                             //用户按向上方向键
    ……                                            //进行按键处理
        break;
    case Keyboard.DOWN:                           //用户按向下方向键
    ……                                            //进行按键处理
        break;
    case Keyboard.LEFT:                           //用户按向左方向键
    ……                                            //进行按键处理
        break;
    case Keyboard.RIGHT:                          //用户按向右方向键
    ……                                            //进行按键处理
        break;
    }
}
```

- **随机排列图块的方法**

实现图块的随机排列时，可以先将 9 个图块实例保存到某一数组中。然后在重置游戏时，随机交换各图块实例在数组中的索引。最后根据各实例在数组中的索引号，重新设置实例在场景中的位置。具体实现代码如下所述：

```
public function Reset():void                      //重置游戏时可调用此函数
{
    T_FinishText.visible = false;                 //暂时不显示“恭喜成功”文本
    m_Array = null;                               //m_Array是该类中定义的数组
```

```
    m_Array = new Array();                                    //创建数组
    //push函数可将实例放入数组的最末位，将T_P1~T_P9都压入数组
    m_Array.push(T_P1);  m_Array.push(T_P2);
    m_Array.push(T_P3);  m_Array.push(T_P4);
    m_Array.push(T_P5);  m_Array.push(T_P6);
    m_Array.push(T_P7);  m_Array.push(T_P8);
    m_Array.push(T_P9);
    m_nRow = 0;                                               //m_nRow指定空图块的行号
    m_nCol = 0;                                               //m_nCol指定空图块的列号
    var temp:MovieClip;
    var m, n:int;
    for( var i:int = 0; i < 5; i ++ )                         //5次随机交换图块
    {
        m = randRange(1,8);                                   //取得1~8间的随机数，0号图块不改变
        n = randRange(1,8);
        temp = m_Array[m];
        m_Array[m] = m_Array[n];
        m_Array[n] = temp;
    }
    setPos();                                                 //重新设置各图块的位置
}
```

上面代码中调用了两个自定义的函数 randRange 与 setPos，它们的代码如下所述：

```
//功能：获取指定范围的随机数
//参数：min与max分别是指定范围的最小值与最大值
public function randRange(min:int, max:int):int
{
    var range:int = max - min + 1;                //获取范围数值长度
    var randomNum:int = int( Math.random() * range + min);
    return randomNum;
}
public function setPos():void                     //根据索引号设置数组元素的场景位置
{
    var row, col:int;
    for( row = 0; row < 3; row ++ )
    {
        for( col = 0;col < 3; col ++ )
        {
            m_Array[row * 3 + col].x = col * 100;
            m_Array[row * 3 + col].y = row * 100;
        }
    }
}
```

- **移动图块的方法**

移动图块，实际上就是交换图块的编号，具体代码如下所述：

```
//功能：将空图块移动到指定位置
//参数：row、col分别是指定位置的行号与列号
public function Exchange( row:int, col:int ):void
{
    if( T_FinishText.visible == true )            //如果完成游戏则不能移动图块
```

```
        return;
    //判断指定的位置是否符合要求
    if( row < 0 || row >= 3 || col < 0 || col >= 3 )
        return;
    var temp:MovieClip;
    var newIndex:int = row * 3 + col;                    //指定位置所对应的数组索引
    var oldIndex:int = m_nRow * 3 + m_nCol;              //原位置所对应的数组索引
    temp = m_Array[newIndex];                            //交换图块
    m_Array[newIndex] = m_Array[oldIndex];
    m_Array[oldIndex] = temp;
    m_nRow = row;                                        //更新空图块的行号
    m_nCol = col;                                        //更新空图块的列号
    setPos();                                            //重新设置各个图块的场景位置
}
```

- **判断拼图是否完成的方法**

若拼图完成，m_Array 数组中，各实例的索引顺序一定是{ T_P1，T_P2，T_P3，T_P4，T_P5，T_P6，T_P7，T_P8，T_P9 }，所以只需判断 m_Array 数组中的实例元素。具体代码如下所述：

```
public function checkFinish():void
{
    if( m_Array[0] == T_P1 && m_Array[1] == T_P2 && m_Array[2] == T_P3 &&
        m_Array[3] == T_P4 && m_Array[4] == T_P5 && m_Array[5] == T_P6 &&
        m_Array[6] == T_P7 && m_Array[7] == T_P8 && m_Array[8] == T_P9 )
    {
        T_FinishText.visible = true;                     //符合条件，则拼图完成
    }
}
```

流程 5　绘制程序流程图

本实例中只需为场景对象编写管理类。场景类（PuzzleGame）的程序流程如图 4-10 所示，这里将流程图标记为 A、B、C 三个部分，以便与“流程 6”中的具体代码相对应。

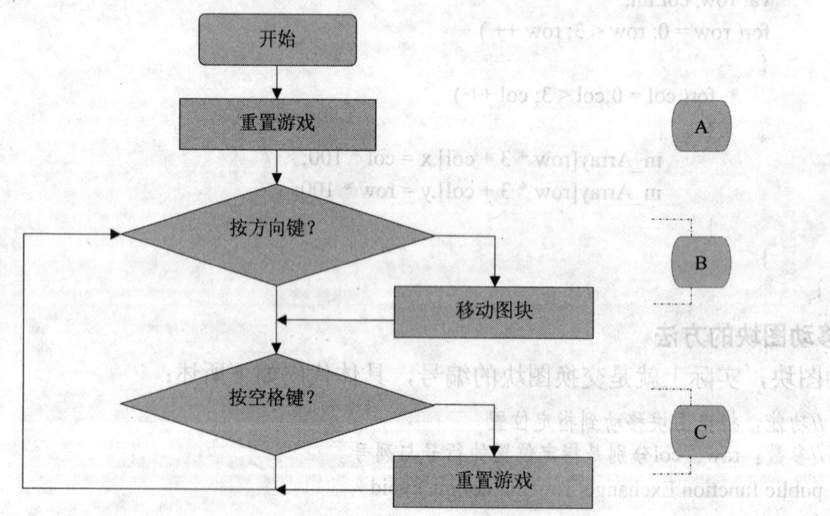

图 4-10 《智力拼图》的程序流程

流程 6　编写实例程序

参照第 3 章所讲解的方法，在 PuzzleGame.fla 所在的目录中创建 classes 文件夹，然后在 Flash 中新建 ActionScript 文件，将其命名为 PuzzleGame.as，并保存到刚刚创建的 classes 文件夹中。PuzzleGame 类的具体代码如下所述：

```
package classes
{
    import flash.display.MovieClip;                    //导入影片剪辑支持类
    import flash.events.KeyboardEvent;                 //导入键盘事件支持类
    import flash.ui.Keyboard;                          //导入键盘值支持类
    public class PuzzleGame extends MovieClip
    {
        public var m_Array:Array;                      //存储图块的数组
        public var m_nRow, m_nCol:int;                 //存储当前空图块的位置
        public function PuzzleGame()
        {//这里完成程序流程图中A部分的功能
            Reset();
            this.stage.addEventListener(KeyboardEvent.KEY_UP,onKeyboardUp);
        }
        public function Reset():void
        {
            ……，此处代码略，与本章实例制作“流程4”中的同名函数代码相同
        }
        public function randRange(min:int, max:int):int
        {
            ……，此处代码略，与本章实例制作“流程4”中的同名函数代码相同
        }
        public function setPos():void
        {
            ……，此处代码略，与本章实例制作“流程4”中的同名函数代码相同
        }
        public function onKeyboardUp( e:KeyboardEvent ):void
        {
            switch( e.keyCode )                        //判断用户输入的键盘值
            {//这里完成程序流程图中B部分的功能
            case Keyboard.UP:                          //用户按向上方向键
                Exchange( m_nRow + 1, m_nCol );        //交换图块
                break;
            case Keyboard.DOWN:                        //用户按向下方向键
                Exchange( m_nRow - 1, m_nCol );        //交换图块
                break;
            case Keyboard.LEFT:                        //用户按向左方向键
                Exchange( m_nRow, m_nCol + 1 );        //交换图块
                break;
            case Keyboard.RIGHT:                       //用户按向右方向键
                Exchange( m_nRow, m_nCol - 1 );        //交换图块
                break;
            case Keyboard.SPACE:                       //用户按空格键
                //这里完成程序流程图中C部分的功能
                Reset();                               //重置游戏
                break;
```

```
                }
                checkFinish();                              //判断图形是否拼接完成
            }
            public function Exchange( row:int, col:int ):void
            {
                ……，此处代码略，与本章实例制作“流程4”中的同名函数代码相同
            }
            public function checkFinish():void
            {
                ……，此处代码略，与本章实例制作“流程4”中的同名函数代码相同
            }
        }
    }
```

代码编写完毕后，参照第三章所讲解的方法，将游戏场景与脚本代码相关联，即在游戏场景中，用选择工具点选场景空白处（无任何元件及图形的位置），然后在属性面板中将属性类设置为“classes.PuzzleGame”。

流程 7　测试并发布产品

至此，本游戏的代码编写部分已全部完成，编译并调试代码后，选择菜单命令【文件】→【发布】，Flash 便自动编译代码，并生成产品文件。如果游戏代码存在错误，如图 3-6 所示的 2 区将显示错误信息，可根据提示对代码进行修改。

发布产品后，运行“PuzzleGame.fla”所在文件夹中的“PuzzleGame.swf”文件，可以看到如图 4-3 所示的运行效果。

本章小结

拼图游戏的游戏规则是比较简单的，算法也不是很复杂，但它绝对是益智类游戏的典型代表。制作拼图游戏，首先需要解决如何随机排列图块，如何移动图块，如何判断拼图成功等几个难点。

在 ActionScript 语言中，可以通过一些特定的方法来创建、修改以及遍历数组。

当系统响应键盘事件，并调用自定义的响应函数后，AS 应用程序可通过 KeyboardEvent 类型的参数来获取按键信息。

思考与练习

1．请说出益智游戏的英文名及定义。
2．益智游戏具有哪些特点？可分为哪些种类？
3．请说出本章游戏使用了哪些资源图片，以及对各个图片的具体要求？
4．制作本章游戏的场景图像时，为什么要将位图对象转换成影片剪辑对象？
5．在 ActionScript 代码中，如何检测用户是否按了键盘上的方向键？
6．在 ActionScript 语言中，如何创建数组？如何访问数组元素？
7．简述本章游戏脚本制作难点的解决方法。

第五章　开发棋牌游戏

内容提要

本章由4节组成。首先介绍棋牌游戏的特点、用户群体、分类、开发要求、网络平台，接着通过实例《扑克对对碰》讲解棋牌游戏制作的全过程。最后是小结和作业安排。

学习重点

- 棋牌游戏特点
- 《扑克对对碰》的脚本程序编写

教学环境：计算机实验室

学时建议：6小时（其中讲授2小时，实验4小时）

棋牌文化是华夏文化中一条不可忽视的支流，与我国五千年的历史一脉相承。因此，国内游戏市场中也肯定不会缺少棋牌游戏。

5.1　棋牌游戏概述

顾名思义，棋牌游戏就是棋类游戏和牌类游戏的总称，例如象棋、扑克、麻将等。Windows系统软件自3.1版本后，都会自带一些棋牌游戏，这些游戏已给全球成千上万的游戏爱好者带来快乐。

棋牌游戏应该算体育游戏的一个分支，但也有不同的观点：有些人认为，棋牌游戏具有“开动脑筋”的特点，所以应将其归类为益智游戏；还有些人认为，棋牌游戏具有一定的“休闲舒适”性，应将它归类于休闲游戏。其实，这两种不同的观点都有一定的道理，而且游戏的分类方法也没有严格的标准。

5.1.1　棋牌游戏的特点

棋牌游戏与益智及休闲游戏相比，具有其自身的一些特点：

1．趣味性高

大多数棋牌游戏都有着悠久的历史，都是经过长期的检验筛选出的精品。

2．内容短小

与益智游戏类似，棋牌游戏的容量也比较小。

3．多为回合制

棋牌游戏通常为回合制，回合制就是轮流操作，即轮流出牌或走棋。

4．竞技性强

棋牌游戏多为人机对弈或多人对弈的形式，通常要决出胜负。

5．联网时对网速要求不高

联网的棋牌游戏，通常不需要实时地传送数据。往往在游戏者打出一张牌或走了一步棋后，才向对方发送数据，而且每次发送的数据量也比较小。

5.1.2 棋牌游戏的用户群体

调查显示，棋牌游戏的用户群具有以下特点：

1．年龄大多在25岁以上

棋牌游戏的玩家肯定熟悉真实的棋牌，而未成年者接触真实棋牌的机会相对少些，所以这类游戏的玩家有一定的年龄特点。

2．有休闲时间，但非连续的长时间

喜欢这类游戏的玩家，通常有固定的工作。他们不想因游戏耽误工作，因此在短时间内与别人对弈几局，是工作之余的最佳选择。

3．大多拥有固定收入

很多棋牌游戏都是联网游戏，需要游戏者支付一定的网络费用，而且还常常提供各种游戏道具，供游戏者购买。

5.1.3 棋牌游戏的分类

棋牌游戏可分为如下几种：

- **棋类游戏**

棋类游戏包括围棋、四国军棋、中国象棋、国际象棋、飞行棋、五子棋等等。对中国人来说，有些棋类游戏已经远远超出了它的娱乐功能。例如围棋，它早已成为一种理念，一种生活的态度，一种生命的哲学；又如中国象棋，它同样具有悠久的历史，早在战国时期就有了象棋的相关记载。

- **牌类游戏**

牌类游戏是指各种扑克牌游戏。相传扑克牌最早出现在中国，是马可·波罗将它带到欧洲，并在那里得到发展，最终形成了今天流行的法式扑克牌。

常见的牌类游戏有：桥牌、斗地主、蜘蛛纸牌、接龙、十三张、红心大战、锄大地等。

- **骨牌类游戏**

骨牌是因其制作材料而得名，最初的骨牌大多是用牛骨制作成的。骨牌也有用象牙制成的，所以也叫牙牌。最早的骨牌产生于中国北宋宣和年间，所以也被称作“宣和牌”。骨牌是由骰子演变而来的，在明清时期盛行的“推牌九”、“打天九”都是较吸引人的游戏。

麻将是骨牌中影响最广的游戏形式，它也称为“麻雀”或“雀牌”，是正宗的国粹。麻将是由明末盛行的“马吊牌”演变而来的，原属皇家和王宫贵族的游戏，在长期的历史演变过程中，麻将逐步从宫廷流传到民间，成为我国最普及的一种文娱活动。麻将的制作材料也从硬纸、竹片、骨料，发展到今天的硬塑料及有机玻璃。

5.1.4 棋牌游戏的开发要求

1. 设计要求

设计棋牌游戏时，可在真实棋牌的基础上增加一些虚拟的道具。同时要注意各类道具的平衡性，使加入的道具不会对某一方影响过大。

2. 技术要求

单机版的棋牌游戏中，常常是人机对战的形式。因此，程序员要掌握各种人工智能的算法，而且还需要具有一定的棋艺，这样才能设计出“高智商的电脑”。

5.1.5 网络棋牌游戏平台

棋牌游戏大多为双人或多人的对弈形式，常需要在网络环境下运行。随着计算机网络的发展，已经出现了很多网络棋牌游戏平台，其中具有代表性的有：

1. QQgame（http://game.qq.com）

腾讯公司的 QQgame 是棋牌游戏发展最快的平台。2003 年，腾讯公司推出了以棋牌游戏为主的休闲游戏平台 QQgame，该平台吸取了早期游戏开发的经验，又增加了更多的玩法，在腾讯 QQ 原有用户群的基础上，取得了巨大的成功。据统计，腾讯 QQ 的注册用户在 3 亿以上，QQgame 最高同时在线人数为 50 万。

2. 联众世界（http://www.ourgame.com）

联众世界创办于 1998 年 3 月，由鲍岳桥、简晶、王建华先生共同创办，是国内最早的网络棋牌游戏平台。经过长时间的积累，该平台内的棋牌游戏种类相当齐全，这也成了联众世界的优势。不过在联众世界中，其他竞技休闲游戏种类比较欠缺，游戏的界面风格也略显单调，好在联众世界也意识到这一点，正在进一步改进。据统计，联众世界的注册用户在 1 亿 5 千万以上，最高同时在线人数为 60 万。

3. 中国游戏中心（http://www.chinagames.net）

1999 年，中国游戏中心由深圳电信创立。作为老牌的在线棋牌游戏平台，它在国内的影响力也非同小可。该平台隶属中国电信，并承办了多届 CIG（中国电子竞技大会）官方赛事的棋牌比赛。近些年，中国游戏中心一直向联众世界的老大地位发起冲击，但却始终没能成功。而且，最近随着新秀 QQgame 的加入，“北联众，南中游”的市场格局也已经被打破。据统计，中国游戏中心的注册用户接近 1 亿，最高同时在线人数为 30 万。

4. 边锋游戏世界（http://www.gameabc.com）

边锋游戏世界是在江浙一带发展起来的，富有浓厚地方特色，该平台最早是联众世界的杭州分站。在杭州，与其他棋牌游戏相比，边锋游戏具有很高的市场占有率和知名度。不久前，边锋游戏世界被上海盛大网络公司收购，相信凭借盛大公司的实力，边锋游戏世界会越做越好。据统计，边锋游戏世界的注册用户近 3000 万，最高同时在线人数为 20 万。

5.2 棋牌游戏《扑克对对碰》开发

《扑克对对碰》是一款简单的扑克游戏，其算法难度较第四章稍有增加，而且不再是只针对游戏的场景对象进行编程。在实例的制作过程中，将讲解如何制作图形按钮，如何监听、响应鼠标事件，以及如何在程序运行过程中动态地加载资源文件。

5.2.1 操作规则

游戏开始后，软件系统会自动将 52 张扑克牌随机分成 8 组，每组牌都堆叠在一起，使用户只能看到每组最上面的一张牌（这里将其称为首牌）。用户可用鼠标点选每组的首牌，如果前后点选的两张首牌面值相同（例如红桃 2 与黑桃 2），则这两张牌将消失，游戏者也会获得一定的积分，并且原来首牌下面的一张扑克牌将成为新的首牌。

本游戏中还存在一个功能按钮，用户单击该按钮后，游戏将进行重置。游戏的任务是获得更多的积分。

5.2.2 本例效果

本例实际运行效果如图 5-1 所示。

图 5-1 运行效果

5.2.3 资源文件的处理

制作本游戏之前，需要先准备一套 52 张扑克牌（无鬼牌）的 JPG 图片。所有扑克牌按照“T_X.jpg”的格式命名，其中 T 表示牌面的种类（可取值为 S、M、H、F，分别代表黑桃、梅花、红桃、方块等 4 种类型），而 X 则代表牌面的数值，例如红桃 2 的图片可命名为“H_2.jpg”。

5.2.4 开发流程（步骤）

本实例开发分为 6 个流程（步骤）：①创建项目、②绘制 Flash 图形、③解决代码难点、④绘制程序流程图、⑤编写实例代码、⑥测试并发布产品，见图 5-2。

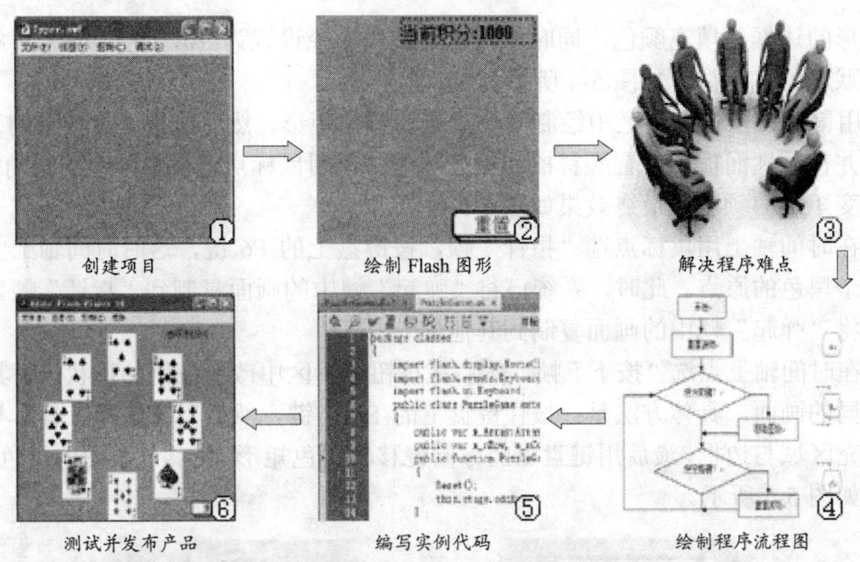

图 5-2 《扑克对对碰》棋牌游戏开发流程图

5.2.5 具体操作

流程 1 创建项目

打开 Flash 软件，仿照第 3 章所讲解的方法，创建新文档，并将其保存为“CardGame.fla”。然后根据实际选用的扑克牌图片大小，设置游戏舞台的尺寸。这里将舞台尺寸设置为 600×500，背景颜色为浅绿色。

流程 2 绘制 Flash 图形

1. 绘制文本

在场景的右上角，用文本工具写上“当前积分：1000”等一行文字，并参照第三章所讲解的方法，将文字的类型设置为“动态文本”，文字的消除锯齿类型设置为“使用设备字体”，文本实例的名称设置为“T_Score”。

2. 制作自定义的按钮元件

（1）选择菜单命令【插入】→【新建元件】，然后在新弹出的【创建新元件】窗口中，将元件名称设置为“自定义按钮”，将元件类型设置为“按钮”。单击【确定】按钮后，Flash 界面的场景区将转变为自定义按钮的编辑区。而且编辑区下方的时间轴也将显示“弹起”、“指针”、“按下”、“点击”等 4 个帧（时间片段），各帧图像分别对应按钮处于弹起、被鼠标经过、被鼠标按下、被点击等 4 个状态，如图 5-3 所示。

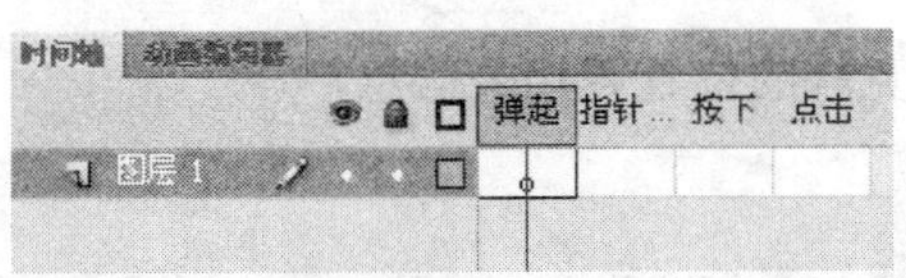

图 5-3 按钮元件所对应的时间轴

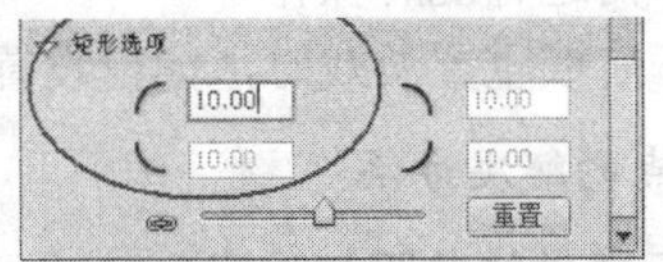

图 5-4 矩形的圆角属性设置

（2）在时间轴上选中“弹起”帧，然后在工具栏中选择【矩形工具】，并在属性面板中设置矩形的边框及填充颜色，同时将矩形的边角半径设置为 10，使其 4 个角成圆弧型，而不再是默认的直角型，如图 5-4 所示。

（3）用鼠标在按钮编辑区中绘制两个重叠的圆角矩形，然后选择工具栏中的【颜料桶工具】，并在属性面板中设置颜料桶的填充颜色。再用鼠标点选编辑区中的圆角矩形区域，就可以改变矩形的颜色，最终效果如图 5-5 所示。

（4）在时间轴上用鼠标点选“指针”帧，按键盘上的 F6 键，这时时间轴上“指针”帧便显示一个黑色的原点。此时，系统已将“弹起”帧中的画面复制到“指针”帧。按照此方法，依次将“弹起”帧中的画面复制到其他帧。

（5）在时间轴上点选“按下”帧，然后在按钮编辑区中改变按钮的形状，使其在被按下时显示不同的画面。具体方法是：按住键盘上的 Shift 键，然后用【选择工具】点选白色矩形的填充区域与边框，最后用键盘上的方向键移动白色矩形，使其与下面的黄色矩形重合，最终效果如图 5-6 所示。

图 5-5　按钮弹起时的效果

图 5-6　按钮被按下时的效果

至此，自定义的按钮元件便已制作完成了。

3．*在场景中绘制按钮*

（1）点击编辑区左上方的【场景】切换页面，回到场景编辑区。打开【库】面板，找到刚刚制作完成的自定义按钮。将按钮拖放到场景的左下角，并在属性面板中将按钮实例的名称设置为“T_Button”。

（2）使用【文本工具】在按钮实例上写入“重置”两个字。至此，本游戏的场景与库元件制作部分便已完成。

流程 3　解决程序难点

编写脚本代码，首先需要了解该游戏的制作难点，然后制定出各个难点的解决方法，最后才可进行真正脚本程序的编写。

1．*脚本制作难点*

本游戏的制作过程中会遇到以下几个难点：

（1）如何监听及响应鼠标事件？

（2）如何动态地读取扑克图像？

（3）如何进行洗牌操作？

（4）开启或重置游戏时，如何设置扑克牌的位置等相关信息？

2．*难点的解决方法*

- **鼠标事件的监听与响应**

ActionScript 语言中的 MouseEvent 类定义了很多鼠标事件，这些事件的意义如表 5-1 所述。需要说明，MOUSE_OUT（MOUSE_OVER）是指鼠标离开（经过）显示对象的任何子对象区域。也就是说，当鼠标从当前容器的一个子对象移到另一个子对象区域时，也会发生 MOUSE_OUT 事件。而 ROLL_OUT（ROLL_OVER）是指鼠标离开（经过）整个显示对象的区域（与其子对象无关）。

表 5-1　常用的鼠标事件

事件名称	事件意义	事件名称	事件意义
CLICK	鼠标左键单击	DOUBLE_CLICK	鼠标左键双击
MOUSE_DOWN	鼠标左键被按下	MOUSE_UP	鼠标左键被释放
MOUSE_OUT	鼠标移出事件	MOUSE_OVER	鼠标经过事件
MOUSE_MOVE	移动鼠标	MOUSE_WHEEL	鼠标滚动滚轮
ROLL_OUT	鼠标移出容器	ROLL_OVER	鼠标经过容器

在 ActionScript 语言中，调用 addEventListener 可以实现对键盘或鼠标等事件的监听。例如下面一句代码的功能就是：监听 T_Button 对象的鼠标释放事件，当事件发生时，系统会自动调用 OnButtonMouseUp 函数。

```
T_Button.addEventListener(MouseEvent.MOUSE_UP, OnButtonMouseUp);
```

上面代码中的 OnButtonMouseUp 是自定义的函数，且该函数必须拥有 MouseEvent 类型的参数。系统调用 OnButtonMouseUp 函数时，会将鼠标信息传递给该参数。

- **动态读取扑克图像的方法**

首先，在当前项目（CardGame.fla）所在的目录下创建 res 文件夹，将事先准备好的扑克图片资源全部存放在该文件夹中。

然后，可利用单独的 Card 类来管理每张扑克牌。在该类中，可通过 Loader 对象来读取资源图像。Card 类的具体代码如下所述，请结合注释进行理解。

```
package classes                                          //该类所在的包
{
    import flash.display.Sprite;                         //精灵图像支持类
    import flash.net.URLRequest;                         //URL地址支持类
    import flash.display.Loader;                         //文件读取支持类
    public class Card extends Sprite                     //Sprite类可以管理图像
    {
        public var m_bFront:Boolean;                     //是否显示卡片正面的标志
        public var m_nType:int;                          //卡片的类型
        public var m_nNum:int;                           //卡片的编号
        //构造函数，参数type指定卡片的类型，参数num指定卡片的编号
        public function Card( type:int, num:int)
        {
            m_nType = type;
            m_nNum  = num;
            var FrontURL:String;                         //卡片文件的URL路径
            //根据卡片的类型及编号来设置卡片文件的路径及文件名
            switch( m_nType )
            {
                case 1:                                  //梅花
                    FrontURL = "res/M_";
```

```
                    break;
                case 2:                                         //方块
                    FrontURL = "res/F_";
                    break;
                case 3:                                         //红桃
                    FrontURL = "res/H_";
                    break;
                default:                                        //黑桃
                    FrontURL = "res/S_";
                    break;
                }
                FrontURL = FrontURL + m_nNum;                   //URL地址
                FrontURL = FrontURL +".jpg";
                var FrontReq:URLRequest = new URLRequest(FrontURL);
                var Ldr:Loader = new Loader();
                Ldr.load(FrontReq);                             //读取文件数据
                this.addChild(Ldr);                             //将读取的图像放入精灵内
                setScale(1.0);                                  //设置缩放参数
            }
        }
    }
```

经过上面 Card 类的代码设置后，系统创建 Card 对象，就可以自动读取相应的卡片图像。

● **洗牌操作的方法**

本章程序将利用一个名为 m_aCards 的数组（数组中的元素都为 Card 类型对象）来统一管理 52 张扑克牌，洗牌操作就是打乱扑克牌在数组中的索引位置，具体的实现代码如下所述：

```
public function ExchangeCards():void                    //洗牌，即随机交换两张牌
{
    var i,j,n:int;
    var num:int = 50;                                   //洗50次
    var temp:Card;
    for( n = 0; n < num; n ++ )
    {
        i = int( Math.random() * 52 );                  //随机选出第1张牌
        j = int( Math.random() * 52 );                  //随机选出第2张牌
        //交换两张牌在数组中的索引位置
        temp = m_aCards[i];
        m_aCards[i] = m_aCards[j];
        m_aCards[j] = temp;
    }
    for( n = 0; n < m_aCards.length; n ++ )             //重新设置各张牌在场景中的编号
    {
        this.setChildIndex( m_aCards[n], n );
    }
}
```

● **重置游戏的方法**

开始运行或重置游戏后，系统需要设置扑克牌的显示位置，使 52 张扑克牌排列成圆形，同时还要设置初始的积分等信息，具体代码如下所述：

```
public function ResetGame():void                              //设置扑克牌的初始位置
{
    ExchangeCards();                                          //洗牌操作
    var Angle:Number = 45 * Math.PI / 180;                    //每张牌间隔的角度
    var halfWidth:int =this.stage.stageWidth / 2;   //舞台宽度的一半
    var halfHeight:int =this.stage.stageHeight / 2;           //舞台高度的一半
    for( var i = 0; i < 7; i ++ )                             //将52张牌分成7组
    {
        for( var j = 0; j < 8; j ++ )                         //除最后1组外，其余每组8张牌
        {
            var index = i * 8 + j;                            //获得卡片在数组中的索引号
            if( index >= 52 )                                 //总共52张牌
                break;
            m_aCards[index].visible = true;                   //显示卡片
            m_aCards[index].setScale(1.0);                    //对卡片进行缩放
            //监听每张卡片，当鼠标单击卡片时，系统将调用OnCardMouseUp
            m_aCards[index].addEventListener( MouseEvent.MOUSE_UP,
                                                        OnCardMouseUp);
            //根据角度公式，设置卡片的位置
            m_aCards[index].x = 180 * Math.sin( Angle * j ) + halfWidth - 50;
            m_aCards[index].y = 180 * Math.cos( Angle * j ) + halfHeight - 50;
        }
    }
    m_LastCard = null;                                        //上次用户所选择的卡片
    m_nScore = 0;                                             //当前的积分
    T_Score.text = "当前积分:" + m_nScore;
}
```

流程 4　绘制程序流程图

本章游戏的程序流程如图 5-7 所示：

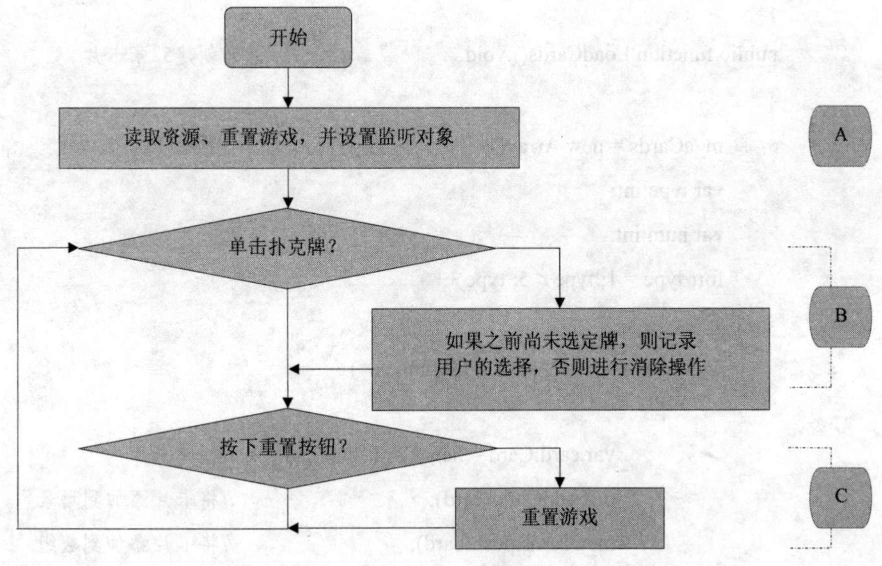

图 5-7 《扑克对对碰》游戏的程序流程图

这里将流程图标记为 A、B、C 三个部分，以便与“流程 5”中的具体代码相对应。

流程 5　编写实例代码

难点问题逐一解决后，开始编写本章游戏的脚本程序。参照第三章所讲解的方法，在“CardGame.fla”所在的目录中创建 classes 文件夹，然后在该目录中新建“CardGame.as”与“Card.as”两个 ActonScript 文件。其中 CardGame 类的具体代码如下所述：

```
package classes
{
    import flash.display.MovieClip;                 //影片剪辑支持类
    import flash.events.Event;                      //事件支持类
    import flash.events.MouseEvent;                 //鼠标事件支持类
    public class CardGame extends MovieClip
    {
        public var m_aCards:Array;                  //卡片数组
        public var m_nScore:int;                    //当前积分
        public var m_LastCard:Card;                 //用户上次选定的卡片
        //下面的构造函数中，将完成程序流程图中A部分的功能
        public function CardGame()
        {
            LoadCards();                            //读取卡片
            ResetGame();                            //重置游戏
            //监听自定义按钮事件
            T_Button.addEventListener(MouseEvent.MOUSE_UP, OnButtonMouseUp);
        }
        public function LoadCards():void            //创建52张卡片
        {
            m_aCards = new Array();
            var type:int;
            var num:int;
            for( type = 1; type < 5; type ++ )
            {
                for( num = 1; num < 14; num ++ )
                {
                    var card:Card = new Card( type, num ); //创建卡片
                    this.addChild(card);            //将卡片添加到场景
                    m_aCards.push(card);            //将卡片添加到数组
                }
```

```
        }
    }
    public function ExchangeCards():void          //洗牌，即随机交换两张牌
    {
        ……，此处代码略，与本章5.2.5节所给出的同名函数代码相同
    }
    public function ResetGame():void                       //重置游戏
    {
        ……，此处代码略，与本章5.2.5节所给出的同名函数代码相同
    }
    //当用户点选卡片时，系统自动调用此函数
    //下面函数中，将完成程序流程图中B部分的功能
    public function OnCardMouseUp( e:MouseEvent ):void
    {
        var card:Card = (Card)(e.currentTarget); //获取用户点选的卡片对象
        if( m_LastCard == null )
        {//如果之前没有选择任何牌
            m_LastCard = card;                          //选中该张卡片
            m_LastCard.setScale( 1.2 );                 //对选中的卡片进行缩放
        }
        else if( card == m_LastCard )
        {//如果此次选中的牌与之前选择的牌是同一张牌
            m_LastCard.setScale( 1.0 );                 //取消该牌的选中状态
            m_LastCard = null;
        }
        else if( card.m_nNum == m_LastCard.m_nNum )
        {//如果当前选中的牌与之前选择的牌分值相同，则给用户加分
            m_nScore = m_nScore + m_LastCard.m_nNum;
            T_Score.text = "当前得分:" + m_nScore;
            //将前后两次选中的牌隐藏
            m_LastCard.visible = false;
            card.visible = false;
            m_LastCard.scaleX = 1.0;                    //X轴方向的缩放
            m_LastCard.scaleY = 1.0;                    //Y轴方向的缩放
        }
        else
        {//否则选中新的牌，继续监听用户操作
```

```
                    m_LastCard.scaleX = 1.0;                    //X轴方向的缩放
                    m_LastCard.scaleY = 1.0;                    //Y轴方向的缩放
                    m_LastCard = card;
                    m_LastCard.scaleX = 1.2;                    //X轴方向的缩放
                    m_LastCard.scaleY = 1.2;                    //Y轴方向的缩放
                }
            }
            //下面函数中，将完成程序流程图中C部分的功能
            public function OnButtonMouseUp( e:MouseEvent ):void
            {//如果用户按下自定义按钮，进行重置游戏的操作
                ResetGame();
            }
        }
    }
```

本章实例制作“流程 3”中已经给出 Card 类的程序代码，这里不再阐述。

代码编写完毕后，参照第三章所讲解的方法，将游戏场景与脚本代码相关联，即在游戏场景中，用选择工具点选场景空白处（无任何元件及图形的位置），然后在属性面板中将属性类设置为“classes.CardGame”。

流程 6　测试并发布产品

至此，本游戏的代码编写部分的操作便已全部完成。选择菜单命令【文件】→【发布】，Flash 便自动编译代码，并生成产品文件。如果游戏代码存在错误，如图 3-6（见第三章）所示的 2 区将显示错误信息，可根据提示对代码进行修改。

发布产品后，运行 CardGame.fla 所在文件夹中的“CardGame.swf”文件，可以看到如图 5-1 所示的运行效果。

本章小结

棋牌游戏就是棋类游戏和牌类游戏的总称。棋牌游戏的特点是：趣味性高，内容短小，多为回合制，竞技性强，联网时对网速要求不高。

本章制作的《扑克对对碰》是一款简单的扑克游戏，其算法难度较第四章稍有增加，而且不再仅仅只针对场景对象进行编程。

ActionScript 语言中，可通过 Loader 对象来动态地读取资源图像。

思考与练习

1．棋牌游戏具有哪些特点？

2．棋牌游戏可分为哪些种类？

3．棋牌游戏的用户群具有哪些特点？

4．请说出一些知名的网络棋牌游戏平台。

5．在 Flash 中如何制作自定义的按钮？

6．在 ActionScript 代码中，如何动态地读取资源图像？

7．简述本章游戏脚本制作难点的解决方法。

8．在 ActionScript 程序中，如何监听鼠标事件？

第六章　开发射击游戏

内容提要

本章由4节组成。首先介绍射击游戏的特点、分类、用户群体、开发要求、发展史，接着通过实例《扑克对对碰》讲解棋牌游戏制作的全过程。最后是本章内容小结和作业安排。

学习重点

- 射击游戏特点
- 《超级大炮》游戏程序开发流程图和脚本代码编写

教学环境：计算机实验室

学时建议：6小时（其中讲授2小时，实验4小时）

近些年，新的游戏种类层出不穷。射击游戏虽没有早期那么风光，但在游戏市场上仍然占有一席之地。

6.1　概述

射击游戏的英文名是Shooting Game（简称STG），是指游戏者通过控制战斗机、战舰等战争机械来完成任务或过关的游戏，游戏目的往往是获得最高分数的记录，或者在敌方的枪林弹雨中成功逃生。

6.1.1　射击游戏的特点

1．操作略复杂

射击游戏的操作略微有些复杂，游戏者通常需要两只手同时操作，一只手控制发射工具的移动，另一只手则控制开火等操作。

2．节奏较快

在射击游戏中，稍不留神，自机（游戏者控制的飞机或坦克等机械）就可能被敌人摧毁。游戏者需要集中注意力，在快节奏中完成任务。

3．画面卷动

射击游戏的画面通常是不断卷动的，而且这种卷动往往是系统自动控制的。画面的卷动使游戏场景不断向前推进，不断出现新的目标，旧目标也不断消失。

4．场面惊险刺激

射击游戏中往往有逼真的爆炸场面，使得整个游戏画面显得惊险刺激。

5. 背景音乐振奋激昂

激昂的背景音乐，使游戏者更有身临其境的感觉。

6.1.2 射击游戏的用户群体

射击游戏的用户群往往具有以下特点：

（1）喜欢挑战，喜欢寻求惊险与刺激；

（2）可能是飞机迷或坦克迷；

（3）可能喜欢战争题材的电影。

6.1.3 射击游戏的分类

1. 按角色分类

射击游戏按玩家所控制的角色种类可分为：空战类、陆战类、海战类、枪战类。在这四种游戏中，玩家所控制的角色分别是：飞机或其他飞行器、坦克或其他陆战机械、战舰、持枪的战士。

2. 按实现技术分类

射击游戏按实现技术可分为：2D 射击游戏与 3D 射击游戏。其中 2D 射击游戏又分为："横版"射击和"纵版"射击。"横版"射击是指游戏背景横向卷动，使得场景横向延伸；而"纵版"射击则是指游戏背景纵向卷动。

3. 按镜头角度分类

射击游戏按照画面的镜头感觉可分为：第一人称射击游戏和普通视角射击游戏。其中第一人称射击游戏的英文名是 First Person Shooting Game，简称 FPS，它是以主视点来进行的射击游戏。在 FPS 游戏中，游戏者需要把自己当做游戏中的主角，游戏场景则模拟主角眼睛所观察到的画面。例如《三角洲特种部队》、《半条命》、《雷神之锤》等都属于 FPS 游戏。

世界上首款第一人称射击游戏是《Battlezone（战争地带）》，它是 Atari 公司于 1980 年发布的。《Battlezone》以 3D 画面来展示虚拟世界，其运行效果如图 6-1 所示。

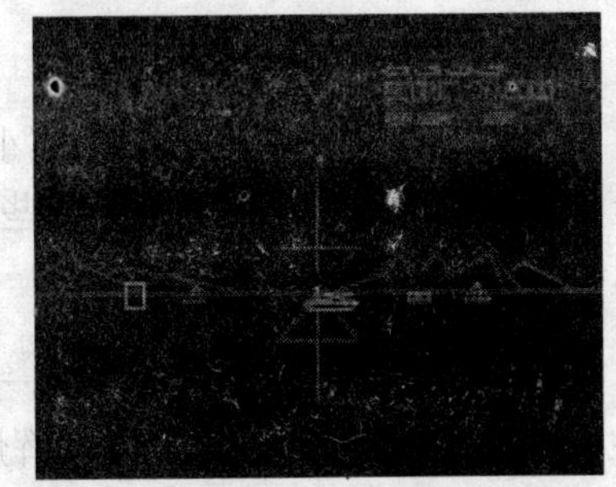

图 6-1 《Battlezone》游戏运行效果

6.1.4 射击游戏的开发要求

1. 设计要求

- **自机的灵敏度要适中**

自机（玩家控制的飞机）的灵敏度实际上就是自机的移动速度，也是玩家每次操作后自机的移动距离。灵敏度太低，自机将很难躲避敌人的攻击；相反，如果灵敏度太高，自机将很难控制，容易误撞周围的导弹。

- **尽量采用纵版模式**

纵版 STG 要比横版 STG 更受欢迎，这是由人眼的视觉特性造成的。在纵版 STG 中，玩家可以清楚地看见敌弹的轨迹，也很容易判断自机是否会中弹。而在横版 STG 中，要盯住子弹的轨迹是非常困难的。

- **设置合理的武器种类**

射击游戏中，要设计一些合理的武器种类，而且每类武器都可以不断升级，以增加游戏的趣味性。

2. 技术要求

射击游戏的画面中会有很多子弹，分别来自于自机和敌机。所以开发此类游戏首要解决的技术难点是弄清子弹的来源，做好子弹与战斗机的碰撞检测。

6.1.5 射击游戏的发展史

起初 STG 游戏专指空战类射击游戏，后来泛指可以发射子弹或射箭的游戏。

STG 游戏（以下专指空战类射击游戏）诞生于日本，是最早的一种电子游戏，甚至是早期电子游戏的象征。

1.《太空侵略者》(Space Invaders)

最早的具有影响力的 STG 游戏是《太空侵略者》(Space Invaders)，该游戏诞生于 1978 年，并很快占据电子游戏市场。《Space Invaders》的游戏任务就是：在侵略者到达地面之前，将他们全部击落。《Space Invaders》对游戏者的制约很大，自机只能一次发射一束激光。不过，它已经让玩家感受到瞄准、射击和躲避等乐趣。《Space Invaders》从程序、造型、图像、企划到硬件的构想，都是由一位叫西角友宏的天才程序员在三个月内完成的。

《Space Invaders》在日本和美国都受到广泛欢迎。那个时候，日本到处都有所谓的"invaders house"。"invaders house"就是只有《Space Invaders》游戏的游戏厅，它大多设置在成年人的娱乐场所，如保龄球馆或者溜冰场。很多人在这种游戏厅内，一玩就是数小时。

2.《小蜜蜂》(Galaxian)

1979 年，Namco 公司发表了《小蜜蜂》(Galaxian) 游戏，其在《Space Invaders》的基础上，提高了画面质量，并增加了一些创意。

3.《铁板阵》(Xevious)

1982 年，诞生了世界上第一部"纵版"射击游戏——《铁板阵》(Xevious)。它是具有革命性的作品，是 80 年代 STG 游戏辉煌历史的开端。它使得游戏中的虚拟世界变得更广阔，而且游戏场景更加真实。此外，与以往不同的是，《Xevious》中有两种武器：一种用来打击空中的飞行物，而另一种则用来打击地面目标。

4.《沙罗曼蛇》(Gradius)

80 年代前期，电子游戏迅速发展，游戏画面质量有了很大提升，而且每款新游戏都采用了很多新的技术。在那个年代，人们所说的电子游戏，通常就是指 STG 游戏。虽然当时出现了很多 STG 游戏，不过只有少数几个称得上是 STG 游戏的里程碑。《沙罗曼蛇》(Gradius) 与其后的《R-Type》是其中的代表。

《Gradius》共设计了 8 个不同背景的关卡，而在之前的 STG 游戏中，各个关卡的背景类似，只是难度不同。此外，《Gradius》也改变了射击游戏的模式，使曾经简单的 STG 变得复杂。游戏中，击毁敌机可以获得能量胶囊，可利用胶囊并根据自己的喜好来增强自机的火力。

5.《R-type》

继《Gradius》之后，《R-type》也同样获得了成功。《R-type》采用了很多《异形》电影的设计，并创新出“蓄力攻击”的操作模式。在《R-type》中，按住操作键一段时间后，可以“蓄力”积攒出强大的武器。

6.《烈火》

80年代后期是STG游戏的黄金时代，当时大作迭出，游戏的图像和声音效果越来越好。但游戏系统却没有实质性的革新，很多游戏都大同小异。在这个时期，出现了很多家用游戏机，例如任天堂公司的NES游戏机（红白机）。NES上有许多STG游戏，在NES市场的末期，还产生了一部十分优秀的STG游戏——《烈火》。

7.《怒首领蜂》

90年代初期，旧式的STG游戏发展到了顶峰，新的游戏作品层出不穷，质量也越来越好。但STG游戏也变得越来越难，很少有玩家能顺利通关并见到游戏的结局。这一时期还产生了“弹幕STG”，这类游戏的画面上到处都是子弹。“弹幕STG”并没有想象中那么难，只要集中注意力，还是可以找到生存的空隙。Cave公司制作的《怒首领蜂》是“弹幕STG”的开端，此游戏极富挑战性。

8.《闪亮银枪》

此后，PlayStation和土星游戏机上还产生了一些优秀的3D射击游戏，如《闪亮银枪》。但大多数3D的STG游戏依然没有改变2D的玩法，空战类的STG游戏开始逐渐没落。

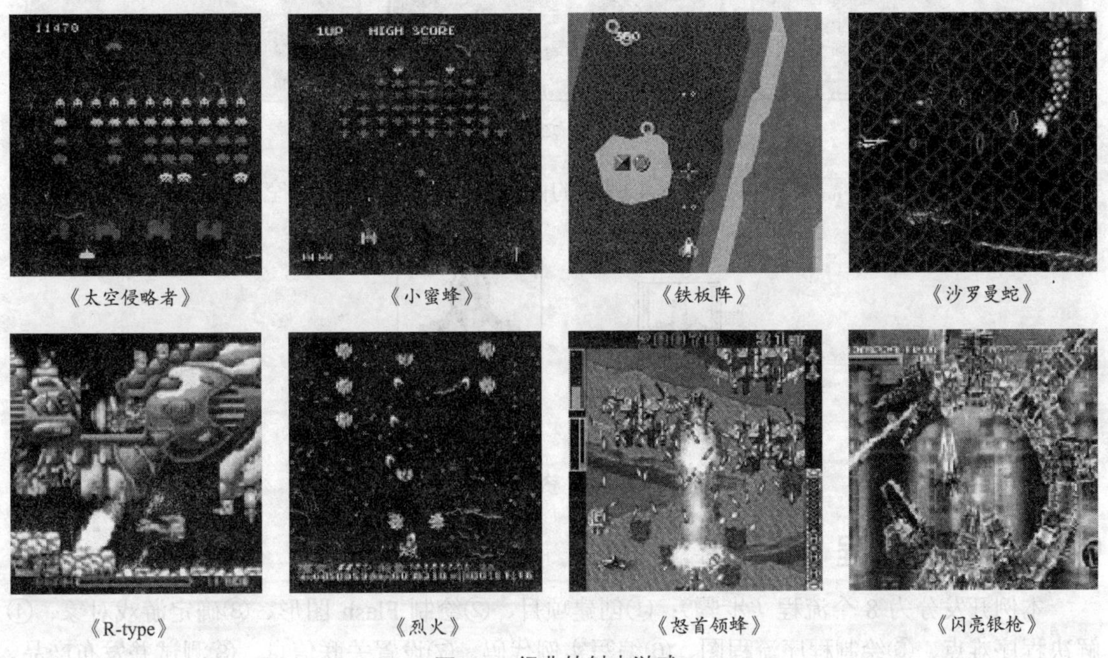

《太空侵略者》 《小蜜蜂》 《铁板阵》 《沙罗曼蛇》

《R-type》 《烈火》 《怒首领蜂》 《闪亮银枪》

图6-2 经典的射击游戏

6.2 《超级大炮》射击游戏开发

《超级大炮》是一款十分有趣的射击游戏。与前面几章中的游戏相比，本游戏更具可玩性。在实例的制作过程中，将讲解图形旋转的数学算法、影片播放的控制、定时器的使用，以及对象间碰撞检测等相关技能与知识。

6.2.1 操作规则

在本游戏中，玩家可通过鼠标来控制界面中间的超级大炮：大炮会随着鼠标的移动而旋转，炮口始终朝向鼠标的当前位置；同时，当玩家按下鼠标左键时，大炮还将发射炮弹。游戏过程中，不断有敌机从四面八方驶向玩家所控制的大炮，企图撞毁大炮。游戏的任务是：在保障大炮不被敌机撞毁的前提下，尽量消灭更多的敌机。

6.2.2 本例效果与资源文件处理

本例实际运行效果如图 6-3 所示。

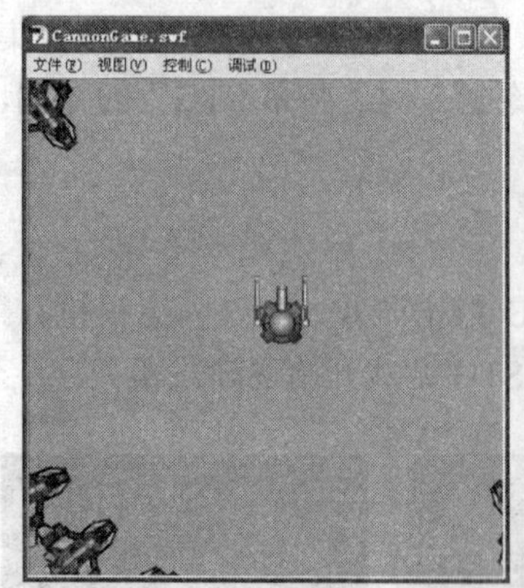

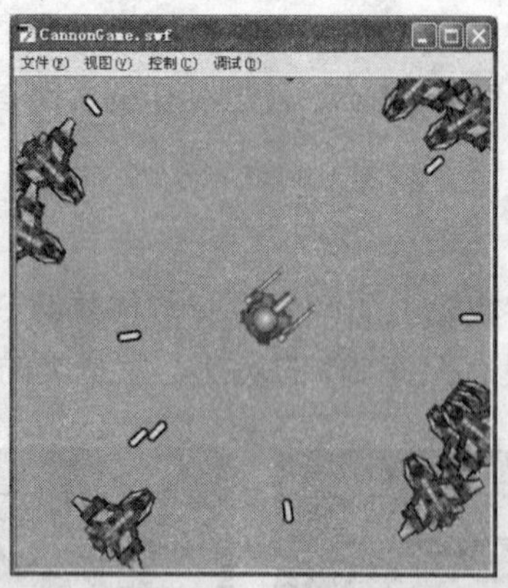

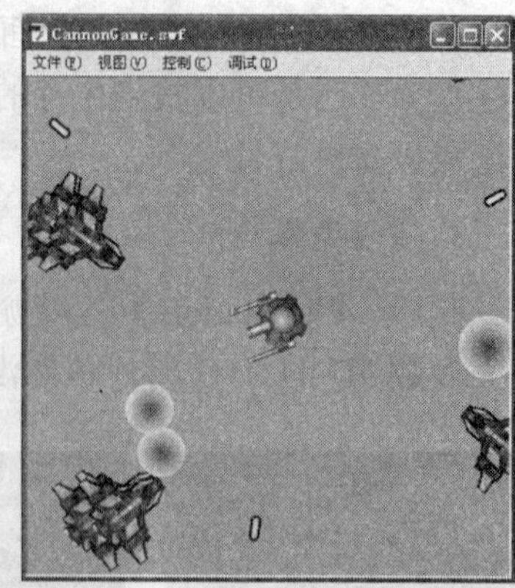

图 6-3　运行效果

制作本游戏之前，需要准备如图 6-4 所示的两张资源图片，图中的空白部分应设置为透明。

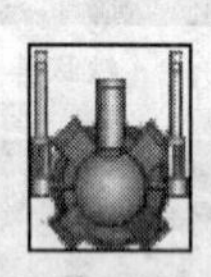
cannon.png

plane.png

图 6-4　资源图片

6.2.3 开发流程（步骤）

本例开发分为 8 个流程（步骤）：①创建项目、②绘制 Flash 图形、③确定游戏对象、④解决程序难点、⑤绘制程序流程图、⑥编写实例代码、⑦设置关联信息、⑧测试并发布产品，如图 6-5 所示。

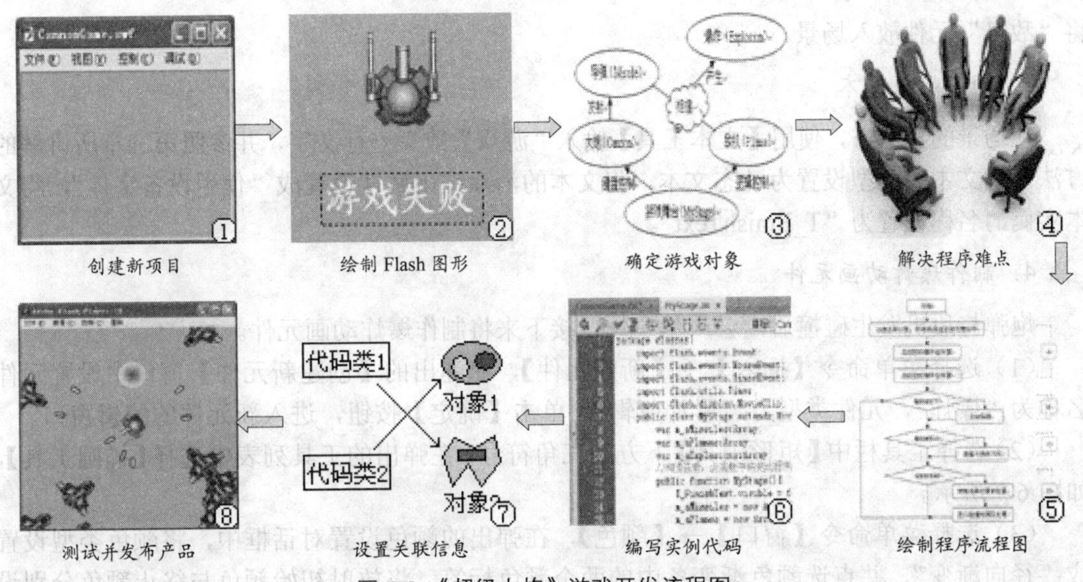

图 6-5 《超级大炮》游戏开发流程图

6.2.4 具体操作

流程 1 创建项目

（1）打开 Flash 软件，仿照第三章所讲解的方法，创建新文档，并将其保存为“CannonGame.fla”。将场景的尺寸设置为 400×400，背景颜色为浅蓝色。

（2）选择菜单命令【文件】→【导入】→【导入到库】，将两张资源图片导入到当前项目的库列表中。然后，打开库面板，可以看到新导入的两张图片以及系统自动由资源图片生成的元件（默认名称为“元件 1”与“元件 2”）。

流程 2 绘制 Flash 图形

1. 重新编辑导入的资源

（1）在库列表中用鼠标右键点选元件 1，在弹出的菜单中选择【属性】，然后将元件 1 的名称修改为“大炮”，类型修改为“影片剪辑”。采用同样的操作方法，将元件 2 改名为“敌机”，类型改为“影片剪辑”。

（2）在库列表中双击“大炮”元件，进入“大炮”元件的编辑区。通过工具栏中的【选择工具】将大炮的中心拖到元件区域的中心，如图 6-6 所示，元件区域的中心标有“+”号。采用同样的方法，对新导入的“敌机”元件也进行适当的编辑。

图 6-6 调整大炮元件的中心位置

2. 将元件放入场景

选择编辑区左上方的切换页，回到场景编辑区，从库列表中将“大炮”实例拖放到场景中间，并在属性面板中将该实例命名为“T_Cannon”。

由于本游戏中的敌机数量较多，所以这里将采用程序动态添加的方法，在游戏运行过程中将“敌机”元件放入场景。

3．输入游戏文本

在场景的正下方，使用【文本工具】输入“游戏失败”一行文字，并参照第三章所讲解的方法，将文本的类型设置为动态文本，将文本的消除锯齿属性设置成“使用设备字体”，将文本实例的名称设置为“T_FinishText”。

4．制作爆炸动画元件

炮弹与敌机发生碰撞后，会产生爆炸，接下来将制作爆炸动画元件。

（1）选择菜单命令【插入】→【新建元件】，在弹出的【创建新元件】窗口中设置元件名称为“爆炸”，元件类型为“影片剪辑”。单击【确定】按钮，进入新元件的编辑窗口。

（2）选择工具栏中【矩形工具】下方的三角符号，在弹出的工具列表中选择【椭圆工具】，如图 6-7 所示。

（3）选择菜单命令【窗口】→【颜色】，在弹出的颜色设置对话框中，将颜色类型设置成“径向渐变”，并点选颜色渐变条中的两个颜色标签，将放射初始颜色与终止颜色分别设置成红色与黄色，如图 6-8 所示。

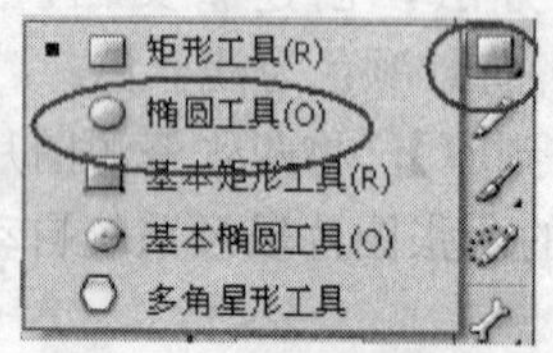

图 6-7　选择椭圆工具

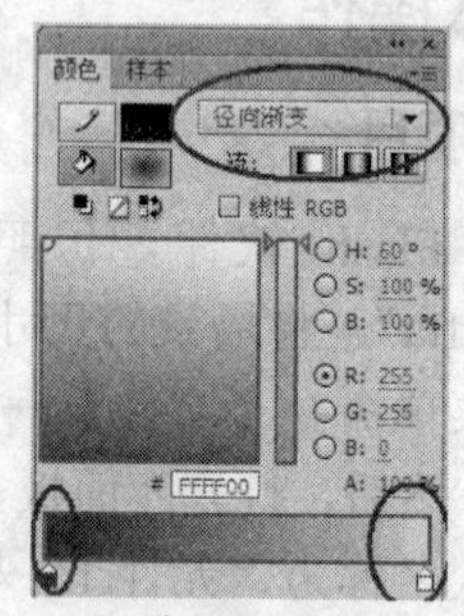

图 6-8　颜色设置

（4）关闭颜色设置框，用鼠标点选时间轴上的第 1 帧（时间轴位于第三章图 3-6 中所示的 2 区），然后按住 Shift 键，用鼠标在场景编辑区拖出一个圆形，这时系统将以刚刚设置的放射状颜色来填充该圆形区域。

（5）通过【选择工具】将圆形的中心拖至屏幕中心（屏幕中心标有“+”号），如图 6-9 所示。

（6）用鼠标点选时间轴上的第 5 帧，按下 F6 键，系统会自动在此处插入关键帧。关键帧是带有小黑点的帧，它是动画的控制点，即关键帧表示动画发生改变的时刻。

（7）选择【任意变形工具】，用鼠标圈选圆形区域，然后拖动区域的变形框，将圆形区域放大，同时保证圆形区域的中心仍位于屏幕中心，如图 6-10 所示。

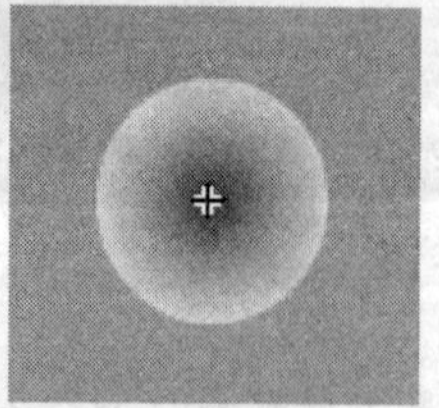
图 6-9　放射状圆形

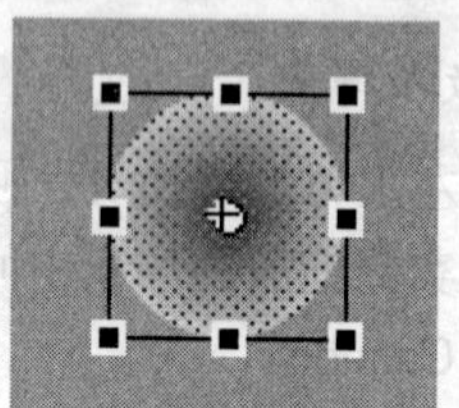
图 6-10　任意变形

（8）用鼠标右键点选时间轴上的第 1 帧，在弹出的菜单中选择【创建补间形状】，如图 6-11 所示。此后系统变自动调整第 2、3、4 帧，使图形的形状从第 1 帧渐变到第 5 帧。而且时间轴上将显示箭头符号，如图 6-12 所示。

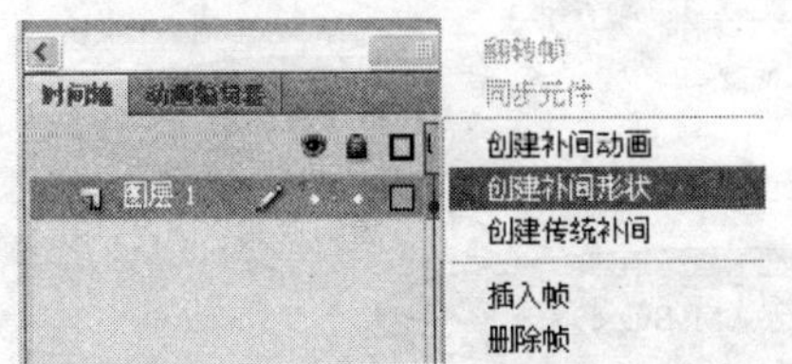

图 6-11　创建补间形状

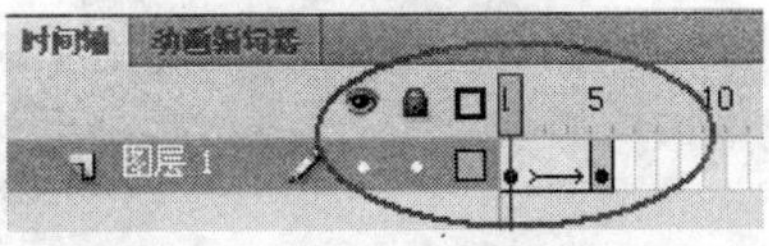

图 6-12　时间轴上的箭头符号

至此，爆炸动画已经制作完成。此时按回车键，可以预览刚刚制作完成的爆炸动画效果。

5．制作导弹元件

（1）选择菜单命令【插入】→【新建元件】，在弹出的【创建新元件】窗口中设置元件名称为"导弹"，元件类型为【影片剪辑】。单击【确定】按钮，进入新元件编辑窗口。

（2）在工具栏中选择【矩形工具】，仿照第五章所介绍的方法在屏幕中心绘制一个圆角形的炮弹，调整其大小，并为其填充颜色，如图 6-13 所示。

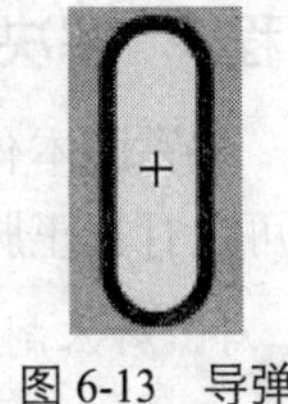

图 6-13　导弹

至此，本游戏的场景制作部分便已完成。

流程 3　确定游戏对象

一款游戏中会存在很多对象，但程序设计者通常只会考虑那些属性不断变化的对象。为这些对象建立管理类，并通过某一核心类（一般为场景类）来统一管理和协调各种对象之间的关系。

1．建立管理类

本游戏中，需要为敌机、大炮、导弹、爆炸分别建立管理类，因为：

（1）敌机出现后，会自动驶向大炮，其位置与角度属性会不断地变化。

（2）大炮会受到游戏者的控制，不断改变方向，并发射导弹。

（3）导弹被发射后，会不断地向前飞行，其位置属性会不断地变化。

（4）导弹击中敌机后，会发生爆炸，爆炸动画将自动从第 1 帧播放到最后 1 帧。

2．协调对象间关系

另外，本游戏中还需要建立场景类，来统一管理和协调各种对象间的关系，场景类需要具备如下功能：

（1）负责创建各类对象实例，并将各种实例添加到游戏的舞台中。

（2）负责监听鼠标事件，并将当前发生的鼠标事件传递给大炮对象。

（3）负责创建和维护定时器，每次定时时间结束，都需要更新各种对象的属性。

（4）需要进行敌机、大炮、导弹间的碰撞检测。

（5）当导弹与敌机发生碰撞后，需要创建并播放爆炸动画。

（6）当敌机与大炮发生碰撞后，需要使游戏结束，并显示失败信息。

以上各种管理对象间的关系如图 6-14 所示。

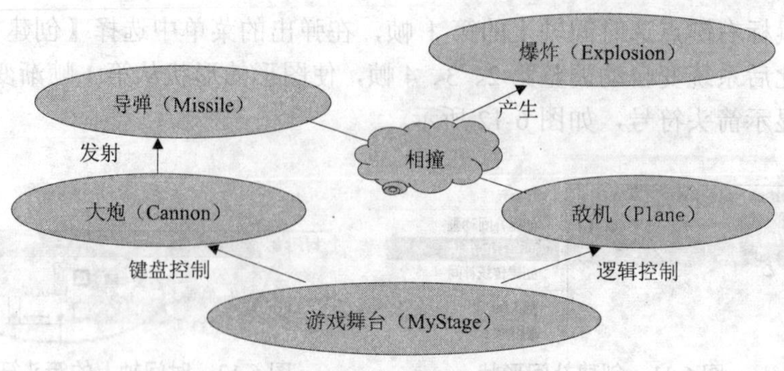

图 6-14　各种游戏对象的关系

如图 6-14 所示可知：在本游戏中，游戏舞台负责控制大炮与敌机对象；大炮对象可以发射导弹；导弹与敌机发生碰撞后将产生爆炸。本章稍后会详细讲解以上各种管理类的代码。

流程 4　解决程序难点

编写脚本代码，首先需要了解该游戏的制作难点，然后制定出各个难点的解决方法，最后才可进行真正脚本程序的编写。

1．脚本制作难点

本游戏的制作过程中会遇到以下几个难点：

（1）游戏中的大炮会随着鼠标的移动而不断地旋转，从而使炮口始终朝向鼠标的当前位置，那么该如何控制图形元件的旋转？

（2）本游戏中，需要通过定时器来控制场景元件的属性变化，即每间隔一段时间就需要更新炮弹、敌机以及爆炸动画的播放位置。那么在 ActionScript 程序中将如何使用定时器？

（3）炮弹与敌机发生碰撞后，需要播放爆炸动画，那么该如何控制爆炸动画的播放？

（4）如何进行导弹、敌机、大炮之间的碰撞检测？

2．难点的解决方法

- **图形的旋转控制**

Flash 的影片剪辑对象拥有 rotationX、rotationY、rotationZ 等属性，它们分别表示当前对象绕 X、Y、Z 轴旋转的角度数。默认状态下，这三个属性的值都为 0。

在 Flash 世界中，X 轴正方向沿屏幕水平向右，Y 轴正方向沿屏幕向下（注意 Y 轴正方向比较特殊），而 Z 轴正方向则垂直屏幕向外。

在本实例中，大炮会随着鼠标的移动不断地绕 Z 轴旋转。当旋转角度为 0 时，炮口朝向 Y 轴正方向。如图 6-15 所示，直线 L 是大炮中心与鼠标当前位置的连线，L 与 Y 轴夹角为 θ，θ 就是大炮当前绕 Z 轴的旋转角度。

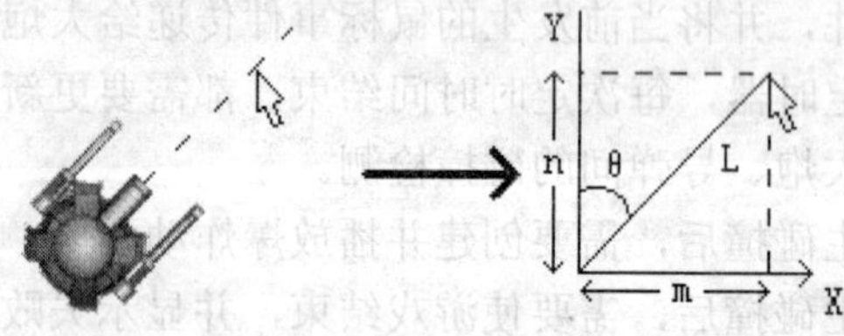

图 6-15　大炮的旋转

由图 6-15 可知，角 θ 的正切值等于 m/n，其中 m 是鼠标位置与大炮中心的横轴距离，而 n 则是鼠标位置与大炮中心的纵轴距离。通过反正切运算，就可以求出大炮沿 Z 轴的旋转角度。

大炮旋转的具体实现算法如下所述：

```
//功能：旋转大炮对象
//参数：mousex与mousey分别指定当前鼠标的X轴与Y轴位置
public function Rot( mousex:int, mousey:int ):void
{//该函数位于大炮管理类内
    var centerX:int = this.x;                                    //当前对象就是大炮对象
    var centerY:int = this.y;
    //计算旋转的弧度数，使炮口朝向鼠标所在的位置
    //atan2用于求（mousex    centerX）/（centerY    mousey）的正切弧度
    //在计算机中，Y轴的正方向朝下，所以n = centerY    mousey
    var R:Number = Math.atan2( mousex-centerX, centerY-mousey );  //弧度数
    this.rotationZ = R * 180/Math.PI;                            //沿Z轴旋转的角度数
}
```

● **定时器的使用**

ActionScript 3.0 中定义了 Timer 类，该类对象用于管理和维护定时器。定时器的使用方法如下所述：

```
public function createTimer():void
{
    //创建一个定时间隔为80毫秒，定时次数为无限次的定时器
    var myTimer:Timer = new Timer(80, 0);
    //注册响应函数，并设置该函数的响应事件，timerHandler是自定义函数
    myTimer.addEventListener("timer", timerHandler );
    myTimer.start();                          //启动定时器
}
public function timerHandler(event:TimerEvent):void          //自定义的定时响应函数
{
    ……
}
```

由上面代码可知，创建定时器时需要设置定时间隔和次数，如果定时次数被设置为 0，则表示将进行无限次定时响应。

在启动定时器之前，需要先注册定时响应函数，并设置响应事件的类型。响应事件可以为“timer”或“timerComplete”。其中，“timer”表示每次定时完成后，系统都会调用自定义的响应函数（例如上面代码中的 timerHandler 函数）；“timerComplete”表示系统完成所有的定时次数后，才调用自定义的响应函数。

● **播放爆炸动画的方法**

本章游戏将通过 Explosion 类来维护爆炸动画，该类中定义了 Logic 函数，用于不断地调整爆炸动画的当前显示帧。

游戏主类中将创建若干个 Explosion 对象，并通过定时器不断地调用 Explosion 对象的 Logic 函数，从而产生爆炸的动画效果。Explosion 类的程序流程如图 6-16 所示。

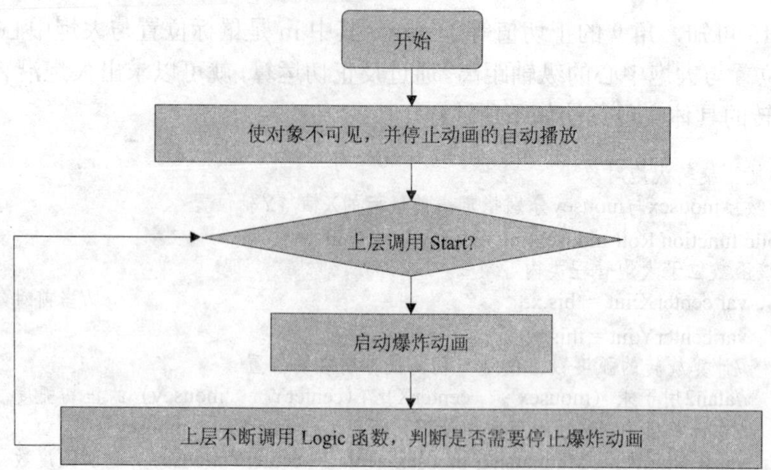

图 6-16　Explosion 类的程序流程图

Explosion 类的具体代码如下所述：

```
package classes
{
    import flash.display.MovieClip;                    //导入影片剪辑的支持类
    public class Explosion extends MovieClip
    {
        public function Explosion()
        {
            this.visible = false;                      //使动画不可见
            this.stop();                               //停止动画的播放
        }
        public function Start( x:int, y:int )          //启动爆炸动画
        {
            this.x = x;                                //爆炸发生位置的横坐标
            this.y = y;                                //爆炸发生位置的纵坐标
            this.visible = true;                       //使动画可见
            this.gotoAndStop(1);                       //回到第1帧动画
        }
        public function Logic():void                   //上层不断调用该函数
        {
            if( this.visible != true )
                return;
            if( this.currentFrame >= this.totalFrames  )  //如果播放到最后一帧
            {
                this.visible = false;                  //则停止播放，使动画消失
                this.stop();
            }
            nextFrame();                               //播放下一帧
        }
    }
}
```

上面程序中使用了 gotoAndStop、nextFrame 等 MovieClip 类定义的动画控制函数，这些函数的意义如表 6-1 所示。

表 6-1　常用的影片播放控制函数

函数名称	意义	函数名称	意义
gotoAndPlay	从指定帧开始播放动画	nextFrame	播放下一帧画面
gotoAndStop	使动画停止在指定的帧	prevFrame	播放上一帧画面

- **进行碰撞检测的方法**

游戏场景中的大多数对象都是影片剪辑（MovieClip）类的派生对象，这些对象都可以调用 hitTestObject 或 hitTestPoint 函数来进行碰撞检测；其中 hitTestObject 用于判断当前对象是否与指定的对象发生碰撞，而 hitTestPoint 则用于判断当前对象是否与指定的检测点发生碰撞。实现碰撞检测的具体代码如下所述：

```
public function checkCollides():void                          //进行碰撞检测及处理
{
    //m_aPlanes是预先定义的数组，用于存储场景中所有的敌机对象
    //for each是ActionScript的一种循环语法，下面语句将遍历m_aPlanes每个元素
    for each (var plane in m_aPlanes)
    {
        if( plane.visible == false )                          //如果该敌机不可见，则不进行检测
            continue;
        //下面函数可以判断T_Cannon是否与点（plane.x, plane.y）发生碰撞
        if( T_Cannon.hitTestPoint( plane.x, plane.y, true ) )
        {
            T_FinishText.visible = true;                      //大炮与敌机碰撞，则游戏结束
            break;
        }
        for each (var missile in m_aMissiles)                 //遍历所有的导弹
        {
            if( missile.visible == false )                    //如果该导弹不可见，则不进行检测
                continue;
            if( plane.hitTestPoint( missile.x, missile.y, true ) )
            {
                //如果导弹与敌机发生碰撞，则产生爆炸动画，并销毁敌机
                createExplosion( missile.x, missile.y );
                missile.visible = false;
                plane.visible = false;
            }
        }
    }
}
```

由上面代码可知，调用 hitTestPoint 函数时需要传递 3 个参数，前两个参数用于指定检测点的位置；而最后一个参数用于指定到底是检测对象（true）的实际像素，还是检测边框（false）的实际像素。

上面代码中还调用了自定义的函数 createExplosion，该函数用于创建爆炸对象，其具体的定义代码如下所述：

```
//功能：创建爆炸动画对象
//参数：x、y用于指定爆炸发生的位置
```

```
public function createExplosion( x:int, y:int ):void
{
    //遍历m_aExplosions数组，该数组是预先定义的，用于存储所有爆炸对象
    for each (var explosion in m_aExplosions)
    {
        if( explosion.visible == false ){           //如果某一元素尚未使用
            explosion.Start( x, y );                //启动该元素
            break;                                  //退出循环
        }
    }
}
```

游戏启动后，会首先创建若干个爆炸动画对象，但并不会马上使用。当爆炸动画对象的 visible 属性为 false 时，表示该对象尚未使用，可以随时被启动。

流程 5　绘制程序流程图

本章游戏开发的程序流程如图 6-17 所示。这里将流程图标识为 A、B、C、D 四个部分，以便与“流程 6”中的具体代码相对应。

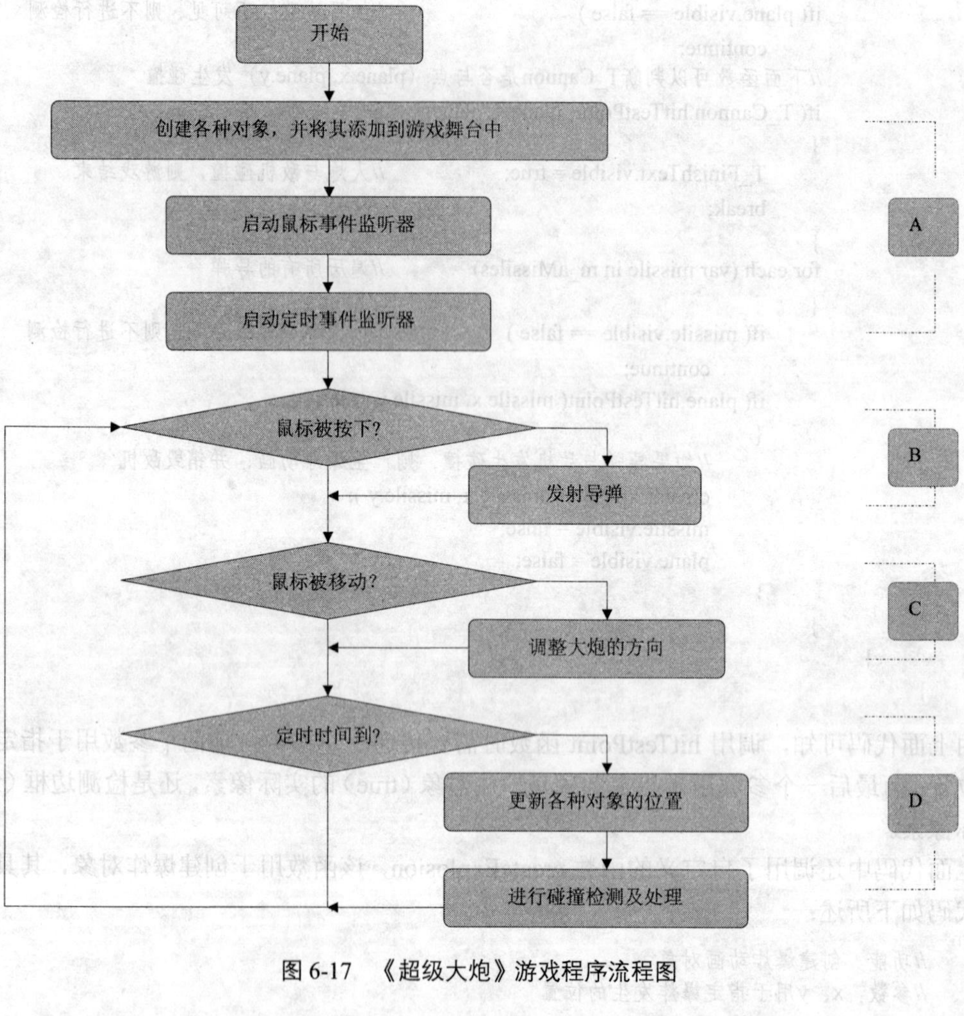

图 6-17　《超级大炮》游戏程序流程图

流程 6　编写实例代码

难点问题逐一解决后，开始编写本章游戏的脚本程序。参照第三章所讲解的方法，在 Cannon.fla 所在的目录中创建 classes 文件夹，然后在 Flash 中新建 5 个 ActionScript 文件，分别命名为“Cannon.as”、“Plane.as”、“Explosion.as”、“Missile.as”、“MyStage.as”。5 个管理类分别用于管理大炮（对应库中的大炮元件）、敌机（对应库中的敌机元件）、爆炸动画（对应库中的爆炸元件）、导弹（对应库中的导弹元件）、游戏场景（对应舞台实体）。

本章实例制作“流程 4”中已经给出 Explosion 类的程序代码，这里不再阐述。其他类的具体代码如下所述。

1．Cannon 类

Cannon 类用于管理大炮对象，与库列表中的大炮元件相对应。该类的主要功能是根据鼠标的位置来旋转大炮的方向。该类的具体代码如下所述：

```
package classes
{
    import flash.display.MovieClip;                    //导入影片剪辑的支持类
    public class Cannon extends MovieClip
    {
        public function Cannon()                       //构造函数，不做任何处理
        {
        }
        //功能：根据鼠标位置对大炮进行旋转
        //参数：mousex、mousey用于指定当前的鼠标位置
        public function Rot( mousex:int, mousey:int ):void
        {
            ……，此处代码略，与本章实例制作“流程四”中的同名函数代码相同
        }
    }
}
```

Cannon 对象被创建后，当用户移动鼠标时，游戏主类会不断地调用大炮对象的 Rot 函数，从而更新大炮的旋转方向，使炮口永远朝向鼠标的当前位置。

2．Plane 类

Plane 类用于管理敌机对象，与库列表中的敌机元件相对应。该类的主要功能有：

（1）重置敌机时，需要随机设置敌机的出现位置，并设置敌机的飞行方向，使其驶向大炮。

（2）不断更新敌机的位置，使其不断向前飞行。

Plane 类的具体代码如下所述：

```
package classes
{
    import flash.display.MovieClip;                    //导入影片剪辑的支持类
    public class Plane extends MovieClip
    {
        var m_Vx:Number;                               //敌机X轴方向的速度
        var m_Vy:Number;                               //敌机Y轴方向的速度
        public function Plane()
```

```
            {
                this.visible = false;                    //开始时，令敌机不可见
            }
            //功能：重置敌机，即随机设置敌机的位置，并设置敌机的飞行方向
            //参数：ox、oy指定飞行目标的位置，即大炮的位置
            public function Reset(ox:int, oy:int):void
            {
                //随机设置敌机的旋转角度（沿Z轴的旋转角度）
                var R:Number = Math.random() * 2 * Math.PI;
                this.rotationZ = R * 180 / Math.PI;
                var sin:Number = Math.sin(R);            //旋转角度的正弦值
                var cos:Number = Math.cos(R);            //旋转角度的余弦值
                this.x = ox - 240 * sin;                 //根据角度，设置X轴的初始位置
                this.y = oy + 240 * cos;                 //根据角度，设置Y轴的初始位置
                var speed:Number = Math.random() * 1 + 1;  //获取随机的速度值
                m_Vx = speed * sin;                      //设置X轴方向的速度
                m_Vy = -speed * cos;                     //设置Y轴方向的速度
                this.visible = true;                     //令敌机可见
            }
            //功能：由上层不断调用，用于更新敌机的位置，使其向前飞行
            public function Logic():void
            {
                if( this.visible == false )              //如果不可见，则无需更新
                    return;
                this.x = this.x + m_Vx;                  //更新X轴位置
                this.y = this.y + m_Vy;                  //更新Y轴位置
                if( this.x < -10 || this.x > 410 || this.y < -10 || this.y > 410 )
                {//如果X轴方向或Y轴方向超出屏幕边界
                    this.visible = false;                //令敌机不可见
                }
            }
        }
    }
```

当 Plane 对象被创建后，上层首先调用该对象的 Reset 函数，然后再不断调用 Logic 函数，就可以使敌机向大炮飞行。

3．Missile 类

Missile 类用于管理导弹对象，与库列表中的敌机元件相对应。该类的主要功能有：

（1）导弹被启动时，需要设置导弹的位置与飞行方向。

（2）不断更新导弹的位置，使其不断向前飞行。

Missile 类的具体代码如下所述：

```
package classes
{
    import flash.display.MovieClip;                    //导入影片剪辑的系统支持类
    public class Missile extends MovieClip
    {
        var m_Vx:Number;                               //导弹X轴方向的速度
        var m_Vy:Number;                               //导弹Y轴方向的速度
```

```
        public function Missile()                              //构造函数
        {
            this.visible = false;                              //导弹尚未启动，令其不可见
        }
        //功能：启动导弹，根据大炮的当前位置与方向设置导弹初始参数
        //参数：cx、cy指定大炮中心的位置，crotZ指定大炮当前旋转角度值
        public function Start( cx:int, cy:int, crotZ:int ):void
        {
            var radians:Number = crotZ * Math.PI/180;          //由角度求弧度
            var sin:Number = Math.sin( radians );              //求正弦值
            var cos:Number = Math.cos( radians );              //求余弦值
            this.x = cx + 30 * sin;                            //计算炮口的横坐标
            this.y = cy - 30 * cos;                            //计算炮口的纵坐标
            m_Vx = 5 * sin;                                    //设置导弹X轴速度
            m_Vy = -5 * cos;                                   //设置导弹Y轴速度
            this.rotationZ = crotZ;                            //设置导弹的旋转方向
            this.visible = true;                               //令导弹可见
        }
        //功能：由上层不断调用，用于更新导弹的位置，使其向前飞行
        public function Logic():void
        {
            if( this.visible == false )                        //如果不可见，则无需更新
                return;
            this.x = this.x + m_Vx;                            //更新X轴位置
            this.y = this.y + m_Vy;                            //更新Y轴位置
            if( this.x < -10 || this.x > 410 || this.y < -10 || this.y > 410 )
            {//如果X轴方向或Y轴方向超出屏幕边界
                this.visible = false;                          //令导弹不可见
            }
        }
    }
}
```

当Missile对象被创建后，上层首先调用Start函数，再不断调用Logic函数，就可以使导弹自动飞行。

4．MyStage 类

MyStage类是本游戏程序的主类，用于管理游戏场景，并协调各种对象间的关系，该类的程序流程如图6-17所示。MyStage类的具体代码如下所述：

```
package classes
{
    import flash.events.Event;                                 //导入系统事件支持类
    import flash.events.MouseEvent;                            //导入鼠标事件的系统支持类
    import flash.events.TimerEvent;                            //导入定时事件的系统支持类
    import flash.utils.Timer;                                  //导入定时器的系统支持类
    import flash.display.MovieClip;                            //导入影片剪辑的系统支持类
    public class MyStage extends MovieClip
    {
        var m_aMissiles:Array;                                 //存储所有导弹对象的数组
        var m_aPlanes:Array;                                   //存储所有敌机对象的数组
```

```
var m_aExplosions:Array;                    //存储所有爆炸对象的数组
//构造函数，此函数将完成程序流程图中第A部分的功能
public function MyStage ()
{
    T_FinishText.visible = false;           //令文字不可见
    m_aMissiles = new Array();              //创建导弹数组
    m_aPlanes = new Array();                //创建敌机数组
    m_aExplosions = new Array();            //创建爆炸数组
    var i:int;                              //定义局部临时变量
    for( i = 0; i < 8; i ++ )               //创建8枚导弹
    {
        var m:Missile = new Missile();      //创建导弹
        addChild( m );                      //将导弹对象添加到舞台中
        m_aMissiles.push(m);                //将导弹对象添加到数组中
    }
    for( i = 0; i < 10; i ++ )              //创建10架敌机
    {
        var p:Plane = new Plane();          //创建敌机
        addChild( p );                      //将敌机对象添加到舞台中
        m_aPlanes.push(p);                  //将敌机对象添加到数组中
    }
    for( i = 0; i < 5; i ++ )               //创建5个爆炸动画
    {
        var e:Explosion = new Explosion();  //创建爆炸动画
        addChild( e );                      //将爆炸动画添加到舞台中
        m_aExplosions.push(e);              //将爆炸动画添加到数组中
    }
    //启动鼠标事件监听器
    this.stage.addEventListener(MouseEvent.MOUSE_DOWN, OnMouseDown);
    this.stage.addEventListener(MouseEvent.MOUSE_MOVE, OnMouseMove);
    //创建并启动定时事件监听器
    createTimer();
}
public function createTimer():void
{
    ……，此处代码略，与本章实例制作“流程四”中的同名函数代码相同
}
//功能：当鼠标被按下后，使大炮发射炮弹，完成程序流程图中B部分的功能
public function OnMouseDown( event:MouseEvent ):void
{
    if( T_FinishText.visible == true )      //如果游戏已结束，则无需处理
        return;
    for each (var item in m_aMissiles)      //遍历炮弹数组
    {
        if( item.visible == false )         //发现尚未使用的炮弹，则启动
        {
            item.Start( T_Cannon.x, T_Cannon.y, T_Cannon. rotationZ );
            break;                          //结束循环
        }
    }
}
//功能：当鼠标被移动后，调整大炮方向，完成程序流程图中C部分的功能
```

```
        public function OnMouseMove( event:MouseEvent ):void
        {
            if(T_FinishText.visible == true )           //如果游戏已结束，则无需处理
                return;
            T_Cannon.Rot( this.stage.mouseX, this.stage.mouseY );
        }
        //功能：定时时间到后，更新各对象的位置，并进行碰撞检测与处理
        //这里将完成程序流程图中D部分的功能
        public function timerHandler(event:TimerEvent):void
        {
            if( T_FinishText.visible == true )          //如果游戏已结束，则无需处理
                return;
            for each (var missile in m_aMissiles)       //更新所有炮弹的位置
            {
                missile.Logic();
            }
            for each (var plane in m_aPlanes)           //更新所有敌机的位置
            {
                plane.Logic();
                if( plane.visible == false )            //重置已被击中的敌机
                    plane.Reset(T_Cannon.x, T_Cannon.y);
            }
            for each (var explosion in m_aExplosions)   //更新爆炸动画
            {
                explosion.Logic();
            }
            checkCollides();                            //进行碰撞检测与处理
        }
        public function checkCollides():void            //进行碰撞检测及处理
        {
            ……，此处代码略，与本章实例制作“流程4”中的同名函数代码相同
        }
        public function createExplosion( x:int, y:int ):void
        {
            ……，此处代码略，与本章实例制作“流程4”中的同名函数代码相同
        }
    }
}
```

流程 7　设置关联信息

所有代码编写完成后，需要将这些类与相应的库元件逐一关联起来，参照第五章的操作方法，可以很容易将 MyStage 类与游戏舞台关联起来。

这里以 Cannon 类为例，介绍其他元件与管理类的关联方法。打开库列表面板，用鼠标右键点击大炮元件，然后选择【属性】菜单。在弹出的【元件属性】对话框中点击【高级】标签，展开高级属性选项，然后选择【为 ActionScript 导出】选项，并在【类】栏中输入“classes.Cannon”。然后单击【确定】按钮，即可将 Cannon 类与大炮元件相关联，如图 6-18 所示。

仿照上面所介绍的方法，将“Plane.as”、“Explosion.as”、“Missile.as”分别与库中的“敌机”、“爆炸”、“导弹”等元件相关联。

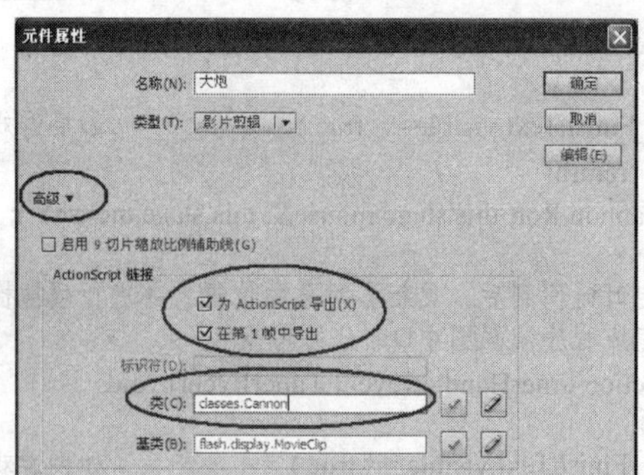

图 6-18　设置库元件的关联类

流程 8　测试并发布产品

至此，本游戏代码编写部分的操作便已全部完成。选择菜单命令【文件】→【发布】，Flash 便自动编译代码，并生成产品文件。如果游戏代码存在错误，则在图 3-6（见第三章）中所示的 2 区显示错误信息，可根据提示对代码进行修改。

发布产品后，运行“CannonGame.fla”所在文件夹中的“CannonGame.swf”文件，可以看到如图 6-3 所示的运行效果。

本章小结

ActionScript 程序中，可通过 MovieClip 对象来管理影片剪辑元件，该类对象调用如表 6-1 所示的函数，可以实现系统对影片动画的播放控制。影片剪辑对象还拥有“rotationX”、“rotationY”、“rotationZ”等属性，它们分别表示当前对象绕 X、Y、Z 轴旋转的角度数。影片剪辑对象，可以通过 hitTestObject 或 hitTestPoint 函数来进行碰撞检测。

ActionScript 3.0 中定义了 Timer 类，该类对象用于管理和维护定时器。定时器的使用步骤是：创建定时器，注册定时响应函数，启动定时器，在响应函数中添加功能代码。

思考与练习

1. 射击游戏的定义是什么？射击游戏具有哪些特点？
2. 射击游戏可分为哪些种类？射击游戏的用户群具有哪些特点？
3. 请说出本章游戏使用了哪些资源图片？如何将资源图片导入到 Flash 库中？
4. 在 ActionScript 程序中，如何进行对象间的碰撞检测？
5. 在 Flash 中如何制作自定义的动画片段？
6. 如何利用 ActionScript 语言来控制动画片段的播放？
7. 在 ActionScript 程序中，如何使用定时器？
8. 在 ActionScript 程序中，如何控制图形对象的旋转？

第七章　开发休闲游戏

内容提要

本章由4节组成。首先介绍休闲游戏的特点、分类、用户群体、开发要求、发展史，接着通过实例《弹力小球》讲解休闲游戏制作的全过程。最后是本章内容小结和作业安排。

学习重点

- 休闲游戏特点
- 《弹力小球》游戏的制作程序流程和脚本代码编写

教学环境：计算机实验室

学时建议：9小时（其中讲授3小时，实验6小时）

现代汉语词典中对“休闲”一词的解释是：闲暇时的休息和娱乐。那么休闲游戏，就应该是在休息或闲暇时间所进行的游戏。

7.1　概述

休闲游戏是近些年出现的一种游戏，它的设计初衷是让游戏者在闲暇时间里，不必花费太多的精力就能够体验游戏所带来的愉悦，从而产生休闲舒适的感觉，缓解生活和工作上的压力。

在2003年的游戏开发者大会（Game Developers Conference，简称GDC）上，业界专家就把某类游戏定义为“Casual games”，国内的游戏设计者们将其翻译成“休闲游戏”或“悠闲游戏”。“casual”的中文意思是“临时的，偶然的，随意的”。顾名思义，休闲游戏就是指游戏者无须投入太多的时间与精力，可随时参与、随时退出的游戏。

7.1.1　休闲游戏的特点

目前，市场上受欢迎的休闲游戏大多具有以下特点：

1. 操作简单，入门容易

很多休闲游戏的操作方法非常简单，一个鼠标（PC中的休闲游戏）或几个按键就可实现游戏中的所有功能，游戏者无须在游戏操作上耗费脑筋。

2. 规则简单，目的明确

休闲游戏的游戏规则通常很简单，游戏者很容易弄清游戏目的，也就是说，很容易知道下一步该做什么。但是在这种简单的规则下，游戏的结局却有可能是千变万化的。

3．画面清晰，角色活泼可爱

通常休闲游戏的画面绚丽多彩，游戏中的人物多为 Q 版（卡通版），而且随着 3D 技术、图像制作技术的不断进步，游戏画面越来越亮丽逼真，人物角色也越来越活泼可爱。

4．节奏轻快

休闲游戏营造一种轻松愉快的氛围，整个游戏节奏比较轻快，背景音乐也以欢快愉悦型为主。

7.1.2 休闲游戏的分类

休闲游戏可以按照商业模式或游戏内容进行分类。

1．按照商业模式分类

在美国 IGDA（International Game Developers Association，国际游戏开发者协会）发布的休闲游戏白皮书 2005（Casual Games white paper 2005）中，将电脑中的休闲游戏按照商业模式分成如下几种：

- **可下载的游戏**（Downloadable Game）

可以从网上下载的、体积小于 15MB 的"小文件"游戏，安装后可以独立运行的游戏。

- **网页游戏**（Web Game）

不需要安装，可以直接在网页页面中运行的游戏。这种游戏不能脱离浏览器，第一次运行游戏时，页面上可能会提示需要安装ActiveX等插件。典型的网页游戏有flash游戏 、Shockwave 游戏、Java 类和 C++类等基于网站的游戏。

- **技巧游戏**（Skill Game）

完全依靠技巧来获取金钱或奖励（即胜利）的网页游戏，因为游戏中的运气成分很少或者几乎没有。

- **广告游戏**（Advergame）

这种游戏的主要目的是传播广告信息，增加网站访问量，营造品牌效应。

- **传统游戏**（Traditional game）

这种游戏来源于专门从事游戏开发和运行的机构，并且以零售方式销售。

2．按照游戏内容分类

休闲游戏按照游戏内容，又可分为如下几种：

- **敏捷游戏**

这种游戏主要测试游戏者的反应和敏捷程度。在游戏中，游戏者通常要在规定的时间内完成一些简单而又重复的操作。例如一些接宝物、打地鼠等游戏就属于这种类型。

- **找差别的游戏**

这种游戏主要测试游戏者的观察能力。在游戏中，系统常常给出两幅相似的图像，游戏者需要在规定的时间内，找出两幅图像之间的不同之处。例如经典的《找茬》游戏就属于这种类型。

- **记忆游戏**

这种游戏主要测试游戏者的记忆力。在游戏中，游戏者需要不断地记忆屏幕上出现的画面，然后按要求完成某些任务。例如一些翻卡片的游戏就属于这种类型。

- **砖块游戏**

以砖块为题材的游戏。这种游戏中，游戏者通常使用小球来击打屏幕上的砖块。任天堂

FC 游戏中的《打砖块》就属于这种游戏。

● **教育游戏**

这种游戏具有一定的教育意义，使游戏者在娱乐的过程中掌握知识。教育游戏适合于少年儿童，因此也被称为儿童游戏。例如一些单词拼写类的游戏就属于这种类型。

● **女孩游戏**

适合于女孩的游戏，这种游戏通常以购物或换服装为题材。网上常见的《打扮 MM》就属于这种游戏。

● **培养游戏**

这种游戏以培养小宠物为题材。游戏中，玩家需要经常给宠物喂食、喂水、洗澡或进行其他培养操作。培养游戏实际上是模拟现实世界中培养宠物的实际过程，例如 NDS 游戏机中经典的《任天狗》就属于这种游戏。

7.1.3 休闲游戏的用户群体

休闲游戏的用户群具有以下特点：

（1）不是狂热的游戏爱好者；

（2）最主要的娱乐方式并不是游戏；

（3）觉得游戏时间不宜过长，否则会影响工作；

（4）可能对电脑或手机游戏不是很熟悉；

（5）大都是女性或儿童；

（6）常常由于某种原因，在游戏进行到一半时就强行退出。

7.1.4 休闲游戏的开发要求

1. 设计要求

在设计休闲游戏时，需要注意以下几个方面：

● **游戏难度不能过高**

如果游戏难度过高，将无法吸引玩家继续游戏。如果游戏必须具备一定的难度，可以设置难度级别的选项，让初学者可以选择低级别的难度来享受游戏的快乐。

● **对硬件要求不能太高**

即使在欧美，很多玩家的电脑配置也都很低，国内更是如此。3D 游戏不仅对硬件配置要求较高，还会增加测试的成本，并没有太多优势，因此休闲游戏最好采用 2D 模式。

● **尽量不用文字介绍**

很多玩家不愿意看文字的帮助或介绍，他们更希望游戏一拿到手就能玩。而且大量的文字也不利于游戏在国际上广泛推广，比如某款游戏需要销售到国外，如果文字太多，会增加翻译的负担。

● **提供分数和奖励的功能**

有时候，高分数及各种奖励会增加玩家对这款游戏的“粘度”。

● **增加搞笑成分**

很多休闲游戏，在人物造型或道具设置上增加了搞笑的成分，这使得玩家更能感受到休闲娱乐的气息。

● **游戏名称不能太古怪**

虽然在家用游戏机上（如 PS2、XBOX），很多游戏的名称古怪，但休闲游戏却不可以这样。休闲游戏的玩家通常希望通过名称能了解游戏的类型，以便更直观地做出选择。

● **定价不能太高**

休闲游戏的定价很重要，最好先做市场考察，选择一个最适合的价格，这样不会使玩家觉得为难。

● **注意细节的设置**

游戏产品整体质量的高低，往往是由细节决定的，比如爆炸时的音效也会影响游戏的整体效果。设计游戏时，应尽量接受玩家的反馈意见，逐步完善游戏的细节。

● **确定用户群**

确定游戏用户群体，对休闲游戏的设计思路很重要。比如为儿童或女性开发的游戏，就不能存在暴力成分。

2．技术要求

实现休闲游戏的技术难度不大，只是这类游戏中常常会存在很多对象（如人物、场景、物品等）。所以开发休闲游戏，主要解决的问题是：弄清游戏中存在哪些对象，找出各种对象的相关信息，弄清各种对象之间的关系，最后为每种对象创建管理类。

7.2 《弹力小球》休闲游戏开发

《弹力小球》是一款轻松有趣的休闲游戏。在实例的制作过程中，将重点讲解如何制作多层图像，如何实现鼠标拖拽功能，如何进行复杂的模拟计算（例如抛物线运动等），以及如何进行精确的碰撞检测等知识。

7.2.1 操作规则

本游戏开始后，界面上会出现一个小球、一朵鲜花以及几个悬浮在空中的台阶。玩家可以给予小球一定的能量（初速度），使小球进行抛物线运动。具体方法是：当小球静止时，用鼠标左键点选小球；然后按住左键并拖动鼠标，此时小球上会显现出许多能量箭头，箭头的方向表示小球初速度的方向，而箭头的数量则表示初速度的大小；由于受到重力作用，当用户释放鼠标后，小球将沿箭头所指示的方向以初速度进行抛物线运动。

小球运动时可与场景边缘及台阶发生碰撞，但每次碰撞后，小球的能量都会有所损耗。当小球的能量完全消失时，小球会停留在地面或台阶上。游戏的任务是：让小球撞到场景上方的花朵。

7.2.2 本例效果与资源文件处理

本例实际运行效果如图 7-1 所示。

制作本章游戏之前，需要先准备一张游戏背景图片，将其命名为“back.jpg”，图片的规格如图 7-2 所示。

图 7-1 《弹力小球》运行效果

图 7-2 《弹力小球》资源图片

7.2.3 开发流程（步骤）

本例开发分为 8 个流程（步骤）：①创建项目、②制作各种元件、③绘制游戏场景、④解决程序难点、⑤绘制程序流程图、⑥编写脚本代码、⑦设置关联信息、⑧测试并发布产品，如图 7-3 所示。

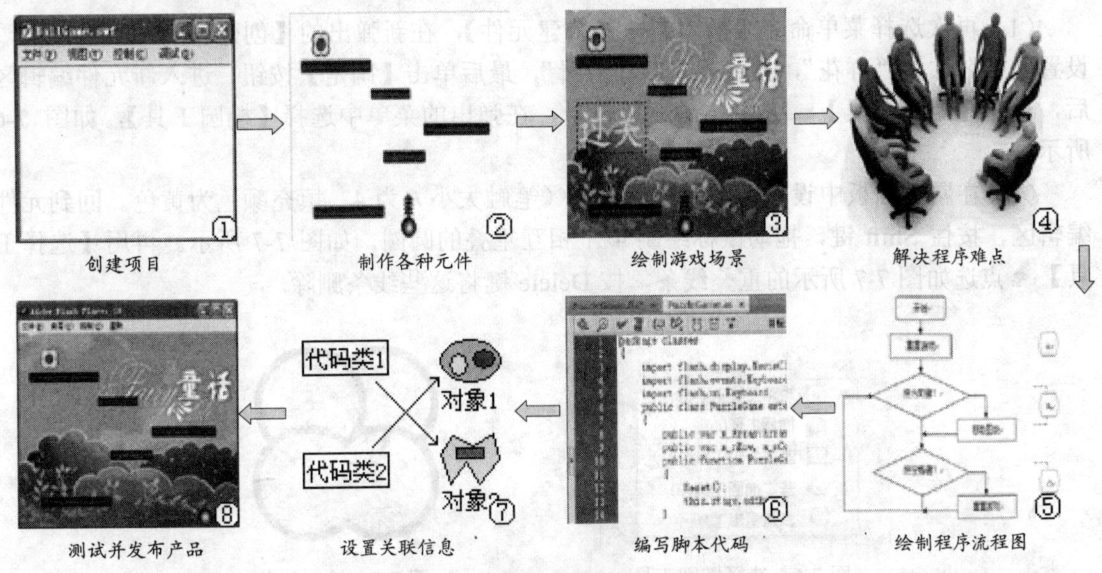

图 7-3 《弹力小球》游戏程序开发流程图

7.2.4 具体操作

流程 1 创建项目

打开 Flash 软件，仿照第三章中所讲解的方法，创建新文档，并将其保存为“BallGame.fla”。将场景的尺寸设置为 400×300。

流程 2 制作各种元件

本游戏的场景中存在多种元件，分别是：台阶元件、鲜花元件、小球元件。

1. 制作台阶元件

（1）选择菜单命令【插入】→【新建元件】，在新弹出的【创建新元件】窗口中，将元件名称设置为“台阶”，类型设置为“影片剪辑”，然后单击【确定】按钮，如图 7-4 所示。

（2）进入元件编辑界面后，选择工具栏中的【矩形工具】，在编辑区中绘制一个矩形，并参照第六章实例的制作方法，设置自己喜欢的边界颜色与填充颜色。通过【选择工具】圈选刚刚绘制的矩形，然后按组合键 Ctrl+G，使所选择的图形成为一组（即成为矢量图形）。接着用鼠标点选并拖动矩形，将其左上角对齐编辑界面中心（该处标有“+”号），如图 7-5 所示。当程序运行时，元件实例的（x，y）属性值将与该中心点相对应。

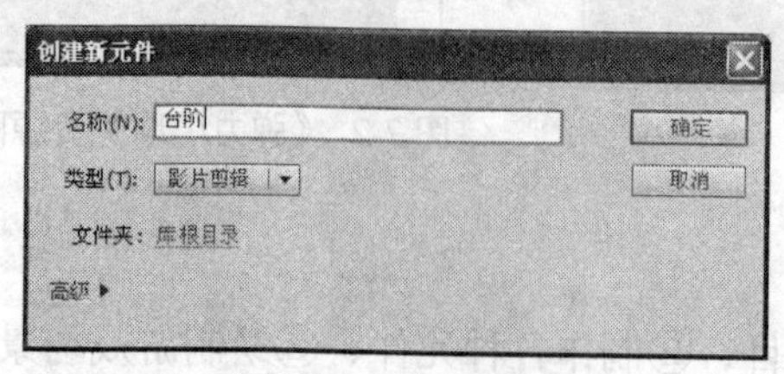

图 7-4 创建新元件

图 7-5 对齐元件中心

2．制作鲜花元件

（1）再次选择菜单命令【插入】→【新建元件】，在新弹出的【创建新元件】窗口中，设置元件名称为“鲜花”，类型为“影片剪辑”，最后单击【确定】按钮。进入新元件编辑区后，单击【矩形工具】左下角的三角符号，在弹出的菜单中选择【椭圆工具】，如图 7-6 所示。

（2）在属性面板中设置椭圆的边界大小（笔触大小）为 4，填充颜色为黄色。回到元件编辑区，按住 Shift 键，拖动鼠标绘制 4 个相互重叠的圆圈，如图 7-7 所示。再用【选择工具】点选如图 7-7 所示的重叠线条，按 Delete 键将这些线条删除。

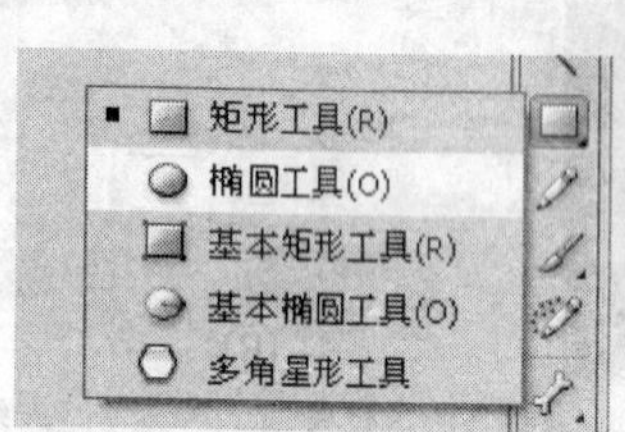

图 7-6 选择椭圆工具

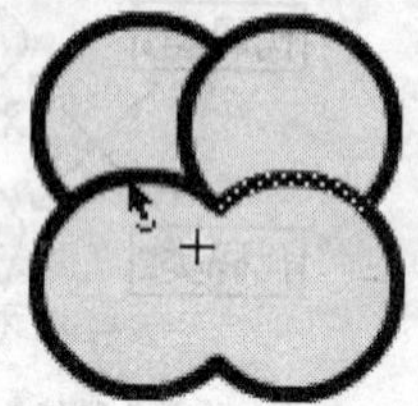

图 7-7 绘制鲜花

（3）用椭圆工具在 4 个圆圈的中心绘制圆形花蕊，并将其填充为红色。最后，将鲜花拖放到元件编辑区的中心（该处标有“+”号）。

3．制作小球元件

如图 7-1 所示，小球元件还需要包含多个子元件，如“箭头”、“箭身”等。因为游戏程序需要单独控制这些元件，所以要将“箭头”、“箭身”等都拆分出来，使它们成为独立的实例。

- **制作箭头元件**

首先，创建新元件，将元件命名为“箭头”，将其类型设置为“影片剪辑”。在“箭头”元件编辑区中，用【线条工具】绘制一个由 4 条边形成的箭头形状，如果四条边没有完全闭合，需要用【选择工具】来调整四条边的位置，只有闭合的区域才能被填充颜色。然后，选择【颜料桶工具】，在属性面板中将填充色设置为黄色，并填充箭头区域，绘制好的箭头如图 7-8 所示。

● **制作完整的能量箭元件**

（1）创建“完整的能量箭”元件，元件类型为“影片剪辑”。在新元件的编辑区中，先用【矩形工具】绘制箭杆，如图 7-9 所示。然后打开库面板，拖出 4 个箭头元件的实例。将箭杆与 4 个箭头组合成完整的能量箭，如图 7-10 所示。

（2）参照前面章节的操作方法，将四个箭头实例从上到下依次命名为：“T_Arrow1”、“T_Arrow2”、“T_Arrow3”、“T_Arrow4”。

（3）利用【选择工具】圈选所有的图形，按键盘上的方向键，使能量箭的底部位于元件编辑区的中心（“+”号处），如图 7-10 所示。因为在游戏中，能量箭是沿其底部进行旋转的。

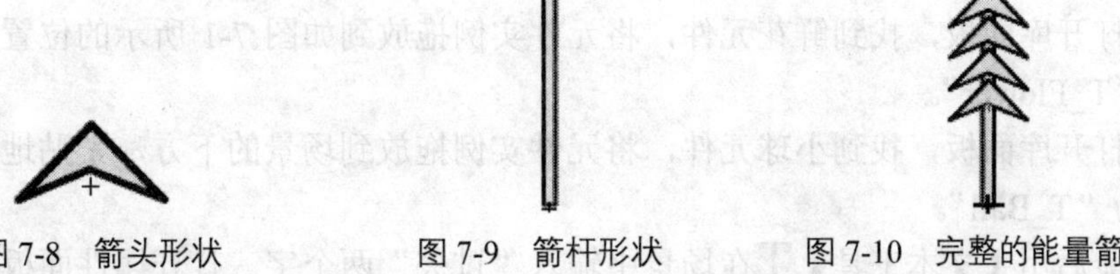

图 7-8　箭头形状　　图 7-9　箭杆形状　　图 7-10　完整的能量箭

● **制作小球元件**

（1）选择菜单命令【插入】→【新建元件】，创建小球元件，将其类型设置为“影片剪辑”。在【时间轴】面板上（见第三章如图 3-6 所示的 2 区），双击图层 1 的名称栏（“图层 1”），并将该层重新命名为“小球”。

（2）点选时间轴左下角的【新建图层】按钮，新建“图层 2”并将该图层重新命名为“能量箭”。用鼠标将“能量箭”层拖放到“小球”层的下方，如图 7-10 所示。Flash 动画进行播放时，较高图层（例如图 7-11 中的“小球”层）中的画面会遮挡住较低图层（例如图 7-11 中的“能量箭”层）的画面。

（3）单击“小球”层【锁定栏】内的圆点，锁定该图层，此后该图层上的画面将无法被编辑。

（4）点选“能量箭”层，再打开库面板，将“完整的能量箭”实例拖放到编辑区。调整实例的位置，使能量箭的底部与编辑区的中心对齐。同时将该实例命名为“T_Power”。

（5）单击时间轴上“小球”层的【锁定栏】，使该层解锁，并锁定“能量箭”图层。选择“小球”层，然后用【椭圆工具】在编辑区绘制一个球体，并将球的中心对齐编辑区的中心（“+”号处）。至此小球元件已经被创建完毕，如图 7-12 所示。

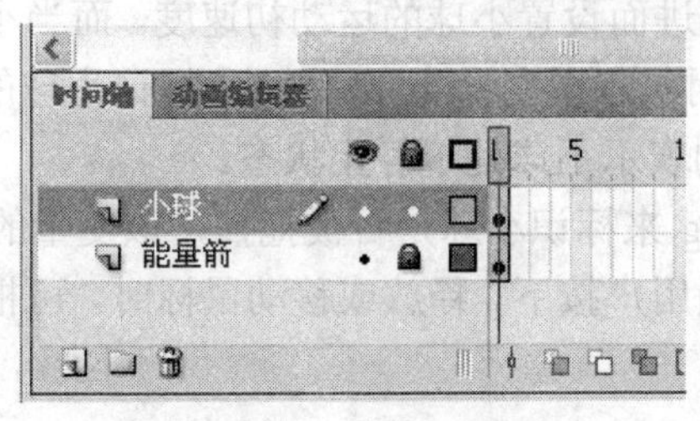

图 7-11　图层设置

图 7-12　小球元件

流程 3 绘制游戏场景

（1）选择编辑区上方的切换页，回到场景编辑界面。选择菜单命令【文件】→【导入】→【导入到库】，将背景图片“back.JPG”导入到当前项目的库列表中。打开库面板，找到新导入的“back.JPG”图片元件，将其拖放到场景中。打开属性面板，将背景元件的位置设置在（0，0）点，使背景完全覆盖游戏场景。

（2）在时间轴上，将图层 1 重新命名为“背景”，并锁定该图层。接着新建图层 2 并将该图层重新命名为“游戏”。

（3）打开库面板，找到刚刚创建的“台阶”元件，从库列表中拖出 5 个“台阶”实例，并通过【任意变形工具】调整五个台阶的大小与位置，同时将 5 个实例分别命名为：“T_Bar1”、“T_Bar2”、“T_Bar3”、“T_Bar4”、“T_Bar5”。

（4）打开库面板，找到鲜花元件，将元件实例拖放到如图 7-1 所示的位置，并将鲜花实例命名为“T_Flower”。

（5）打开库面板，找到小球元件，将元件实例拖放到场景的下方，紧贴地面。并将小球实例命名为“T_Ball”。

（6）最后用【文本工具】在场景中输入“过关”两个字。打开属性面板，将文本实例的类型设置为动态文本，锯齿属性设置为“使用设备字体”，将实例名称设置为“T_FinishText”。

至此，本游戏的场景及库元件制作部分全部完成。

流程 4 解决程序难点

编写脚本代码，首先需要了解该游戏的制作难点，然后制定出各个难点的解决方法，最后才可进行脚本程序的编写。

1．脚本制作难点

本游戏制作过程中会遇到以下几个难点：

（1）如何判断小球正在被鼠标拖拽？

（2）当鼠标拖拽小球时，小球身上会出现能量箭头，箭头的方向及数量都与鼠标的位置有关，如何控制能量箭头也是本章游戏的难点之一。

（3）如何使小球进行抛物线运动？

（4）如何进行小球与台阶的精确碰撞检测，以及如何进行碰撞后的处理？

2．难点的解决方法

- **小球是否被拖拽的判断**

当小球静止时，用户可用鼠标拖拽小球，进而设置小球的运动初速度。而当小球进行运动时，用户将无法拖拽小球。本实例中，将利用布尔型变量 m_bMove 来标记小球的运动状态，该变量的值为 true，表示小球正在运动，否则表示小球处于静止状态。

实例程序中还将利用布尔型变量 m_bDrag 来标识小球是否被拖拽，该变量的值为 true 表示小球正被拖拽，否则表示小球没被拖拽。当用户按下、释放或移动鼠标时，可根据鼠标信息来修改 m_bDrag 的取值。具体方法如下所述：

```
//当小球被按下时，调用此函数，并将当前鼠标位置传递给mx与my两个参数
public function OnMouseDown( mx:int, my:int ):void
```

```
{
        if( m_bMove == true )                          //如果小球正在移动，则退出
            return;
        m_bDrag = true;                                //令小球处于拖拽状态
}
//当用户移动鼠标时，调用此函数，并将当前鼠标位置传递给mx与my两个参数
public function OnMouseMove( mx:int, my:int ):void
{
        if( m_bDrag == false )
            return;
        setArrows(mx, my);                             //设置能量箭头
}
//当用户释放鼠标时，调用此函数，并将当前鼠标位置传递给mx与my两个参数
public function OnMouseUp( mx:int, my:int ):void
{
        if( m_bMove == true )
            return;
        if( m_bDrag == true )                          //如果小球已经被拖拽了
        {
            m_bDrag = false;
            ShootBall();                               //发射小球
        }
}
```

上面代码中的 setArrows 与 ShootBall 是自定义的两个函数，本章后面将进一步讲解这两个函数的内容。

- **能量箭头的控制**

能量箭头有两个属性，分别是能量（小箭头的数量）与方向。设置箭头能量的方法如下所述：

```
//setPower函数用于设置小球的初始能量，参数power表示能量的大小
private function setPower( power:int ):void
{
        m_Power = power;                               //m_Power是全局变量
        if( m_Power > 60 )                             //小球可具备的最大能量为60
            m_Power = 60;
        T_Power.visible = false;                       //先将能量箭头隐藏
        T_Power.T_Arrow1.visible = false;
        T_Power.T_Arrow2.visible = false;
        T_Power.T_Arrow3.visible = false;
        T_Power.T_Arrow4.visible = false;
        if( m_Power > 0 )                              //能量大于0，则显现第1个箭头
        {
            T_Power.visible = true;
            T_Power.T_Arrow1.visible = true;
        }
        if( m_Power >= 20 )                            //能量大于20，则显现第2个箭头
            T_Power.T_Arrow2.visible = true;
        if( m_Power >= 40 )                            //能量大于40，则显现第3个箭头
            T_Power.T_Arrow3.visible = true;
```

```
        if( m_Power >= 60 )                    //满能量，则显现第4个箭头
            T_Power.T_Arrow4.visible = true;
    }
```

在 setPower 函数的基础上，再来设置能量箭头的方向属性就比较方便了。默认时（能量箭头的旋转角度为 0），能量箭头垂直向上。当鼠标拖拽小球时，能量箭头与鼠标的关系如图 7-13 所示。

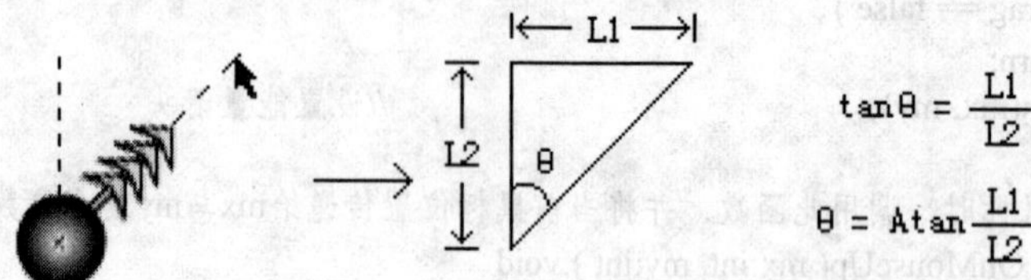

图 7-13　角度计算公式

如图 7-13 中 tan 表示求正切值，Atan 表示求反正切值，角 θ 就表示能量箭头绕 Z 轴旋转的角度（Z 轴方向垂直纸面向外）。如图 7-13 中，L1 等于当前鼠标与小球中心的横轴距离，L2 等于当前鼠标与小球中心的纵轴距离，所以有：

L1=mouse.x−ball.x

L2=ball.y−mouse.y

计算机世界中 Y 轴的正方向朝下。

根据以上公式，可实现箭头旋转控制，具体代码如下所述：

```
//根据鼠标的位置来设置能量箭头，参数mx与my指定鼠标的当前位置
private function setArrows( mx:int, my:int):void
{
    //首先设置箭头的能量，鼠标离小球越远，能量越大
    var power:Number = ( mx - this.x ) * ( mx - this.x ) +
                       ( my - this.y ) * ( my - this.y );

    power = Math.sqrt(power);
    setPower( power );
    //然后设置箭头的方向，箭头永远指向鼠标的当前位置
    var R:Number = Math.atan2( mx - this.x, this.y - my );     //求角θ的弧度数
    T_Power.rotationZ = R * 180/Math.PI;                        //旋转能量箭头
}
```

- **小球抛物运动的控制**

小球被发射后，由于受到重力作用，小球将进行抛物线运动，如图 7-14 所示。

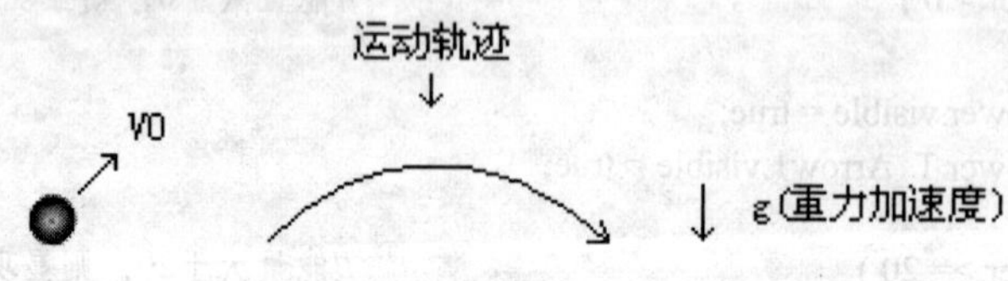

图 7-14　小球的运动轨迹

可用迭代的方法，近似地计算出小球的实时位置。设小球当前位置为（Px，Py），当前的

速度为（Vx，Vy）。如果每隔ΔT 秒（ΔT 很小）就计算一次小球的位置，则下一时刻（经过ΔT 秒后）小球的位置为：

Px=Px + Vx ×ΔT ；

Py=Py + Vy ×ΔT ；

由于受重力作用，下一时刻的 Vy 将变化为：

Vy=Vy –g ；（g 是重力加速度）

显然，如果在小球发射时计算其初始速度，并在小球运行过程中不断地更新小球的位置与速度，就可以实现小球的抛物线运动。具体实现代码如下所述：

```
//发射小球，由小球的能量及能量的角度来计算小球的初速度
private function ShootBall():void
{
    var degree:Number = T_Power.rotationZ * Math.PI / 180; //能量的角度
    var sin:Number = Math.sin( degree );
    var cos:Number = Math.cos( degree );
    var V:Number = m_Power / 2;                  //速度大小是能量的一半
    m_Vx = V * sin;                              //X轴初速度
    m_Vy = - V * cos;                            //Y轴初速度，注意Y轴正方向向下
    m_LastX = this.x;                            //存储小球原始位置
    m_LastY = this.y;
    setPower(0);                                 //使能量消失
    m_bMove = true;                              //设置运动标识
}
//程序中每间隔一段时间就调用Update函数，则可以不断更新小球位置
public function Update():void
{
    if( m_bMove == false )                       //如果没运动，则退出
        return;
    MoveTo( this.x + m_Vx, this.y + m_Vy );      //将小球移动到新位置
    m_Vy = m_Vy + m_Vg;                          //调整小球的Y轴速度
}
```

上面代码中，使用了 m_LastX、m_LastY、m_Vg 等变量，它们都是程序开头定义的全局变量，其中 m_LastX 与 m_LastY 用于存储小球在上一时刻的位置，而 m_Vg 用于存储重力加速度值。

上面代码中还调用了自定义的 MoveTo 函数，该函数的代码如下所述：

```
//将小球移动到（xCoord，yCoord），并记录小球移动前的位置
private function MoveTo( xCoord:int, yCoord:int )
{
    m_LastX = this.x;
    m_LastY = this.y;
    this.x = xCoord;
    this.y = yCoord;
}
```

- **小球与台阶的碰撞检测及处理**

第六章曾介绍过，采用 MovieClip 类定义 hitTestObject 或 hitTestPoint 函数，可以进行碰撞检测，但其实那种方法只适用于静止或慢速运动物体间的碰撞检测。如果物体的运动速度较

快，即前后两个时刻的位置差距较大时，就会出现如图 7-15 所示的效果。

如图 7-15 所示，当小球运动过快时，小球移动前后都不会与台阶重叠。所以，这时采用 hitTestObject 或 hitTestPoint 函数也就无法正确地进行碰撞检测。

本实例需要对小球与台阶进行精确地碰撞检测。游戏中，当小球与其它物体发生碰撞会被反弹。而且，当小球与台阶的上方发生碰撞时，小球的能量（速度）会衰减。

这里将采用一种简便的算法来进行碰撞检测：将台阶的四条边向外扩展，用四条新边包住台阶，四条新边与台阶的距离都为 r（r 是小球的半径），如图 7-16 所示。以上边为例，判断小球是否与台阶的上边发生碰撞，只需要判断小球运动前后的球心连线（图 7-16 中的 m1 与 m2 连线）与线段 ab 是否相交即可。

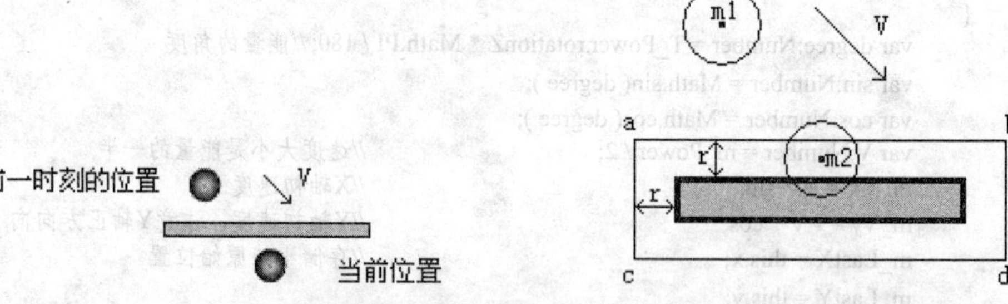

图 7-15 小球快速运动，穿过中间物体　　　图 7-16 碰撞检测原理示意

设顶点 m1、m2、a、b 的坐标分别为（x1，y1）、（x2，y2）、（xa，Yab）、（xb，Yab），由数学公式可知，直线 m1m2 与 ab 可分别表示为：

直线 m1m2 的方程式为：$y\text{-}y_1=\dfrac{y_2\text{-}y_1}{x_2\text{-}x_1}(x\text{-}x_1)$

直线 ab 的方程式为：y=ab

两直线交点的横坐标为：x = k'（Yab – y1）+ x1；其中 k' =（x2 – x1）/（y1–y1）。如果求的结果 x1 <= x <= x2，且 y1 <= Yab <= y2（计算机中 Y 轴正方向朝下）则表示线段 m1m2 与线段 ab 相交，从而说明小球与台阶上沿发生了碰撞。

所以小球与台阶上沿或下沿的碰撞检测，可以演变成小球运动轨迹与线段 ab 或 cd 之间的相交检测。在本游戏程序中用（m_LastX，m_LastY）记录小球运动前的位置（即图 7-16 中的 m1），而用（T_Ball.x，T_Ball.y）来记录小球的当前位置（即图 7-16 中的 m2），则小球运动轨迹与线段 ab 或 cd 相交检测的具体方法如下所述：

```
/*******************************************************************
功能：判断小球的运动轨迹是否与指定的水平线段相交。
参数：yCoord，指定水平线段上各点的纵坐标；
      x1、x2指定水平线段两端点的横坐标，且x1 < x2；
      bFromDown，该参数为true表示小球只能从下方撞向线段，否则只能从
      上方撞向线段；
返回：true表示小球的运动轨迹与指定的水平线段相交，否则表示不相交；
*******************************************************************/
private function CollideWithHorizontalLine( yCoord:Number, x1:Number,
                                  x2:Number, bFromDown:Boolean ):Boolean
{
```

```
if( bFromDown )                                        //小球从下方撞向水平线段
{
    if( m_LastY < yCoord || this.y > yCoord )
        return false;
}
else                                                   //小球从上方撞向水平线段
{
    if( m_LastY > yCoord || this.y < yCoord )
        return false;
}
if( this.y == m_LastY )                                //小球水平运动则不能与水平线相交
    return false;
//直线反斜率：k' = (x2-x1)/(y2-y1)
var k:Number = (this.x - m_LastX) / (this.y - m_LastY);
//求直线m1m2与直线 y = yCoord交点的横坐标
var xCoord = k * ( yCoord - m_LastY ) + m_LastX;
if( xCoord >= x1 && xCoord <= x2 )                     //如果x1 <= x <= x2
{
    MoveTo( xCoord, yCoord );                          //将小球中心移动到交点
    if( bFromDown )                                    //如果小球从下方撞向水平线段
    {
        m_Vy = Math.abs(m_Vy);                         //反弹小球
    }
    else    //如果小球从上方撞向水平线段，小球的能量会有所衰减
    {
        var temp = Math.abs(m_Vy) * 0.3;               //纵轴速度衰减成原来的0.3倍
        if( temp > m_Vg )                              //如果纵轴速度仍大于重力加速度
        {
            m_Vy = - temp;                             //反弹小球
            m_Vx = m_Vx * 0.8;                         //横轴速度衰减成原来的0.8倍
        }
        else                                           //如果纵轴速度小于重力加速度
        {
            Stop();                                    //小球停止运动
        }
    }
    return true;
}
return false;
}
```

同样的方法，小球与台阶左侧或右侧的碰撞检测，可以演变成小球运动轨迹与垂直线段间的相交检测。具体方法如下所述：

```
/*********************************************************************
功能：判断小球的运动轨迹是否与指定的垂直线段相交。
参数：xCoord，指定垂直线段上各点的横坐标；
      y1、y2指定垂直线段两端点的纵坐标，且y1 < y2；
      bFromRight，该参数为true表示小球只能从右侧撞向线段，否则只能从
      左侧撞向线段；
返回：true表示小球的运动轨迹与指定的垂直线段相交，否则表示不相交；
```

```
******************************************************************/
private function CollideWithVerticalLine( xCoord:Number, y1:Number,
                                          y2:Number, bFromRight:Boolean ):Boolean
{
    if( bFromRight )                                  //小球只能从右侧撞向水平线段
    {
        if( m_LastX < xCoord || this.x > xCoord )
            return false;
    }
    else                                              //小球只能从左侧撞向水平线段
    {
        if( m_LastX > xCoord || this.x < xCoord )
            return false;
    }
    if( this.x == m_LastX )                           //小球垂直运动则不能与垂直线相交
        return false;
    //直线斜率：k = (y2-y1)/(x2-x1)
    var k:Number = (this.y - m_LastY) / (this.x - m_LastX);
    //求直线y-y1 = k(x-x1)与直线 x = xCoord的交点的纵坐标
    var yCoord = k * ( xCoord - m_LastX ) + m_LastY;
    if( yCoord >= y1 && yCoord <= y2 )                //如果y1 <= y <= y2
    {
        MoveTo( xCoord, yCoord );                     //将小球中心移动到交点
        if( bFromRight )                              //如果小球从右侧撞向水平线段
        {
            m_Vx = Math.abs(m_Vx);                    //反弹小球
        }
        else                                          //如果小球从左侧撞向水平线段
        {
            m_Vx = -Math.abs(m_Vx);                   //反弹小球
        }
        return true;
    }
    return false;
}
```

有了上面两个工具函数后，小球与台阶的碰撞检测将变得非常简单，只需要将如图 7-16 所示的四条线段 ab、cd、ac、bd 与线段 m1m2 分别进行相交检测即可。具体实现代码如下所述：

```
//功能：判断小球是否与指定的台阶发生碰撞
//参数：bar指定具体的台阶对象
public function CollideWithBar( bar:MovieClip )
{
    if( m_bMove == false )                            //如果小球没有移动
        return;                                       //则不可能发生碰撞
    //与线段ac的相交判断
    var xCoord:Number = bar.x - m_Radius;
    var y1:Number = bar.y - m_Radius;
    var y2:Number = bar.y + bar.height + m_Radius;
    if( CollideWithVerticalLine( xCoord, y1, y2, false ) )
```

```
            return;
        //与线段bd的相交判断
        xCoord = bar.x + bar.width + m_Radius;
        if( CollideWithVerticalLine( xCoord, y1, y2, true ) )
            return;
        //与线段ab的相交判断
        var yCoord:Number = bar.y - m_Radius;
        var x1:Number = bar.x - m_Radius;
        var x2:Number = bar.x + bar.width + m_Radius;
        if( CollideWithHorizontalLine( yCoord, x1, x2, false ) )
            return;
        //与线段cd的相交判断
        yCoord = bar.y + bar.height + m_Radius;
        if( CollideWithHorizontalLine( yCoord, x1, x2, true ) )
            return;
    }
```

同理，小球与场景边缘的碰撞检测，也可以演变为小球运动轨迹与四条线段的相交检测。具体实现代码如下所述：

```
/**********************************************************************
功能：判断小球是否与场景边界发生碰撞
参数：xleft、xright分别指定场景左右边界的横坐标
      Ytop、ydown分别指定场景上下边界的纵坐标
**********************************************************************/
public function CollideWithBorder( xleft:Number, xright:Number,
                                    ytop:Number, ydown:Number )
{
if( m_bMove == false )
    return;
//与左边界的碰撞检测
var realLeft:Number = xleft + m_Radius;
if( CollideWithVerticalLine( realLeft, ytop, ydown, true ) )
    return;
//与右边界的碰撞检测
var realRight:Number = xright - m_Radius;
if( CollideWithVerticalLine( realRight, ytop, ydown, false ) )
    return;
//与上边界的碰撞检测
var realUp:Number = ytop + m_Radius;
if( CollideWithHorizontalLine( realUp, xleft, xright, true ) )
    return;
//与下边界的碰撞检测
var realDown:Number = ydown - m_Radius;
if( CollideWithHorizontalLine( realDown, xleft, xright, false ) )
    return;
}
```

流程 5 绘制程序流程图

本章游戏中需要建立两个类：Ball 与 MyStage，分别用于管理小球和游戏场景，两个类的程序流程如图 7-17、图 7-18 所示。

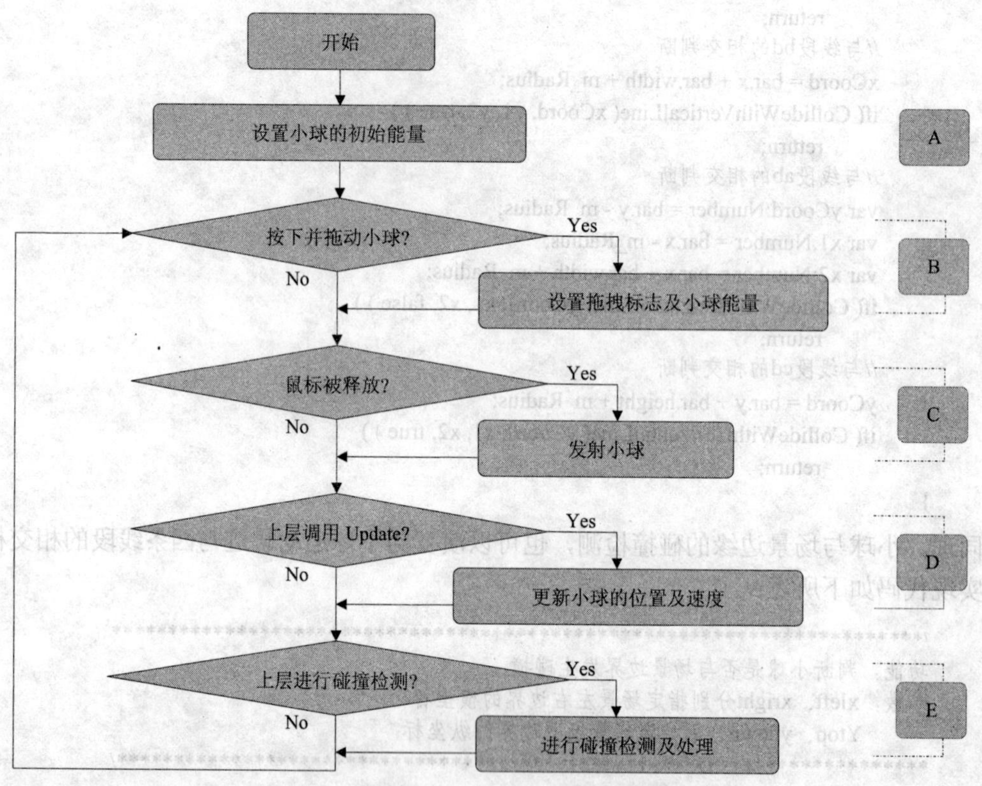

图 7-17 《弹力小球》Ball 类的程序流程图

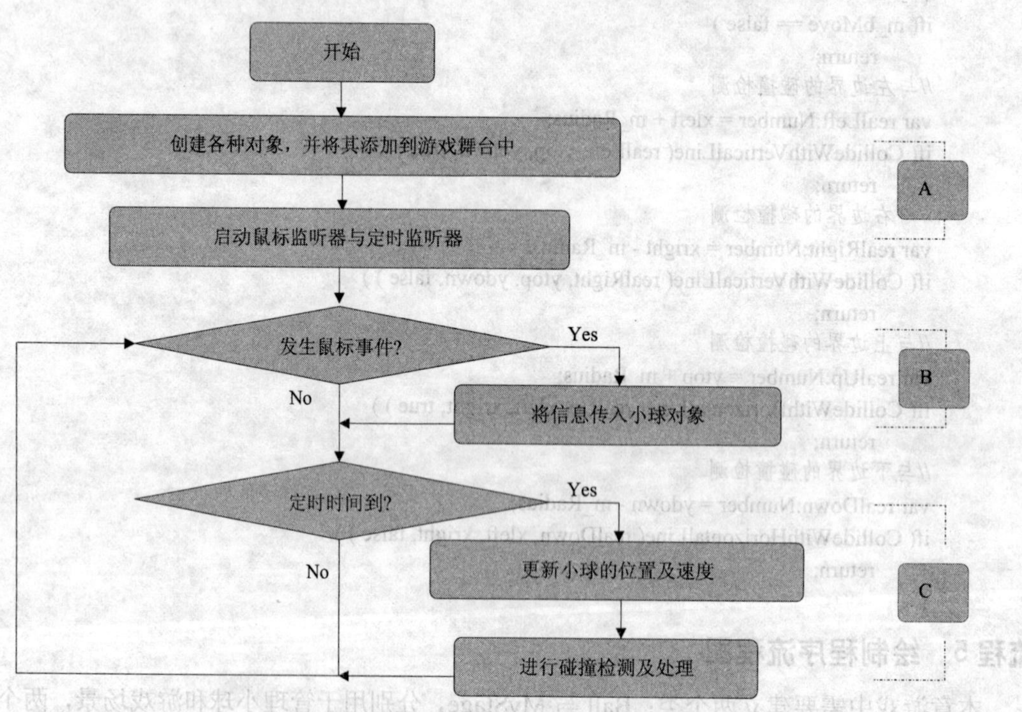

图 7-18 《弹力小球》MyStage 类的程序流程图

流程 6　编写实例代码

难点问题逐一解决后，开始编写本章游戏的脚本程序。参照第三章所讲解的方法，在 BallGame.fla 所在的目录中创建 classes 文件夹，然后在 Flash 中新建 2 个 ActionScript 文件，分别命名为“Ball.as”、“MyStage.as”。2 个管理类分别用于管理小球和游戏场景。

1．编写 Ball 类的代码

Ball 类用于管理小球对象，该类的绝大多数功能都已在本章 “流程 4”中讲解过，该类的程序流程如图 7-17 所示。具体代码如下所述：

```
package classes
{
    import flash.display.MovieClip;                //导入影片剪辑的支持类
    import flash.events.MouseEvent;                //导入鼠标事件的支持类
    import flash.events.TimerEvent;                //导入定时事件的支持类
    import flash.utils.Timer;                      //导入定时器支持类
    public class Ball extends MovieClip
    {
        private var m_Vx:Number;                   //记录小球的X轴速度
        private var m_Vy:Number;                   //记录小球的Y轴速度
        private var m_bMove:Boolean;               //记录小球是否正在移动
        private var m_bDrag:Boolean;               //记录小球是否被拖拽
        private var m_Power:Number;                //记录小球的能量大小
        private var m_LastX:Number;                //小球移动前的X轴位置
        private var m_LastY:Number;                //小球移动前的Y轴位置
        private var m_Radius:Number;               //记录小球的半径
        private var m_Vg:Number;                   //小球重力加速度
        //Ball是构造函数，此函数将完成图7-17中A部分的功能
        public function Ball ()
        {
            m_bDrag = false;
            m_bMove = false;
            m_Radius = this.width / 2;             //小球半径是其宽度的一半
            m_Vx = 0;
            m_Vy = 0;
            m_Vg = 7;
            setPower(0);                           //设置小球的初始能量
        }
        //OnMouseDown、OnMouseMove函数将共同完成图7-17中B部分的功能
        public function OnMouseDown(mx:int, my:int):void
        {
            ……，此处代码略，与本章实例制作“流程 4”中的同名函数代码相同
        }
        public function OnMouseMove(mx:int, my:int):void
        {
            ……，此处代码略，与本章实例制作“流程 4”中的同名函数代码相同
        }
        //OnMouseUp函数将完成图7-17中C部分的功能
        public function OnMouseUp(mx:int, my:int):void
        {
```

```
        ……，此处代码略，与本章实例制作“流程4”中的同名函数代码相同
    }
    private function setPower( power:int ):void
    {
        ……，此处代码略，与本章实例制作“流程4”中的同名函数代码相同
    }
    private function setArrows( mx:int, my:int):void
    {
        ……，此处代码略，与本章实例制作“流程4”中的同名函数代码相同
    }
    private function ShootBall():void
    {
        ……，此处代码略，与本章实例制作“流程4”中的同名函数代码相同
    }
    //Update函数将完成图7-17中D部分的功能
    public function Update():void
    {
        ……，此处代码略，与本章实例制作“流程4”中的同名函数代码相同
    }
    //以下几个函数将共同完成图7-17中E部分的功能
    public function CollideWithBorder( xleft:Number, xright:Number,
                                        ytop:Number, ydown:Number )
    {
        ……，此处代码略，与本章实例制作“流程4”中的同名函数代码相同
    }
    public function CollideWithBar( bar:MovieClip )
    {
        ……，此处代码略，与本章实例制作“流程4”中的同名函数代码相同
    }
    private function CollideWithVerticalLine( xCoord:Number, y1:Number,
                                y2:Number, bFromRight:Boolean ):Boolean
    {
        ……，此处代码略，与本章实例制作“流程4”中的同名函数代码相同
    }
    private function CollideWithHorizontalLine( yCoord:Number, x1:Number,
                                x2:Number, bFromDown:Boolean ):Boolean
    {
        ……，此处代码略，与本章实例制作“流程4”中的同名函数代码相同
    }
    private function MoveTo( xCoord:int, yCoord:int )
    {
        ……，此处代码略，与本章实例制作“流程4”中的同名函数代码相同
    }
    private function Stop()                          //使小球停止运动
    {
        m_Vx = 0;
        m_Vy = 0;
        m_bMove = false;
    }
  }
}
```

2．编写 MyStage 类的代码

MyStage 类是本游戏程序的主类，用于管理游戏场景，该类需要具备如下功能：

（1）负责创建各类对象，并将各种对象添加到游戏的舞台中。

（2）负责监听鼠标事件，并将当前发生的鼠标事件传递给小球对象。

（3）负责创建和维护定时器，每次定时时间结束，都需要更新小球的位置并进行碰撞检测及碰撞处理。

（4）当小球碰到鲜花后，游戏结束，显示成功信息。

MyStage 类的程序流程如图 7-18 所示。具体代码如下所述：

```
package classes
{
    import flash.display.MovieClip;                    //导入影片剪辑支持类
    import flash.events.MouseEvent;                    //导入影片鼠标事件支持类
    import flash.events.TimerEvent;                    //导入影片定时事件支持类
    import flash.utils.Timer;                          //导入影片定时器支持类
    public class MyStage extends MovieClip{
        var m_Timer:Timer;                             //定时器对象
        var m_aBars:Array;                             //台阶数组
        //MyStage是构造函数，此函数将完成图7-18中A部分的功能
        public function MyStage ()
        {
            T_Ball.addEventListener(MouseEvent.MOUSE_DOWN, OnBallMouseDown);
            this.stage.addEventListener(MouseEvent.MOUSE_MOVE, OnMouseMove);
            this.stage.addEventListener(MouseEvent.MOUSE_UP, OnMouseUp);
            m_Timer = new Timer(50, 0);                //创建定时器
            m_Timer.addEventListener("timer", timerHandler );//设置定时函数
            m_aBars = new Array();                     //将台阶对象装入数组
            m_aBars.push(T_Bar1);
            m_aBars.push(T_Bar2);
            m_aBars.push(T_Bar3);
            m_aBars.push(T_Bar4);
            m_aBars.push(T_Bar5);
            T_FinishText.visible = false;              //使结束文本不显示
            m_Timer.start();                           //启动定时器
        }
        //当用户按下小球时，系统会自动调用OnBallMouseDown函数；
        //当用户移动鼠标时，系统会自动调用OnMouseMove函数；
        //当用户释放鼠标键时，系统将自动调用OnMouseUp函数。
        //这3个函数共同完成图7-18中B部分的功能
        public function OnBallMouseDown(e:MouseEvent)
        {
            if( T_FinishText.visible == true )         //如果游戏结束则退出
                return;
            T_Ball.OnMouseDown(this.stage.mouseX, this.stage.mouseY);
        }
        public function OnMouseMove(e:MouseEvent)
        {
            if( T_FinishText.visible == true )         //如果游戏结束则退出
                return;
```

```
                T_Ball.OnMouseMove(this.stage.mouseX, this.stage.mouseY);
            }
            public function OnMouseUp(e:MouseEvent)
            {
                if( T_FinishText.visible == true )                  //如果游戏结束则退出
                    return;
                T_Ball.OnMouseUp(this.stage.mouseX, this.stage.mouseY);
            }
            //定时时间到，系统会自动调用timerHandler函数
            //这里将完成图7-18中C部分的功能
            public function timerHandler(event:TimerEvent):void
            {
                if( T_FinishText.visible == true )                  //如果游戏结束则退出
                    return;
                T_Ball.Update();
                //获取舞台右边界X坐标与下边界Y坐标
                var xR:int = this.stage.x + this.stage.stageWidth;
                var yD:int = this.stage.y + this.stage.stageHeight;
                //进行小球与舞台边缘的碰撞检测
                T_Ball.CollideWithBorder( this.stage.x, xR, this.stage.y, yD );
                for each( var bar in m_aBars )                      //小球与台阶的碰撞检测
                {
                    if( T_Ball.CollideWithBar( bar ) )
                    return;
                }
                if( T_Ball.hitTestPoint( T_Flower.x, T_Flower.y ) )
                {//小球与鲜花的碰撞检测
                    T_FinishText.visible = true;
                }
            }
        }
    }
```

流程 7　设置关联信息

所有代码编写完成后，需要将这些类与相应的库元件逐一关联起来，参照第六章的操作方法，可以很容易将 MyStage 类与游戏舞台相关联。

Ball 类与小球元件相关联的方法是：打开库列表面板，用鼠标右键点选小球元件，在弹出的菜单中选择【属性】。接着在新打开的属性对话框中单击【高级/基本】按钮，展开高级属性选项，然后选择【为 ActionScript 导出】选项，并在类栏中输入“classes.Ball”。最后单击【确定】按钮，即可将 Ball 类与小球元件相关联。

流程 8　测试并发布产品

至此，本游戏代码编写部分的操作便已全部完成。选择菜单命令【文件】→【发布】，Flash 便自动编译代码，并生成产品文件。如果游戏代码存在错误，在如图 3-6（见第三章）所示的 2 区将显示错误信息，可根据提示对代码进行修改。

发布产品后，运行“BallGame.fla”所在文件夹中的“BallGame.swf”文件，可以看到如图 7-1 所示的运行效果。

本章小结

休闲游戏是指游戏者无须投入太多的时间与精力，可随时参与、随时退出的游戏。其设计初衷是让游戏者在闲暇时间里，不必花费太多的精力就能够体验游戏所带来的愉悦，从而产生休闲舒适的感觉，缓解生活和工作中的压力。其特点是：操作简单，入门容易；规则简单，目的明确；游戏画面清晰，角色活泼可爱；节奏轻快。

Flash 动画进行播放时，较高图层中的画面会遮挡住较低图层的画面。

在某些情况下，使用系统定义检测函数将不能准确地进行碰撞检测，需要利用数学公式来编写自定义的碰撞检测函数。

思考与练习

1. 休闲游戏的英文名称是什么？请说出休闲游戏的定义。
2. 休闲游戏具有哪些特点？常见休闲游戏可分为哪些种类？
3. 休闲游戏的用户群具有哪些特点？
4. Flash 中的图层具有怎样的意义？
5. AS 中的 hitTestObject 或 hitTestPoint 函数，适用于哪些情况下的碰撞检测？
6. 请简述本章游戏程序中所采用的碰撞检测方法，并说出该方法的原理。
7. 请简述本章游戏程序中 Scene 类的程序流程。

第八章　开发动作游戏

内容提要

本章由 4 节组成。首先介绍动作游戏的特点、分类、用户群体、开发要求、发展史，接着通过实例《丛林对打》讲解动作游戏开发的全过程。最后是小结和作业安排。

学习重点

- 动作游戏特点
- 《丛林对打》游戏开发的各个流程

教学环境： 计算机实验室

学时建议： 9 小时（其中讲授 3 小时，实验 6 小时）

20 世纪 80 年代到 90 年代，是动作游戏的黄金期，优秀的作品层出不穷。动作游戏以其激烈刺激的场面、火暴的气氛，令很多玩家为之疯狂。

8.1　概述

动作游戏的英文名称是 Action Game，简称 ACT 游戏。动作游戏是指玩家控制游戏角色，用拳头或各种兵器消灭敌人而闯关的游戏。

8.1.1　动作游戏的特点

动作游戏中，需要游戏者具有一定的反应能力与手眼配合能力。游戏的特点是：

1．操作复杂

动作游戏的操作比较复杂，游戏者常常要同时或连续按下几个按键，才能让角色完成某个动作。

2．节奏较快

动作游戏的节奏很快，画面上会不断地出现敌人。稍不留神，游戏主角就会受到敌人的攻击。

3．需要画面卷动

动作游戏的场景往往很大，这就需要画面不断地卷动来显示场景中的每个部分。但与射击游戏相比，动作游戏的画面卷动通常是与角色的位置相关的，也就是说，玩家可以通过控制角色进而控制画面的卷动。

4．情节简单

动作游戏只强调激烈的场面，游戏的剧情往往比较简单。

5. 音效逼真

动作游戏中，随着主角的打拳或出脚，系统会播放相关的音效，逼真的声音效果会提高整个游戏的质量。

8.1.2 动作游戏的分类

1. 动作闯关游戏

这种游戏往往有简单的故事情节，玩家控制角色，一边与敌人搏斗，一边完成某项任务。动作闯关游戏的代表作品有：《双截龙》、《快打》等。

2. 格斗游戏

格斗游戏是一种古老的游戏类型，它是指由玩家控制各种角色与其他玩家或电脑所控制的角色进行格斗的游戏。代表作品有：《街霸》、《拳皇》，《侍魂》、《铁拳》等。

8.1.3 动作游戏的用户群体

动作游戏的用户群往往具有以下特点：

（1）他们大多是资深的游戏玩家，有较长时间的游戏经历；

（2）他们大多是男性，且年龄在 30 岁以下；

（3）他们喜欢暴力与刺激。

8.1.4 动作游戏的开发要求

1. 设计要求

设计动作游戏时，要认真考虑主角及敌人的武打动作，动作细节要交代清楚，可以模仿中国武术的一招一式。另外，主角的某些复杂动作可通过组合键来完成，组合键的设定要符合先前动作游戏的规范，这样才能使玩家更容易接受。

2. 技术要求

动作游戏中，角色在进行攻击时，只有身体的某一部分才是有效攻击部位，例如：当角色出拳时，只有拳头才能击打敌人。在程序中，实现这种局部攻击，主要利用局部碰撞检测的方法，即将碰撞检测的区域设置在角色的有效攻击部位。

8.1.5 动作游戏的发展史

1. 动作游戏

- **《大金刚》**(Donkey Kong)

很多人认为，1980 年出品的《大金刚》(Donkey Kong) 是第一部真正意义上的动作游戏。《大金刚》中，玩家可以控制角色的左右移动，并可以使角色跳跃。

- **《超级马里奥》、《双截龙》**

继《大金刚》之后，20 世纪 80 年代中期，在家用游戏机上产生的《超级马里奥》与《双截龙》成为动作闯关游戏的典范。其中《超级马里奥》带有动作冒险的性质，而《双截龙》中很多经典的动作造型（如旋风腿）则在日后被其他游戏不断模仿。此后很长一段时间内，动作闯关游戏始终无法摆脱这两部游戏的影子。

- **《波斯王子》**

1989 年推出的《波斯王子》中，首次采用了动作捕捉技术，将游戏的制作流程电影化。此后，动作捕捉技术也成为动作及体育游戏中普遍采用的技术标准。

- **《快打旋风》、《名将》、《圆桌武士》、《恐龙快打》**

80 年代末到 90 年代中期，诞生了一批优秀的街机动作游戏，动作闯关游戏也在这一时期发展到顶峰。动作游戏迷们肯定忘不了那些经典的人物造型：《快打旋风》中身高臂长的白人青年；《名将》中的警察、忍者、婴儿与刀客；《圆桌武士》中高举宝剑的武士、《恐龙快打》中的长腿队长等。

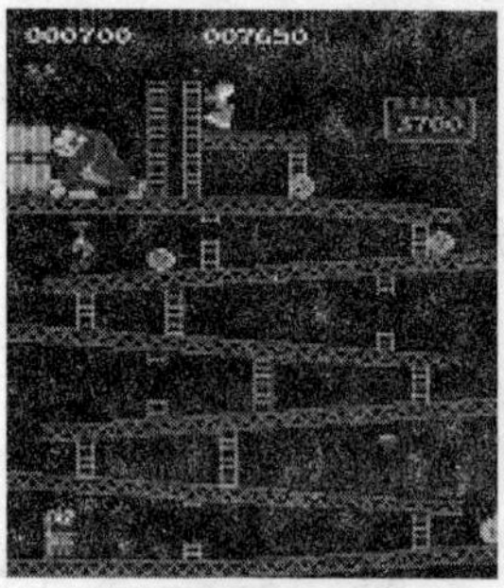

《大金刚》 　《超级马里奥》 　《双截龙》 　《波斯王子》

《快打旋风》 　《名将》

《圆桌武士》 　《恐龙快打》

图 8-1　经典的动作闯关游戏代表

2．格斗游戏

- **《街头霸王 I》、《功夫》**

《街头霸王 I》、《功夫》等是最早的一批格斗游戏，这些游戏确立了格斗游戏的基本规则：时间制、回合制、体力制。

- **《街头霸王 II》**

1988 年，CAPCOM 公司制作了《街头霸王 II》，该游戏是格斗游戏史上的里程碑。《街头霸王 II》中人物性格分明，有连续的技能动作，甚至有高级的必杀技能，成为之后的格斗游戏范本。

- 《拳皇》

90 年代中期开始流行的《拳皇》系列游戏中，开创了组队格斗模式。《拳皇》系列游戏中，玩家可以将 3~5 名选手组成一队，与对方的团队进行格斗。《拳皇》系列游戏也代表了 2D 格斗游戏的最高制作水平，每款《拳皇》系列游戏的推出都受到很多玩家的关注。

- 《铁拳》

随着 3D 技术的进步，街机中出现了如《铁拳》等一系列 3D 格斗游戏，但这些游戏的玩法与 2D 格斗游戏没有太大区别。

《街头霸王》

《拳皇》

《铁拳》

图 8-2 经典的格斗游戏代表

8.2 《丛林对打》动作游戏开发

《丛林对打》游戏画面优美、内容火暴，是一款标准的动作游戏。在实例的制作过程中，将重点讲解如何制作遮罩图层，如何设置图像的透明度，如何进行局部碰撞检测，如何在 ActionScript 程序中检测多个按键的同时输入，如何控制图像的翻转，以及如何调换图层的位置。

8.2.1 操作规则

本游戏的背景为茂密的森林，游戏主角将在丛林中与敌人搏斗。玩家可以通过 W、S、A、D 等几个键来控制主角向上、下、左、右等方向行走，当同时按下 W、A（或 W、D 或 S、A 或 S、D）键时，角色将沿斜线移动。玩家按下 J 键可使主角进行攻击，当主角攻击到敌人时会做出一连串的攻击动作。游戏中，敌人会不断地追赶并攻击主角，当敌人被打倒后，新的敌人将随机从场景两边出现。游戏的任务是：尽量消灭更多的敌人。

8.2.2 本例效果

本例实际运行效果如图 8-3 所示。

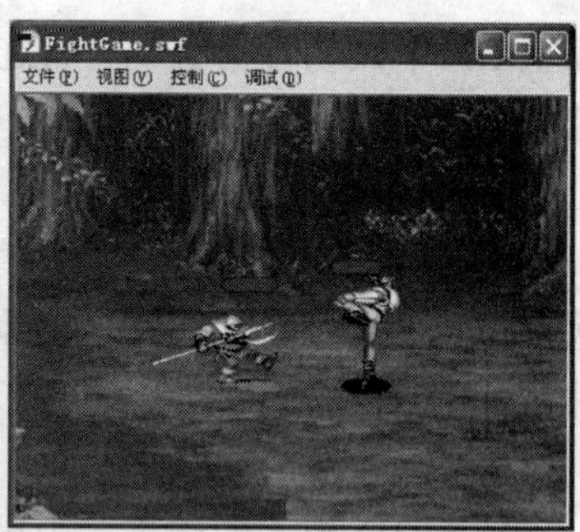

图 8-3 动作游戏《丛林对打》运行效果

8.2.3 资源文件的处理

（1）制作本游戏之前，首先需要准备一张游戏背景图片，将其命名为 back.jpg，图片规格如图 8-4 所示。

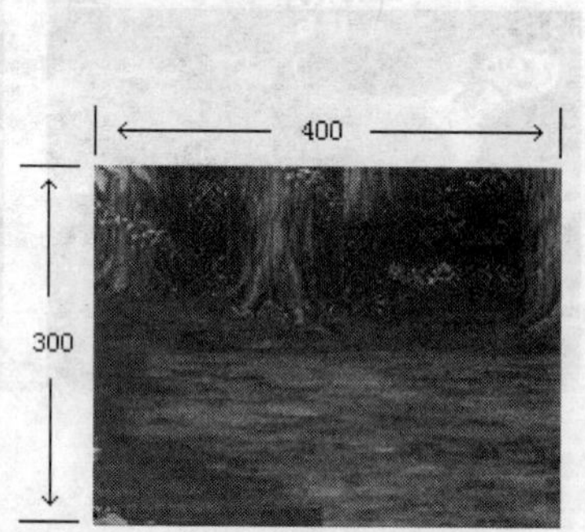

图 8-4 《丛林对打》 背景图片

（2）可以从网络上下载两幅 gif 图片，分别作为敌人和游戏主角的图像资源。gif 是网络上常见的、能够存储动画的图片，这种图片由多个帧组成，每帧都存储一幅静止的画面。可使用 Photoshop 中的 Adobe ImageReady 工具来编辑这种动画文件。

（3）本游戏中，敌人 gif 图像（enemy.gif）的各帧画面如图 8-5 所示，图中的方格区域表示透明。图中第 1 帧为敌人的静止动作，第 2~4 帧为敌人的攻击动作，第 5 帧为敌人的受伤动作，第 6~9 帧为敌人的行走动作，各帧的时间间隔为 0 秒。

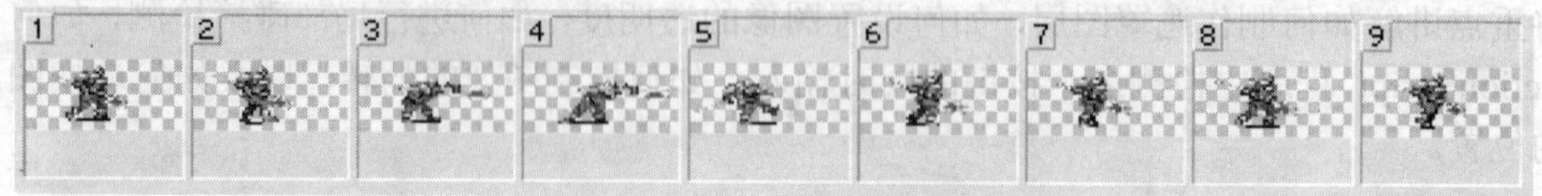

图 8-5 《丛林对打》中敌人的 gif 图像

（4）主角 gif 图像（man.gif）的各帧画面如图 8-6 所示，图中的方格区域表示透明。图中第 1 帧为主角的静止动作，第 2~11 帧为主角的攻击动作，第 12 帧为主角的受伤动作，第 13~20 帧为主角的行走动作，各帧的时间间隔为 0 秒。

图 8-6 《丛林对打》中主角的 gif 图像

上面两幅 gif 图片的共同特点是：图片会先显示人物停止动作，再显示一系列攻击动作，接着是被伤害的动作，最后是一系列行走动作。

8.2.4 开发流程（步骤）

本例开发分为 8 个流程（步骤）：①创建项目、②制作血槽元件、③制作人物元件、④绘制游戏场景、⑤解决程序难点、⑥绘制程序流程图、⑦编写脚本代码、⑧设置信息并发布产品，本实例的开发步骤如图 8-7 所示。

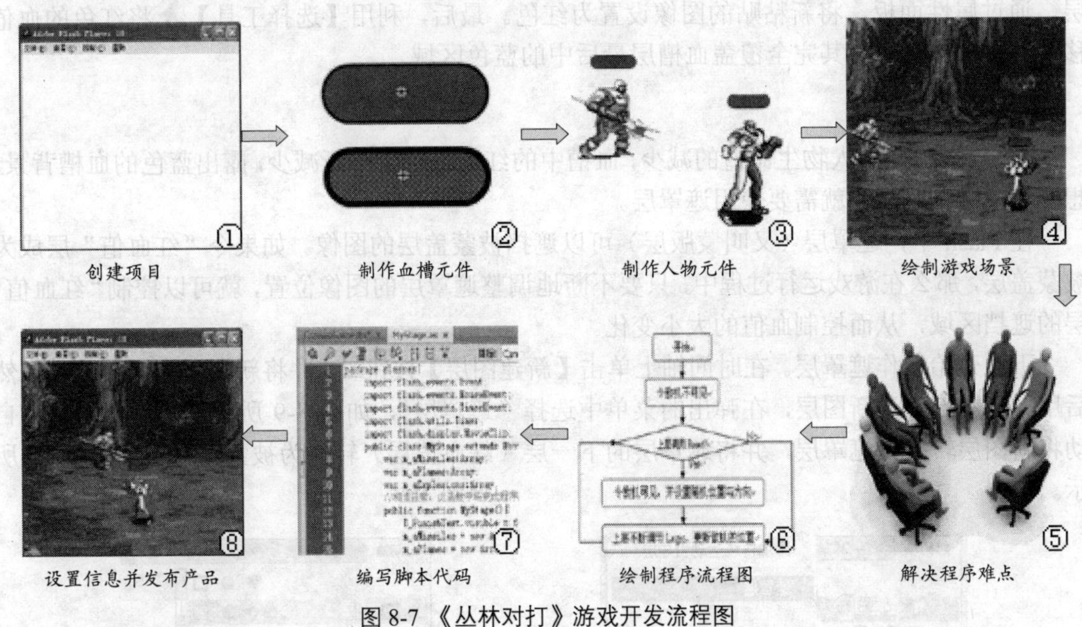

图 8-7 《丛林对打》游戏开发流程图

8.2.5 具体操作

流程 1 创建项目

（1）打开 Flash 软件，仿照第三章所讲解的方法，创建新文档，并将其保存为“Fight Game.fla”。将场景的尺寸设置为 400×300。

（2）本游戏的场景中存在多种元件，分别是：主角元件、敌人元件、主角与敌人都具有的血槽元件（表示人物的生命值）。

流程 2 制作血槽元件

选择菜单命令【插入】→【新建元件】，在弹出的【创建新元件】窗口中，将元件名称设置为“血槽”，类型设置为“影片剪辑”，最后单击【确定】按钮。接着绘制血槽元件，具体操作步骤如下所述。

1. 绘制蓝色血槽

进入元件编辑界面后，首先仿照第七章中的操作方法，将图层 1 重命名为“血槽”，然后在工具栏中选择【矩形工具】，并在属性面板中将矩形的填充颜色设置为“浅蓝色”，将矩形的边角半径（矩形选项栏内）设置为 50。然后在编辑区中绘制一个圆角的矩形血槽，如图 8-8 所示。

图 8-8 点选填充区域

2．绘制红色血值

用鼠标点选血槽中间的蓝色填充区域，此时该区域将变为点状，如图 8-8 所示。按快捷组合键 Ctrl+C 复制该区域中的图像，然后在时间轴上将血槽图层锁定，并新建“红血值”层。选择红血值层的第 1 帧，然后在编辑区中按快捷键 Ctrl+V，将刚才复制的图像粘贴到新的图层。通过属性面板，将新粘贴的图像设置为红色。最后，利用【选择工具】将红色的血值移动到血槽中央，使其完全覆盖血槽层最后中的蓝色区域。

3．创建遮罩层

本游戏中，随着人物生命值的减少，血槽中的红血值也会不断减少，露出蓝色的血槽背景。想要实现这种功能，就需要使用遮罩层。

在 Flash 中，遮罩层（又叫蒙版层）可以遮挡被蒙盖层的图像。如果令“红血值”层成为被蒙盖层，那么在游戏运行过程中，只要不断地调整遮罩层的图像位置，就可以控制“红血值”层的遮挡区域，从而控制血值的大小变化。

下面开始制作遮罩层。在时间轴上单击【新建图层】按钮，并将新图层拖至最上方，然后用鼠标右键点选新图层，在弹出的菜单中选择“遮罩层”，如图 8-9 所示。之后，系统会自动将新图层转换为遮罩层，并将遮罩层的下一层（红血值层）转换为被蒙盖层，如图 8-10 所示。

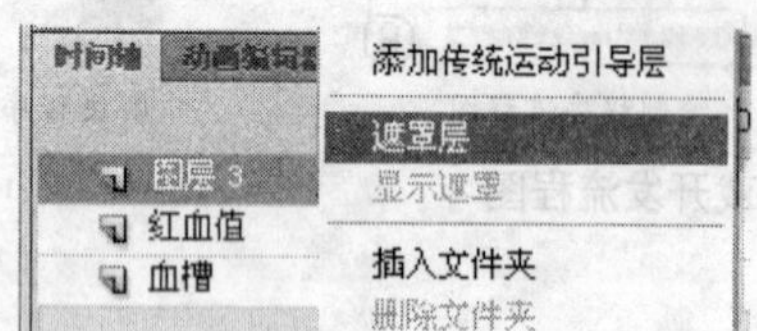

图 8-9　选择“遮罩层”菜单命令

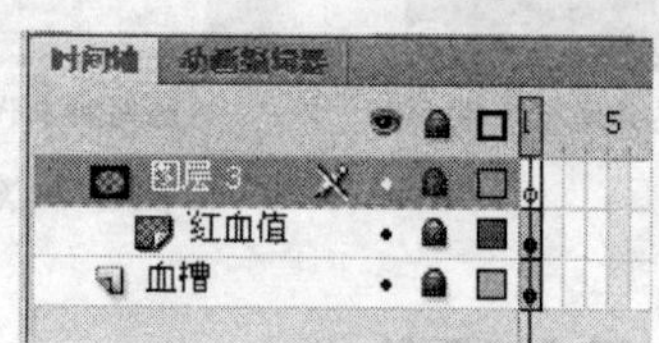

图 8-10　遮罩层图标

4．绘制遮罩图像

（1）将图层 3 重新命名为“遮罩层”，取消该层的锁定，点选该图层的第 1 帧，在编辑区中用【矩形工具】绘制一个黑色的矩形，并使其完全覆盖下一图层中的红血值，然后用【选择工具】圈选“遮罩层”中的所有图像，按快捷键 Ctrl+G 使这些图像成为一组。

（2）用鼠标点选“遮罩层”的第 30 帧，按 F6 键，此时系统将在这里插入关键帧。接着用鼠标点选红血值层的第 30 帧，按 F5 键复制帧，同样再选择血槽层的第 30 帧，按 F5 键复制帧。

（3）用鼠标点选“遮罩层”的第 30 帧，通过键盘上的方向键，使“遮罩层”的图像向左移动，并最终移出红血值。“遮罩层”中第 1 帧与第 30 帧的图像位置如图 8-11 所示。

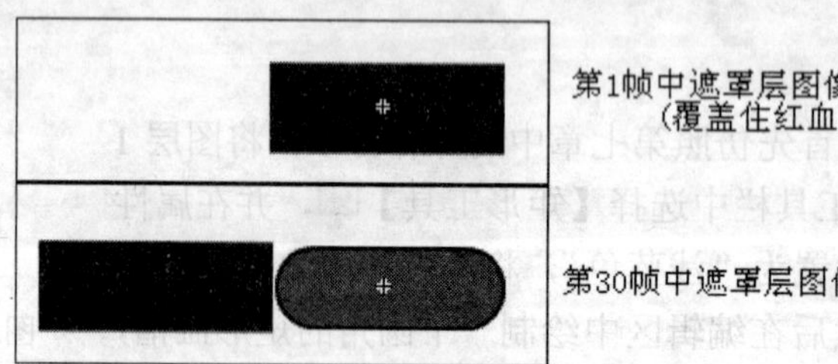

图 8-11　各帧图像的位置

（4）用鼠标右键点选“遮罩层”的第 1 帧，在弹出的菜单中选择【创建传统补间】，此后系统便自动创建了“遮罩层”的移动动画，时间轴将显示箭头标号，如图 8-12 所示。

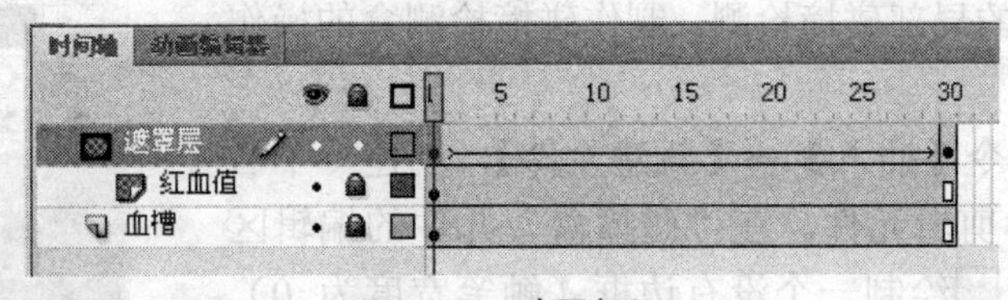

图 8-12　动画标记

（5）在时间轴上将遮罩层【锁定】，然后按下 Enter 键，可以预览血槽动画，在游戏运行过程中，只要控制血槽动画的播放位置就可以控制人物血值的大小变化。

流程 3　制作人物元件

本游戏中存在敌人与主角两种人物元件，它们的特点非常相似，具体的制作步骤如下所述。

1．导入 gif 图片

选择菜单命令【文件】→【导入】→【导入到库】，将“enemy.gif”与“man.gif”导入到库中。此后，可在库列表中找到新生成的两个影片剪辑元件（存储敌人与主角动画），将这两个元件分别重命名为“敌人”与“主角”。

2．调整图像的位置

（1）双击库列表中的敌人元件，进入该元件的编辑区。在时间轴上，可以看到系统已经自动生成了多帧的人物动画。

（2）选择动画的第 1 帧，然后用【选择工具】点选角色图像。打开属性面板，调整角色的 X、Y 坐标值，使角色的脚底中心位于元件中心（“+”号处），如图 8-13 所示。按照第 1 帧角色图像的 X、Y 坐标值，重新设置其他各帧的图像位置。

3．增加生命血槽

（1）游戏中，角色的上方将显示血槽，用以表示角色当前的生命值。打开敌人元件，在时间轴上新建图层，并将 2 个图层从上到下依次命名为：“人物”、“血槽”。用鼠标单击血槽层，按 F5 键复制帧，使血槽与人物层的帧数相同，如图 8-14 所示。

调整前的人物位置

调整后的人物位置

图 8-13　图像位置的调整

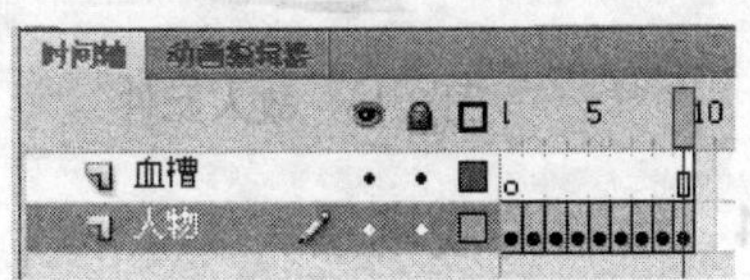

图 8-14　增加血槽图层

（2）锁定人物层，然后点选血槽层中的任意帧。打开库面板，从列表中拖出一个血槽实例，将实例放置到敌人的上方，并用【任意变形工具】调整血槽的大小。最后，将这个血槽实例命名为“T_Life”。

4．制作透明的碰撞检测盒

本游戏中，人物进行攻击时，只有武器或拳头区域才是有效区域，所以应该只对这一局部区域进行碰撞检测。而当人物受到攻击时，同样也只需对人物身体的局部区域进行碰撞检测。通常，可利用增加碰撞检测盒的方法，来实现元件的局部碰撞检测。制作碰撞检测盒的操作方法如下所述：

（1）选择菜单命令【插入】→【新建元件】，创建一个名为“碰撞盒”的影片剪辑元件。在“碰撞盒”元件的编辑区中，用【矩形工具】绘制一个没有边框（触笔宽度为 0）的矩形。

（2）用鼠标选中刚才绘制的矩形，然后选择菜单命令【窗口】→【颜色】，打开颜色编辑窗口。接着将颜色窗口中的 A 值设置成 0%，如图 8-15 所示，这样刚刚绘制的矩形便完全透明。

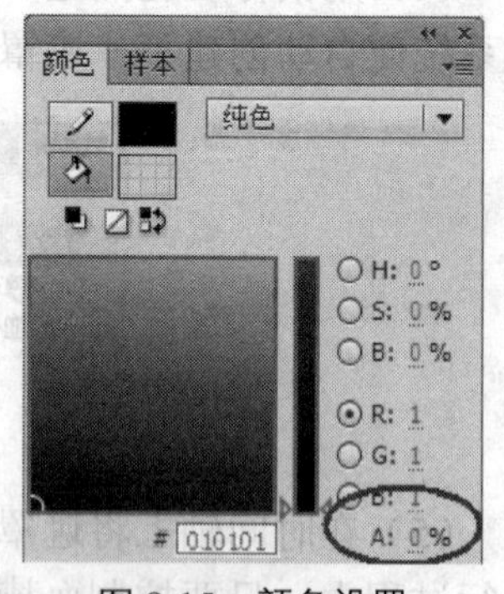

图 8-15　颜色设置

5．为角色增加碰撞检测盒

（1）双击库列表中的“敌人”元件，进入该元件的编辑区。在时间轴上新建图层，并将该层命名为“碰撞盒”。 锁定“人物”与“血槽”两个图层，然后点选碰撞盒层的第 9 帧，用 F5 键复制帧，使碰撞盒与人物层的帧数相同。

（2）因为敌人在攻击和被攻击时的碰撞检测区域不同，所以这里需要两个碰撞检测盒。从库列表中拖出两个碰撞盒实例，如图 8-16 所示，调整两个新实例的大小及位置。最后，将两个碰撞盒实例分别命名为：“T_AttackBox”（攻击检测盒）与“T_BodyBox”（被攻击检测盒）。

6．编辑主角元件

参照敌人元件的编辑方法，修改主角元件的内容，并将元件中的血槽、碰撞盒实例分别命名为：“T_Life”、“T_AttackBox”、“T_BodyBox”。即主角与敌人元件中的实例名称一致。

图 8-16　敌人元件

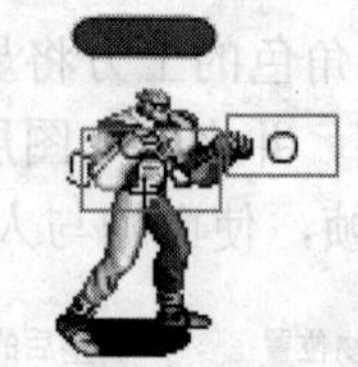
图 8-17　主角元件

流程 4　绘制游戏场景

（1）回到场景编辑界面，选择菜单命令【文件】→【导入】→【导入到库】，将背景图片“back.jpg”导入到当前项目的库列表中。

（2）在时间轴上，将图层 1 重新命名为“背景”层。选择该层的第 1 帧，打开库面板，将新导入的 back.JPG 元件拖放到场景中。打开【属性】面板，将背景元件的位置设置在（0，0）点，使背景完全覆盖游戏场景。

（3）单击状态栏将“背景”层锁定。新建“游戏”层，打开库面板，将主角元件与敌人元件都拖放到“游戏”图层中，并将两个新实例分别命名为“T_Player”（主角实例）、

"T_Enemy"（敌人实例）。

至此，本游戏的场景制作部分便已完成。

流程 5　解决程序难点

编写脚本代码，首先需要了解该游戏的制作难点，然后制定出各个难点的解决方法，最后才可进行真正脚本程序的编写。

1. 脚本制作难点

本游戏的制作过程中会遇到以下几个难点：

（1）当人物生命值发生改变时，相应的血槽图像也会产生变化，那么该如何控制血槽元件的图像变化？

（2）本游戏中，角色元件中的人物图像都是面向右侧的。而当人物向左移动时，需要将图像进行水平翻转，那么该如何实现这种图像翻转操作？

（3）敌人与主角有很多相似性，如何处理敌人与主角的关系？

（4）如何检测多个按键同时被按下？

（5）如何进行角色的局部碰撞检测？

（6）当主角位于敌人上方时，敌人图像将遮挡住主角图像，而当主角位于敌人下方时，主角图像将遮挡住敌人，如何处理这种遮挡关系？

2. 难点的解决方法

- **解决血值变化难题**

在前面的场景制作过程中，已经制作了一个单独的血槽元件，并设置了血槽的动画。这里将创建血槽元件的管理类，在程序运行过程中，该类将根据人物的生命值来设置元件的播放位置（当前帧），从而能够直观地显示人物的生命值。血槽管理类的具体代码如下所述：

```
package classes
{
    import flash.display.MovieClip;                    //导入影片剪辑的支持类
    public class Life extends MovieClip                //与血槽控件相关联
    {
        private var m_nMaxLife:int;                    //最大生命值
        private var m_nCurLife:int;                    //当前的生命值
        public function Life()
        {
            m_nMaxLife = 10;
            m_nCurLife = 10;
            this.stop();                               //让控件停止自动播放
            gotoAndStop(1);                            //停止在第一帧
        }
        public function setMaxLife(life:int):void      //设置最大生命值
        {
            m_nMaxLife = life;
        }
        public function setCurLife( life:int ):void    //设置当前的生命值
        {
            m_nCurLife = life;
```

```
            var rate:Number = m_nCurLife/m_nMaxLife;        //计算当前值与最大值的比率
            //计算当前的播放位置
            var frame:int = (int)(this.totalFrames * (1-rate));
            gotoAndStop( frame );                           //调整当前帧
        }
        public function getCurLife():int                    //获取当前的生命值
        {
            return m_nCurLife;
        }
    }
}
```

● **解决图像翻转难题**

Flash 中的影片剪辑对象具有 scaleX、scaleY、scaleZ 等属性，分别表示当前对象沿 X、Y、Z 轴的缩放倍数。默认状态下，这些属性的值都为 1。如果将 scaleX 设置为-1，则可使影片剪辑对象进行水平翻转；如果将 scaleY 设置为-1，则可使影片剪辑对象进行垂直翻转。

根据图像水平翻转的操作方法，下面一段代码就可以实现人物的行走功能：

```
protected function Move():void                              //移动人物
{
    switch( m_nDir )                                        //根据当前方向进行移动
    {
    case DIR_UP:                                            //向上移动
        this.y = this.y - m_nSpeed;                         //m_nSpeed是移动的速率
        break;
    case DIR_DOWN:                                          //向下移动
        this.y = this.y + m_nSpeed;
        break;
    case DIR_LEFT:                                          //向左移动
        this.scaleX = -1;                                   //使图像水平翻转
        this.x = this.x - m_nSpeed;
        break;
    case DIR_RIGHT:                                         //向上移动
        this.scaleX = 1;                                    //恢复原始图像
        this.x = this.x + m_nSpeed;
        break;
    }
}
```

● **解决对象继承难题**

敌人与主角是游戏中的两个不同对象，显然需要为它们分别建立管理类。不过这两个对象却有很多相同的特性：

（1）都具有各种行为状态：如静止、攻击、受伤、行走等；

（2）都需要进行逻辑处理，按照当前的状态来调整人物动画的播放位置；

（3）被伤害时，都会后退，生命值也会随之减少；

（4）攻击目标时，都会使对方进入受伤状态。

如果将这些相同的功能分别写到两个类中，会产生很多冗余代码。而且，这样做也不利于将来的代码修改，因为每次修改都需要进行两次同样的操作。面对这种问题，最佳的解决方法就是建立公共的父类。

在ActionScript等面向对象的程序设计语言中，如果几个类具有一些相同的属性或功能，通常需要将这些相同的属性与功能提炼出来，放入一个公共的父类，这样才便于代码的理解与修改。

敌人与主角都属于人类，所以可以建立Human类来管理敌人与主角的相同特性，该类的程序代码如下所述：

```
package classes
{
    import flash.display.MovieClip;                         //导入影片剪辑的支持类
    public class Human extends MovieClip
    {
        //定义一组标识人物动作状态的数值
        public static var STATE_STOP:int = 0;               //停止
        public static var STATE_ATTACK:int    = 1;          //攻击
        public static var STATE_BEHIT:int     = 2;          //被打
        public static var STATE_MOVE:int      = 3;          //移动
        protected var m_nState:int = STATE_STOP;            //指定当前的状态
        //定义一组标识人物运动方向的数值
        public static var DIR_UP:int        = 0;            //向上
        public static var DIR_RIGHT:int     = 1;            //向右
        public static var DIR_DOWN:int      = 2;            //向下
        public static var DIR_LEFT:int      = 3;            //向左
        protected var m_nDir:int = DIR_UP;                  //指定当前的运动方向
        protected var m_nSpeed:int;                         //移动的速度
        protected var m_nNextFrame:int;                     //下一时刻要显示的帧
        public function Human()
        {
            this.stop();                                    //不自动播放动画
        }
        public function setState( sta:int )                //设置人物的当前状态
        {
            m_nState = sta;
        }
        protected function Move():void                      //移动人物
        {
            ……，此处代码略，与上一难点解决方法中所给出的同名函数代码相同
        }
        //人物被打处理，参数T_Life是当前人物的血槽对象
        protected function BeHit(TLife:Life):Boolean
        {
            if( scaleX > 0 )                                //人物面向右侧
                this.x = this.x - 2;                        //向左退
            else
                this.x = this.x + 2;                        //否则向右退
            var life:int = TLife.getCurLife();              //获取当前生命值
            life --;                                        //生命值减少
            TLife.setCurLife(life);                         //设置新的生命值
            setState(STATE_STOP);                           //设置当前动作状态
            if( life <= 0 )                                 //如果没有生命返回true
```

```
                return true;
            return false;                                    //否则返回false
        }
        //播放当前动作，参数startFrame与endFrame分别表示动作的起始帧与终止帧
        protected function FrameUpdate( startFrame:int, endFrame:int )
        {
            if( m_nNextFrame < startFrame || m_nNextFrame >= endFrame )
            {//如果人物没有进入当前动作，则从起始帧开始播放
                m_nNextFrame = startFrame;
            }
            else
            {
                m_nNextFrame ++;                             //更新动作画面
                if( m_nNextFrame >= endFrame )               //动作播放完毕
                    setState(STATE_STOP);                    //进入停止状态
            }
        }
    }
}
```

然后，可通过第二章所讲解的派生与继承方法，使敌人与主角成为人类的子类。在两个子类中，可分别管理敌人或主角的特定信息。

● **解决按键检测难题**

本游戏中，用户可以同时按下多个键，例如同时按下 A、S 键，可以使主角向左下方前进。检测多个按键操作时，需要先定义存储按键值的按键数组。例如，下面就定义了一个可最多存储 4 个按键值的数组。

```
private var m_aKeys:Array = [-1, -1, -1, -1];
```

然后，当系统响应按键操作时，需要将用户的按键值保存到按键数组中，具体实现方法如下所述：

```
public function onKeyboardDown( e:KeyboardEvent ):void
{
    for( var i:int = 0; i < m_aKeys.length; i ++ )
    {
        if( m_aKeys[i] == e.keyCode )
            return;
    }
}
```

同时，当系统响应释放键盘的操作时，清除按键数组中相应位置的存储值，具体实现方法如下所述：

```
public function onKeyboardUp( e:KeyboardEvent ):void
{
    for( var i:int = 0; i < m_aKeys.length; i ++ )
    {
        if( m_aKeys[i] == e.keyCode )
        {
            m_aKeys[i] = -1;
```

```
                }
            }
        }
```

这样，用户当前按下的所有键，都会被保存到按键数组中。在程序的其他地方，需要进行按键处理时，可以根据按键数组中的内容进行处理。

- **解决局部碰撞难题**

人物进行攻击时，只有武器或拳头区域才是有效区域，所以应该只对这一局部区域进行碰撞检测。而当人物受到攻击时，同样也只需对人物的身体进行局部碰撞检测。在绘制本游戏场景时曾讲过，可利用增加碰撞检测盒的方法，来实现元件的局部碰撞检测。例如，下面一段代码的功能是检测当前对象的"攻击碰撞盒"是否与另一对象的"身体碰撞盒"发生了碰撞：

```
if( this.T_AttackBox.hitTestObject( object.T_BodyBox ) )
{
    ……，进行碰撞处理
}
```

- **解决对象遮挡问题**

Flash 中，每个影片剪辑实例的内部，都会维护一个"子对象的索引列表"。系统会先显示索引值低的子对象，后显示索引值高的子对象，且后显示的对象会覆盖先前显示的对象。

如图 8-18（左）所示，a、b、c 三个实物都是某影片剪辑中的子对象。此时，a、b、c 的索引位置分别为 0、1、2，所以 a 将被 b、c 同时遮挡。如果调整各子对象的索引位置，使 a、b、c 的索引变为 1、0、2，则最终的显示效果如图 8-18（右）所示。

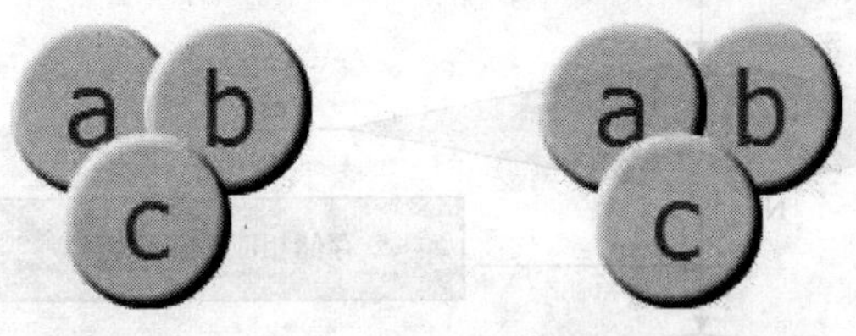

图 8-18　子对象的索引变化

影片剪辑实例可以调用 setChildIndex 函数来重新指定某个子对象的索引位置。调用 setChildIndex 函数后，系统会自动调整其他子对象的索引位置。例如 m1、m2、m3、m4、m5、m6 都为某影片剪辑实例 T 的子对象，且它们的索引分别为 0、1、2、3、4、5。如果执行下面代码：

```
T.setChildIndex( m5, 1 );
```

则 m1、m2、m3、m4、m5、m6 的索引分别变为 0、2、3、4、1、5。可见系统不但将 m5 的索引变为 1，而且自动调整 m2~m4 的索引位置，使新的显示顺序变为：m1、m5、m2、m3、m4、m6。

本游戏中，当主角位于敌人上方时，敌人图像将遮挡住主角图像，而当主角位于敌人下方时，主角图像将遮挡住敌人图像。由索引列表的定义可知，如果根据主角与敌人的位置关系，调整他们的索引值，就可以实现人物间相互遮挡的控制。具体实现代码如下所述：

```
private function OrderChilds():void                          //调整人物的显示顺序
{
    var indexP:int = this.getChildIndex( T_Player );         //获取主角的索引位置
    var indexE:int = this.getChildIndex( T_Enemy );          //获取敌人的索引位置
    if( indexP < indexE && T_Player.y > T_Enemy.y )          //如果主角位于敌人下方
    {
        this.setChildIndex( T_Enemy, indexP );               //需保证敌人先显示
    }
    if( indexP > indexE && T_Player.y < T_Enemy.y )          //如果敌人位于主角下方
    {
        this.setChildIndex( T_Player, indexE );              //需保证主角先显示
    }
}
```

流程 6　绘制程序流程图

本游戏的程序流程如图 8-19 所示，这里将流程图标识为 A、B、C 三个部分，以便与“流程 7”中的具体代码相对应。

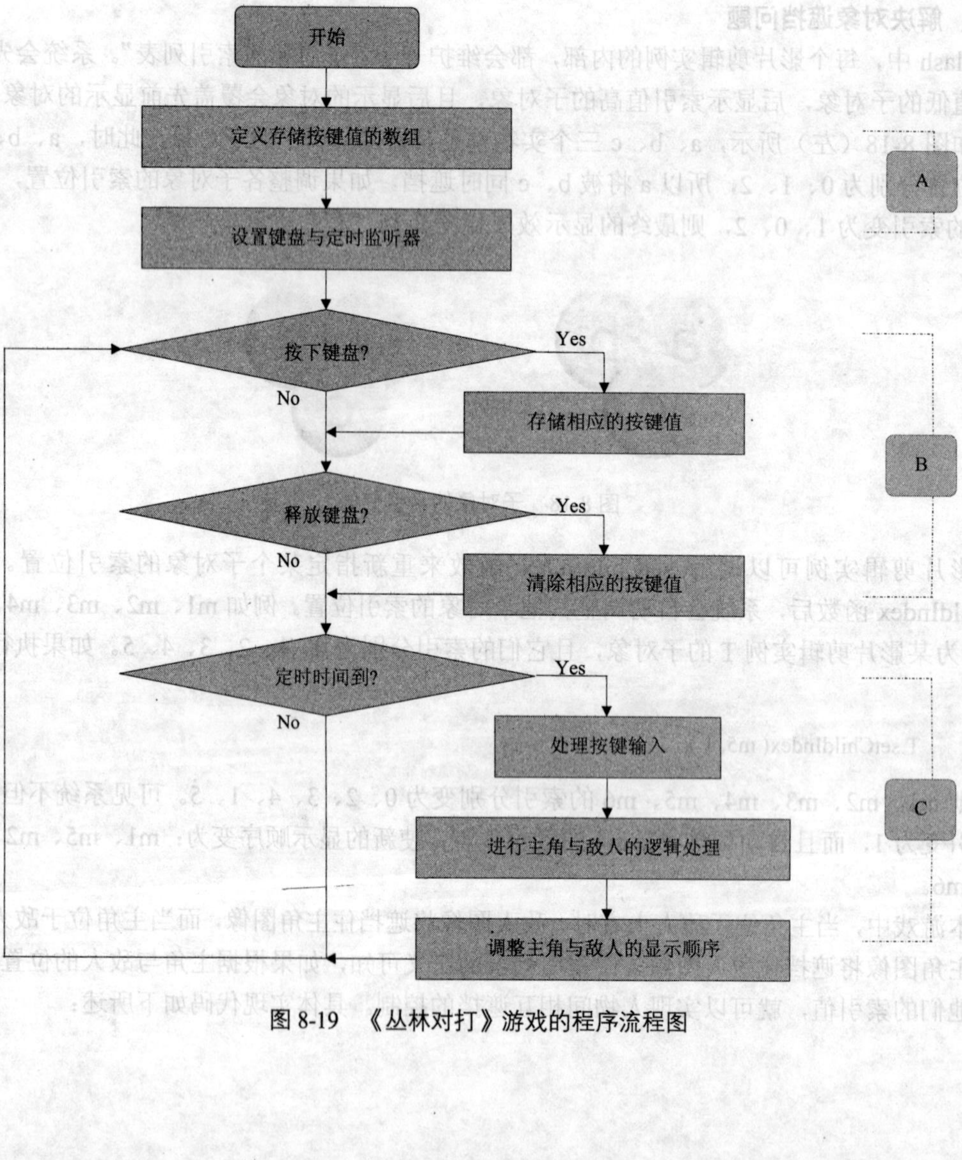

开始
定义存储按键值的数组
设置键盘与定时监听器
按下键盘?
Yes
No
存储相应的按键值
释放键盘?
Yes
No
清除相应的按键值
定时时间到?
Yes
No
处理按键输入
进行主角与敌人的逻辑处理
调整主角与敌人的显示顺序
A
B
C

图 8-19　《丛林对打》游戏的程序流程图

流程 7 编写程序代码

难点问题逐一解决后，开始编写本游戏的脚本程序。参照第三章所讲解的方法，在 FightGame.fla 所在的目录中创建 classes 文件夹，然后在 Flash 中新建 5 个 ActionScript 文件，分别命名为“Life”（对应血槽元件）、“Human.as”（人物的公共基类）、“Enemy”（对应敌人元件）、“Player”（对应主角元件）、“FightGame.as”（对应游戏舞台）。Life 与 Human 类的代码已在本章实例制作“流程 5”中给出，其他类的具体代码如下所述。

1．编写 Enemy 类的代码

Enemy 类用于管理敌人元件，与该类相关的信息有：

（1）Enemy 也是 Human 的派生类，它是特殊的人物类。

（2）游戏刚开始或敌人被打倒后，敌人将从游戏场景的两边随机出现。

（3）敌人需要根据当前的动作状态，不断地更新动画的播放位置。

（4）敌人需要进行逻辑思考，以便能自动地行走或攻击游戏主角。

Enemy 类的具体代码如下所述：

```
package classes
{
    import flash.display.MovieClip;                         //导入影片剪辑支持类
    public class Enemy extends Human
    {
        public function Enemy()
        {
            m_nSpeed = 2;                                   //设置移动的速率
            EnemyReset();                                   //设置初始位置
        }
        protected function EnemyReset():void                //设置初始属性
        {
            this.y = int( Math.random() * 150 ) + 100;      //获取随机的Y坐标
            if( Math.random() < 0.5 )                       //获取随机的X坐标
            {
                this.x = - 30 - ( Math.random() * 10 );
            }
            else
            {
                this.x = 430    + ( Math.random() * 10 );
            }
            T_Life.setMaxLife(10);                          //设置生命最大值
            T_Life.setCurLife(10);                          //设置生命最小值
            setState(STATE_STOP);                           //设置初始状态
        }
        public function EnemyLogic(object:Player):void      //逻辑更新
        {
            this.gotoAndStop(m_nNextFrame);                 //更新动画播放位置
            switch( m_nState )                              //设置下一时刻动画的播放位置
            {
            case STATE_STOP:                                //设置停止动作
                FrameUpdate( 1, 1 );
                break;
```

```
                case STATE_ATTACK:                              //设置攻击动作
                    FrameUpdate( 2, 4 );
                    if( T_AttackBox.hitTestObject( object.T_BodyBox ) )
                        object.setState(STATE_BEHIT);           //打倒主角
                    break;
                case STATE_BEHIT:                               //设置挨打动作
                    FrameUpdate( 5, 5 );
                    if( BeHit(T_Life) == true )                 //如果被打倒
                        EnemyReset();                           //重新设置初始属性
                    break;
                case STATE_MOVE:                                //设置移动动作
                    FrameUpdate( 6, this.totalFrames );
                    Move();
                    break;
                }
                Thinking(object);                               //思考下一步行动计划
            }
            private function Thinking(object:Player):void      //思考下一步行动计划
            {
                var w:Number = object.width / 2 + 5;
                var h:Number = 5;
                if( this.x > object.x - w && this.x < object.x + w &&
                    this.y > object.y - h && this.y < object.y + h )
                {
                    setState( STATE_ATTACK );                   //离目标很近就攻击
                }
                else                                            //否则向目标前进
                {
                    setState( STATE_MOVE );
                    if( x > object.x + w )
                        m_nDir = DIR_LEFT;
                    else if( x < object.x - w )
                        m_nDir = DIR_RIGHT;
                    else if( y > object.y + h )
                        m_nDir = DIR_UP;
                    else
                        m_nDir = DIR_DOWN;
                }
            }
        }
    }
```

2．编写 Player 类的代码

Player 类用于管理主角元件，与该类相关的信息有：

（1）Player 也是 Human 的派生类，它是特殊的人物类。

（2）游戏刚开始或主角被打倒后，需要重新设置主角的属性。

（3）主角需要根据当前的动作状态，不断地更新动画的播放位置。

（4）主角需要根据用户的按键进行移动或攻击。

Player 类的具体代码如下所述：

```
package classes
{
    import flash.display.MovieClip;                    //导入影片剪辑支持类
    public class Player extends Human
    {
        public function Player()
        {
            m_nSpeed = 3;                              //设置移动的速度
            PlayerReset();                             //设置初始属性
        }
        protected function PlayerReset():void          //设置初始属性
        {
            T_Life.setMaxLife(40);                     //设置最大生命值
            T_Life.setCurLife(40);                     //设置当前的生命值
            setState(STATE_STOP);                      //设置当前状态
        }
        public function PlayerLogic( object:Enemy):void    //逻辑更新
        {
            this.gotoAndStop(m_nNextFrame);            //更新动画的播放位置
            switch( m_nState )                         //设置下一时刻的动作
            {
            case STATE_STOP:                           //设置停止动作
                FrameUpdate( 1, 1 );
                break;
            case STATE_ATTACK:                         //设置攻击动作
                FrameUpdate( 2, 11 );
                if( T_AttackBox.hitTestObject( object.T_BodyBox ) )
                    object.setState(STATE_BEHIT);      //打倒敌人
                break;
            case STATE_BEHIT:                          //设置挨打动作
                FrameUpdate( 12, 12 );
                if( BeHit(T_Life) == true )            //如果被打倒
                    PlayerReset();                     //设置初始属性
                break;
            case STATE_MOVE:                           //设置移动动作
                FrameUpdate( 13, this.totalFrames );
                Move();
                break;
            }
        }
        public function Input( keys:Array )           //处理键盘的输入，keys存储当前按键
        {
            if( m_nState == STATE_BEHIT )              //如果处于挨打状态
                return;                                //则不能处理按键
            var bInput:Boolean = false;                //是否有按键的标识符
            for each( var key in keys )
            {
                switch( key ){
                case 87:                               //W键,向上走
                    setState( STATE_MOVE );
                    m_nDir = DIR_UP;
```

```
                    bInput = true;
                    break;
                case 83:                                        //S键,向下走
                    setState( STATE_MOVE );
                    m_nDir = DIR_DOWN;
                    bInput = true;
                    break;
                case 65:                                        //A键,向左走
                    setState( STATE_MOVE );
                    m_nDir = DIR_LEFT;
                    bInput = true;
                    break;
                case 68:                                        //D键,向右走
                    setState( STATE_MOVE );
                    m_nDir = DIR_RIGHT;
                    bInput = true;
                    break;
                case 74:                                        //J键，攻击
                    setState( STATE_ATTACK );
                    bInput = true;
                    break;
            }
        }
        if( bInput == false )                                   //如果没有按键
            setState( STATE_STOP );                             //进入停止状态
        }
    }
}
```

3．编写 FightGame 类的代码

FightGame 类对应游戏的舞台，是整个游戏的核心管理类。FightGame 类的程序流程如图 8-19 所示，具体代码如下所述：

```
package classes
{
    import flash.display.MovieClip;                             //导入影片剪辑支持类
    import flash.events.KeyboardEvent;                          //导入键盘事件支持类
    import flash.events.TimerEvent;                             //导入定时时间支持类
    import flash.utils.Timer;                                   //导入定时器支持类
    public class FightGame extends MovieClip
    {
        private var m_aKeys:Array = [-1, -1, -1, -1];           //定义按键存储数组
        //构造函数中将完成图8-19中A部分的功能
        public function FightGame()
        {
            //设置键盘监听器
            this.stage.addEventListener(KeyboardEvent.KEY_DOWN,onKeyboardDown);
            this.stage.addEventListener(KeyboardEvent.KEY_UP,onKeyboardUp);
            var myTimer:Timer = new Timer(100, 0);              //创建定时器
            myTimer.addEventListener("timer", timerHandler );   //注册定时函数
            myTimer.start();                                    //启动定时器
```

```
            }
            //下面两个函数，共同完成图8-19中B部分的功能
            public function onKeyboardDown( e:KeyboardEvent ):void
            {
                ……，此处代码略，与本章实例制作“流程5”中的同名函数代码相同
            }
            public function onKeyboardUp( e:KeyboardEvent ):void
            {
                ……，此处代码略，与本章实例制作“流程5”中的同名函数代码相同
            }
            //timerHandler函数中，将完成图8-19中C部分的功能
            public function timerHandler(e:TimerEvent):void
            {
                T_Player.Input(m_aKeys);                //处理按键输入
                T_Player.PlayerLogic(T_Enemy);          //处理主角逻辑
                T_Enemy.EnemyLogic(T_Player);           //处理敌人逻辑
                OrderChilds();                          //设置人物的遮挡关系
            }
            private function OrderChilds():void         //设置人物的遮挡关系
            {
                ……，此处代码略，与本章实例制作“流程5”中的同名函数代码相同
            }
        }
    }
```

流程 8　设置关联信息并发布产品

所有代码编写完成后，需要将这些类与相应的库元件逐一关联起来，参照前面章节的操作方法，将 FightGame 类与游戏舞台相关联，将 Player 类与“主角”元件相关联，将 Enemy 类与敌人元件相关联，将 Life 类与血槽元件相关联。

至此，本游戏的代码编写部分的操作便已全部完成。选择菜单命令【文件】→【发布】，Flash 便自动编译代码，并生成产品文件。

发布产品后，运行“FightGame.fla”所在文件夹中的“FightGame.swf”文件，可以看到如图 8-3 所示的运行效果。

本章小结

动作游戏是指玩家控制游戏角色，用拳头或各种兵器消灭敌人而闯关的游戏。游戏的特点是：操作复杂，节奏较快，需要画面卷动，情节简单，音效逼真。动作游戏又可分为：动作闯关游戏与格斗游戏。

Flash 中，通过遮罩层可以屏蔽相应图层的显示区域，使其按需求进行显示。

通过设置 scaleX、scaleY 等属性，可以使影片剪辑对象进行水平或垂直翻转。

在面向对象的程序设计语言中，如果几个类具有一些相同的属性或功能，通常需要将这些相同的属性与功能提炼出来，放入一个公共的父类。

检测多个按键操作时，可定义按键数组来存储当前被用户按下的所有按键。

通过增加碰撞检测盒的方法，可以实现元件间的局部碰撞检测。

影片剪辑实例可以调用 setChildIndex 函数，来重新指定某个子对象的索引位置，以便调整子对象的遮挡关系。

思考与练习

1. 请说出动作游戏的定义、特点及分类。
2. 开发动作游戏时要注意哪些问题？
3. Flash 中，遮罩层的功能是什么？
4. 如何调整影片剪辑实例中各子对象的遮挡关系？
5. 如何检测多个按键是否被同时按下？
6. 如何使影片剪辑实例进行图形翻转？
7. 在面向对象的程序设计语言中，为什么常用基类来管理子类的相同功能与属性？
8. 请简述本游戏程序中 FightGame 类的程序流程。

第九章　开发角色扮演游戏

内容提要

本章由 4 节组成。首先介绍角色扮演游戏的特点、分类、用户群体、开发要求、发展史，接着通过实例《圣剑传说》讲解角色扮演游戏开发的全过程。最后是小结和作业安排。

学习重点

- 角色扮演游戏特点
- 《圣剑传说》游戏的开发流程

教学环境：计算机实验室

学时建议：9 小时（其中讲授 3 小时，实验 6 小时）

角色扮演游戏的英文名称是 Role Play Game，简称 RPG 游戏。这类游戏通常有故事背景，玩家扮演故事中的一个角色，进行游戏。

9.1　概述

在 RPG 游戏中，游戏者扮演虚拟世界中的一个或者几个特定角色，并在特定场景中进行游戏。整个游戏具有完整的故事情节，而且不同的游戏情节及性能数据（例如力量、灵敏度、智力、魔法等）会使角色具有不同的能力。

一个完整的 RPG 游戏至少要有故事情节、人物、NPC（None Player Character）和场景四个要素。其中，NPC 就是游戏中不受游戏者操作控制的角色，它们通常为游戏中城镇或村落的商人，游戏人物通过与 NPC 的对话来进行物品交易或者获得信息。

9.1.1　角色扮演游戏的特点

1．规则复杂

角色扮演游戏中的道具及场景很多，每种道具及场景都有特殊的作用或意义，初学者往往很难掌控游戏，所以这类游戏常常要配备游戏的说明书。

2．场景多样

角色扮演游戏中会有很多场景，每个场景都很大，并且各种场景会根据角色的位置而不断地切换。

3．不受时间限制

角色扮演游戏的主要目的是展现故事情节，但对完成情节的时间却没有限制。

4. 需要具备记录功能

角色扮演游戏的故事情节很长，打通游戏往往需要几个甚至几十个小时，所以这类游戏必须提供记录的功能，使每次游戏都能接续上次的情节。

5. 多以对话提示来展开故事情节

角色扮演游戏中，角色通常是在与 NPC 的对话中了解到情节的信息。

6. 强调人物性格及故事背景的描述

RPG 游戏主要是向玩家展现故事的剧情内容，因为只有剧情的发展才能提升角色扮演的成分，并且也只有在剧情变化中才能强调角色的重要性。

9.1.2 角色扮演游戏的分类

1. 按文化特色分类

RPG 游戏具有浓厚文化特色，目前 RPG 游戏从文化圈范畴可分为三大流派：

- **中国武侠游戏**

中国武侠 RPG 游戏多以中国古典神话传说或近现代武侠小说为题材，组成元素极为丰富，如神魔、武功、门派、江湖等。游戏通常结合爱情和中国传统道德观念，并联系真实历史人物与事件。由于游戏的内容与中国传统文化的联系极为紧密，所以不易被西方人所理解，但在中国及受中国文化影响的地区却拥有大量的玩家。中式 RPG 游戏的代表作品有：《轩辕剑》系列、《剑侠情缘》系列、《仙剑奇侠传》系列、《金庸群侠传》、《秦殇》、《刀剑封魔录》、《刀剑外传：上古传说》、《复活：秦殇前传》等。

- **日本 RPG 游戏**

日本 RPG 游戏更强调剧情推进，而且游戏中会夹杂一些视频的播放，更像是一部影视剧作品。日式 RPG 游戏的程序架构大多相对比较封闭，游戏者只能按照预先设定的模型及情节进行游戏。日式 RPG 游戏在世界范围内具有庞大的市场，代表作品有：《勇者斗恶龙》系列、《最终幻想》系列、《永恒传说》系列、《宿命传说》系列、《仙乐传说》系列、《勇敢的伊苏》系列、《圣界传说》、《塞尔达传说》、《太阁立志传》、《凡人物语》等。

- **欧美 RPG 游戏**

欧美 RPG 游戏多以欧洲的古代传说为游戏背景。与中日的 RPG 游戏相比，欧美 RPG 游戏更强调开放性，游戏中通常会提供编辑功能，让游戏者可以编辑自己的故事情节。此外，欧美 RPG 游戏中常采用更多的新技术，可以说其代表了 RPG 游戏制作方面的最高水准。欧式 RPG 游戏的代表作品有：《暗黑破坏神》、《魔法门》系列、《上古卷轴》系列、《辐射》系列、《哥特王朝》系列、《冰封谷》系列、《地牢围攻》系列等。

2. 按网络技术分类

RPG 游戏，按照网络技术又可分为：单机 RPG 游戏与网络 RPG 游戏。

网络 RPG 游戏是指多人在线的角色扮演游戏，英文名称是 massively multiplayer online role playing game，简称 MMORPG。它通过互联网将世界各地的玩家聚集到一起，使玩家在虚拟的世界中扮演不同角色。

9.1.3 角色扮演游戏的用户群体

角色扮演游戏的用户群往往具有以下特点：

（1）大多是年轻的学生；

（2）大多是武侠小说迷；

（3）游戏时间很长，一次游戏可能连续进行几个小时。

9.1.4 角色扮演游戏的开发要求

1．设计要求

- **增加情节分支**

设计 RPG 游戏的故事背景时，应在一条情节主线的基础上，增加若干分支。游戏时，玩家可按照自己的想法进入不同的情节分支，这样将使游戏适合更多的人群。

- **可加入小游戏**

RPG 游戏中，可加入一些好玩的小游戏。例如：当角色进入赌场后，可通过投骰子之类的小游戏来赢得物品；或者当角色与小孩对话后，可进行猜拳等小游戏。增加小游戏，也就增加了游戏的耐玩度。

- **增加寻找宝物的功能**

RPG 游戏中，尽量在场景中藏放一些宝物，这些宝物对剧情的发展影响不大，但如果玩家无意中发现了宝物，那将是件非常快乐的事情。

2．技术要求

角色扮演游戏的玩法基本固定，各种游戏之间只是存在故事情节的不同。因此技术员可以开发一些通用的功能模块，减少每次开发时的重复工作。

此外，角色扮演游戏中需要设计的事物也非常多，所以技术员还要制作各种工具软件，如地图编辑器、角色编辑器等，以减少策划员的工作量。

9.1.5 角色扮演游戏的发展史

1．TRPG

最早的角色扮演游戏称为 TRPG（Table Role Playing Game，桌面角色扮演游戏），它是由一种纸牌游戏发展起来的。这种纸牌游戏很简单，每个玩家都会有一副牌，根据牌上所标注的属性来判断这张牌的威力。

2.《龙与地下城》(Dungeons&Dragons，D&D)

1974 年，世界上第一部商业性角色扮演游戏《龙与地下城》(Dungeons&Dragons，D&D）开始发售。该游戏由 Gygax 与 Arneson 共同创造，Gygax 还创办了著名的 TSR（地窖）公司。不过时至今日，世人都尊称 Gygax 为“角色扮演游戏之父”，而 Arneson 则被游戏界遗忘。1979 年，《D&D》游戏突然销售火爆，每月销量都达到 7000 份，这也使得 TSR 公司成为游戏界的巨人。虽然被市场认可，但《D&D》还是受到很多批评：有人说它的规则太复杂，使新手很难理解；也有人说它的内容太简单，仅仅是英雄们进入地下城，杀掉怪物，抢走所有财宝而已。

3.《隧道与巨人》(Tunnels and Trolls，T&T)

1975 年，Ken St Andre 对《D&D》的规则进行简化，并创造出《隧道与巨人》(Tunnels and Trolls，T&T)。在《T&T》中，所有操作都可只用投骰子的方式来完成。《T&T》在刚发行时非常受欢迎，在《D&D》垄断的 RPG 游戏市场中站稳了脚跟。但《T&T》还是存在很多缺点，其中的搞笑手法不禁令人觉得幼稚，因此在 80 年代初，《T&T》逐渐被人们遗忘。

4.《骑士道与黑魔法》(Chivalry and Sorcery，C&S)

1976 年，Ed Simbalist 和 Wilf Backhaus 创作了《骑士道与黑魔法》(Chivalry and Sorcery，C&S)，这是迄今为止内容最复杂的 RPG 游戏。该游戏的内容十分真实，所有的规则和游戏风格都是在模拟 12 世纪后期的法兰西斯。《C&S》所描述的是一种被遗忘了的文化与社会氛围，游戏角色将置身于各种封建礼法教条、贵族式言行规范、奴隶阶级制度之中。《C&S》的内容设定过于复杂，连主角的种族、年龄、性别、身高、体形、阵营、星座、精神健康状况、社会地位、家族排位、家庭的状况等都需要玩家进行设定，使玩家有种无助的感觉。在《C&S》中，玩家往往被错综复杂的游戏内容压得喘不过气来，因此该游戏没有获得成功，消失于 80 年代初期。

《T&T》与《C&S》的最终失败，给后人带来不少启示。角色扮演游戏，在设计上应考虑复杂性与可玩性、模拟真实性与单纯娱乐性之间的矛盾。游戏世界应尽可能稳固、详细，但同时也应保持一定的延伸空间，还要考虑玩家能否融入其中，分享到游戏的乐趣。

70 年代末到 80 年代是 RPG 游戏的鼎盛时期，RPG 游戏逐渐形成一个完整的、独特的、革命性的游戏概念。各种 RPG 游戏百花齐放，优秀的作品层出不穷。

5.《星际漫游者》(Traveller)

1977 年发行的《Traveller（星际漫游者）》是科幻角色扮演游戏的经典之作。该游戏中采用随机数字来制定最初的人物属性、背景及历史，在当时的 RPG 界算得上是一次革命。

6.《兔子与地洞》(Bunnies & Burrows)

《兔子与地洞》(Bunnies & Burrows）的出现，则将 RPG 中的角色进行了延伸，使游戏的角色不再是人类，而是可爱的兔子。

7.《符咒探险》

1978 年，《符咒探险》打破了以往的 RPG 模式。游戏的技能系统简练真实，首次出现了“致命失误”和“完全成功”的概念，而且角色技能的提升不再是仅仅通过累积的经验，通过训练也可以提升技能。

8.《勇者斗恶龙》(Dragon Quest) 与《创世纪》(Ultima)

80 年代中期诞生的《勇者斗恶龙》(Dragon Quest）与《创世纪》(Ultima）两款游戏，成为日式 RPG 游戏的奠基者，RPG 游戏也开始从西方传到东方。《勇者斗恶龙》大大强化了 RPG 游戏的剧情交待，而《创世纪》则提出对话树的概念，为 RPG 中的信息交流和互动提供了新的表现方式。

9.《子午线 59》(Meridian59)、《网络创世纪》(Ulitma Online)

90 年代中期，随着计算机互联网技术的发展，新的 RPG 种类产生了，这就是 MMORPG

（多人在线的角色扮演游戏）。在 MMORPG 中，玩家可以并肩作战。最早的 MMORPG 游戏是《(Meridian59) 子午线 59》，出品于 1994 年。《子午线 59》使用了 3D 界面，但由于技术等方面的因素，这款游戏没有受到足够的重视和评价。第一部具有影响力的 MMORPG 游戏是《Ultima Online（网络创世纪）》，这款游戏创造了一个近乎完美的奇幻世界。

10.《暗黑破坏神 II》

今天，MMORPG 已经形成规模，虽然也有《暗黑破坏神 II》这样优秀的单机 RPG 游戏的出现，但未来的 RPG 游戏市场必然是 MMORPG 的天下。

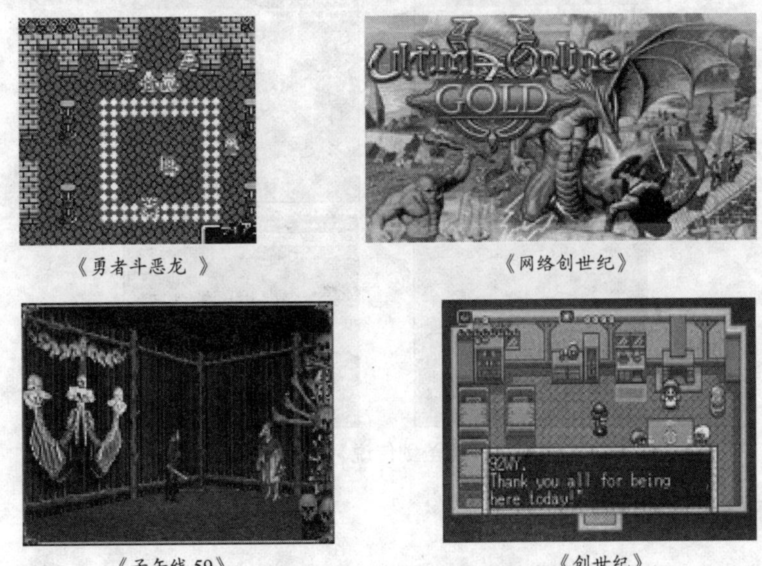

《勇者斗恶龙》　《网络创世纪》

《子午线 59》　《创世纪》

图 9-1　经典的 RPG 游戏代表

9.2 《圣剑传说》角色扮演游戏开发

《圣剑传说》是一款非常简单的 RPG 游戏，不过麻雀虽小，五脏俱全，本游戏已经具备了 RPG 游戏的所有必备要素。在实例的制作过程中，将重点讲解如何制作基于图块的游戏场景，如何实现“摄像机跟随”功能，以及如何在程序绘制图形。

9.2.1 操作规则

一个完整的 RPG 游戏至少要有故事情节、人物、NPC 和场景四个要素。本游戏中的 RPG 要素如下：

- **故事情节**

一位侠客在寻找圣剑，经过不懈努力，他最终找到了这把绝世宝剑。

- **人物**

侠客，他是用户控制的角色。在游戏中，用户使用键盘上的方向键移动侠客；当用户碰到 NPC 时，用户按下空格键，就可使侠客与 NPC 对话，屏幕上会显示对话的内容。

- NPC

游戏中设置了 3 个 NPC，她们会随机地走动。侠客通过与 NPC 的对话，可知道圣剑埋藏的位置。

● 场景

本游戏场景中含有草地、高山、树丛、湖泊等很多区域，其中只有草地区域才允许侠客及 NPC 通过。

9.2.2 本例效果

本例实际运行效果如图 9-2 所示。

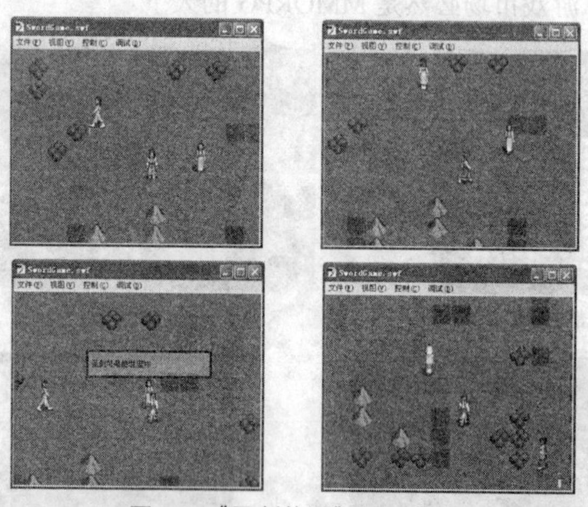

图 9-2 《圣剑传说》运行效果

9.2.3 资源文件的处理

制作本游戏之前，首先需要准备一张地图单元图片、3 张 NPC 行走图（人物走路的各种姿势）、一张主角行走图，各图片的规格如图 9-3 所示，图中的空白部分为透明色。

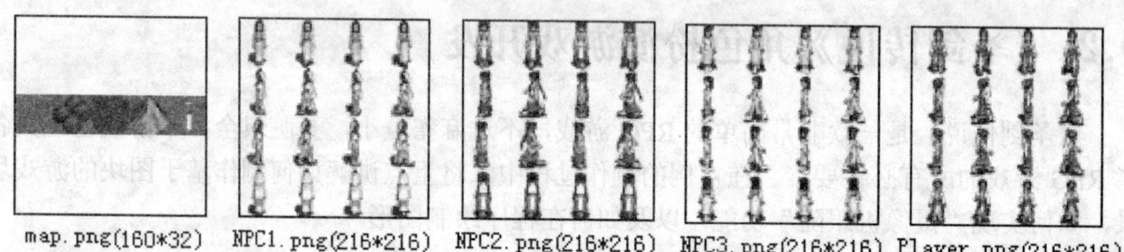

图 9-3 《圣剑传说》资源图片

如图 9-3 所示可知，每个地图单元的像素大小为 32×32，NPC 与主角图素单元的像素大小为 54×54。

9.2.4 开发流程（步骤）

本例开发分为 8 个流程（步骤）：①创建新项目、②绘制地图元件、③制作角色元件、④解决程序难点、⑤确定人物关系、⑥绘制程序流程图、⑦编写实例代码、⑧设置并发布产品，如图 9-4 所示。

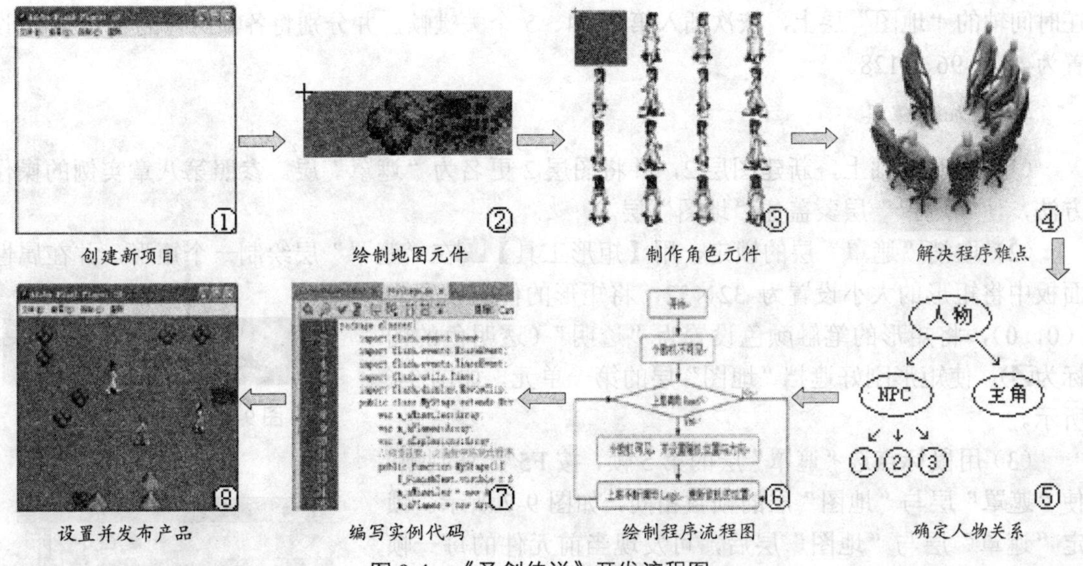

图 9-4 《圣剑传说》开发流程图

9.2.5 具体操作

流程 1 创建项目

打开 Flash 软件，仿照第三章所讲解的方法，创建新文档，并将其保存为“SwordGame.fla”。将场景的尺寸设置为 400×300。

本游戏的场景中存在多种元件，分别是地图的图块、各种 NPC、主角等元件。

流程 2 制作地图元件

角色扮演游戏的地图尺寸往往很大，不适合保存在同一张图片上，所以这种地图通常是由很多小图块拼接成的。由图 9-3 中的 map.png 文件可知，本游戏的地图是由 5 种不同的图块拼接成的。制作地图图块的方法如下所述。

1．导入图片文件

选择菜单命令【文件】→【导入】→【导入到库】，将 map.png 文件导入到当前项目的库列表中。此后，可以在库面板中找到新导入的“map.png”位图（图标为）以及系统自动生成的图形元件（默认名称为元件 1，图标为）。

2．修改元件属性

用鼠标右键点选元件 1，在弹出的菜单中选择【属性】，进入属性编辑窗口。将元件 1 的名称改为“地图块”，类型改为“影片剪辑”，最后单击【确定】按钮，如图 9-5 所示。

图 9-5 地图块元件的属性设置

3．移动元件图像

在库列表中，双击“地图块”元件，进入该元件的编辑界面。在时间轴上将图层 1 重新命名为“地图”，用鼠标点选“地图”层的第 2 帧，按 F6 键在该处插入关键帧。用【选择工具】选定地图实例，打开属性面板，将实例的 X 轴坐标设置为-32，使地图向左平移一个单元。

在时间轴的“地图”层上，依次插入第 3、4、5 个关键帧，并分别将各帧图像的 X 坐标值设置为-64、-96、-128。

4．增加遮罩层

（1）在时间轴上，新建图层 2，并将图层 2 更名为“遮罩”层。参照第八章实例的操作方法，使“遮罩”层蒙盖住“地图”层。

（2）取消“遮罩”层的锁定，用【矩形工具】在“遮罩”层绘制一个矩形，并在属性面板中将矩形的大小设置为 32×32，将矩形的位置设置为（0，0），将矩形的笔触颜色设置为“透明”（透明色的图标为），使矩形刚好遮挡“地图”层的第一单元，如图 9-6 所示。

（3）用鼠标点选“遮罩”层的第 5 帧，按 F5 键复制帧，使“遮罩”层与“地图”层的帧数相同，如图 9-7 所示。锁定“遮罩”层与“地图”层后，可发现当前元件的每一帧都将显示不同的单元图块。

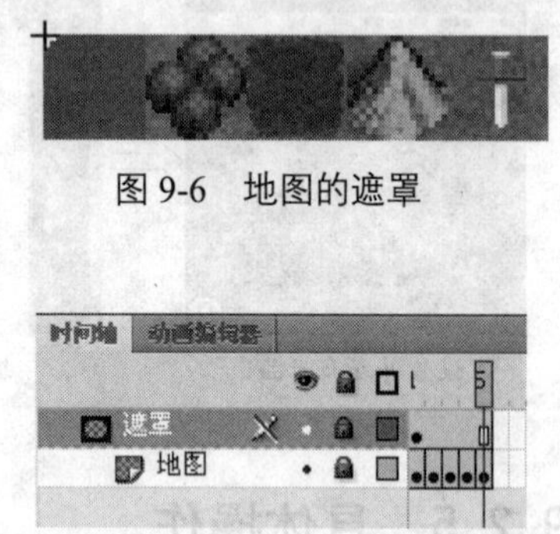

图 9-6　地图的遮罩

图 9-7　“地图块”元件的帧格式

（4）游戏程序中，可利用“地图块”元件来拼接场景地图，通过设置各图块的当前帧，就可以形成各种地图图案。

流程 3　制作角色元件

NPC 及主角元件的制作步骤如下所述。

1．导入图片文件

（1）选择菜单命令【文件】→【导入】→【导入到库】，将“NPC1.png”、“NPC2.png”、“NPC3.png”、“Player.png”文件导入到当前项目的库列表中。此后，可以在库面板中找到新导入的 3 份 NPC 位图以及系统自动生成的 3 个图形元件（默认名称为元件 2、元件 3、元件 4、元件 5，图标为）。

（2）参照“地图块”元件的制作方法，将 3 个 NPC 图形元件分别改名为“NPC1”、“NPC2”、“NPC3”，将主角图形元件改名为“主角”，并将这四个元件的类型全部更改成“影片剪辑”。

2．制作 NPC1

（1）在库列表中，双击“NPC1”元件，进入该元件的编辑界面。在时间轴上将图层 1 重新命名为“NPC”，新建“遮罩”层，并使“遮罩”层蒙盖住“NPC”层。

（2）取消“遮罩”层的锁定，用【矩形工具】在该层绘制大小为 54×54 的矩形，并将矩形的位置设置为（0，0），使矩形刚好遮挡 NPC 的第一单元，如图 9-8 所示。

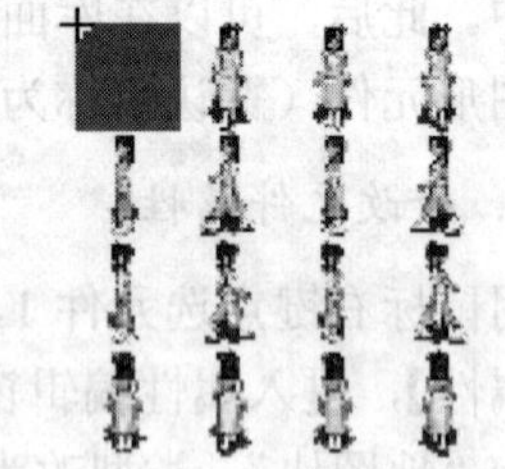

图 9-8　NPC 图层的遮罩

（3）锁定“遮罩”层，并解除“NPC”层的锁定，在“NPC”层插入 15 个新关键帧（该层共 16 个关键帧），调整各帧图像的位置，使当前元件的 1~4 帧显示 NPC1 向下行走的不同动作，5~8 帧显示 NPC1 向左行走的不同动作，5~8 帧显示 NPC1 向右行走的不同动作，5~8 帧显示 NPC1 向上行走的不同动作。将“遮罩”层与“NPC”层都锁定，按下回车键，可以预览 NPC1 的行走动画。

3. 绘制其他角色元件

参照 NPC1 的制作方法，制作 NPC2、NPC3 以及主角元件。

本游戏将在程序中动态地创建并设置各种元件实例。所以，此时无需在游戏场景中绘制任何图像，保持场景一片空白即可。至此，本游戏的绘图操作部分便已完成。

流程 4 解决程序难点

编写脚本代码，首先需要了解该游戏的制作难点，然后制定出各个难点的解决方法，最后才可进行真正脚本程序的编写。

1. 脚本制作难点

在本游戏的制作过程中会遇到以下几个难点：

（1）在绘制本例的场景及库元件时，没有像第八章那样，为主角、NPC 与地图块设置碰撞盒，在这种情况下应该如何进行他们之间的碰撞检测呢？

（2）如何通过地图块来拼接完整的场景地图？

（3）在本游戏中，当人物进行对话时系统会自动绘制半透明的对话框，并显示对话文字，那么该如何利用 ActionScript 语言动态地绘制图像？

（4）如何实现“摄像机跟随”功能？

“摄像机跟随”的定义见下文“难点的解决方法”中的讲解。

2. 难点的解决方法

- **主角、NPC、地图间的碰撞检测**

在本游戏中，人物（主角或 NPC）的碰撞检测区域位于脚底部分。如图 9-9 所示，人物与人物之间、人物与地图块之间的碰撞都发生在脚底部分。

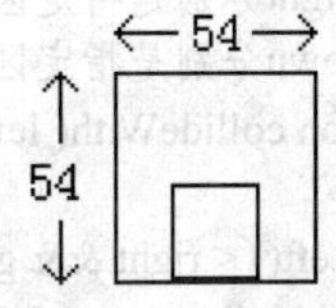

图 9-9 人物的碰撞检测

如图 9-9 所示，右侧的大黑框表示整个人物的图像区域，该区域的左上角对应人物实例的当前（x，y）坐标。图 9-9 右侧的小黑框表示人物脚底区域。该区域的宽度为 20，高度为 34。由如图 9-9 可知，人物的碰撞检测区域可表示为：

```
public function getLeft():Number            //获取检测区左边界的X坐标
{
    return this.x + 17;
}
public function getRight():Number           //获取检测区右边界的X坐标
{
    return getLeft() + 20;
}
```

```
public function getUp():Number                //获取检测区上边界的Y坐标
{
    return this.y + 34;
}
public function getDown():Number              //获取检测区下边界的Y坐标
{
    return getUp() + 20;
}
```

定义了矩形的碰撞检测区域值后，人物与人物、人物与地图间的碰撞检测，就演变为两个矩形是否相交的判断。两个矩形相交的形式有多种，如图 9-10 所示。

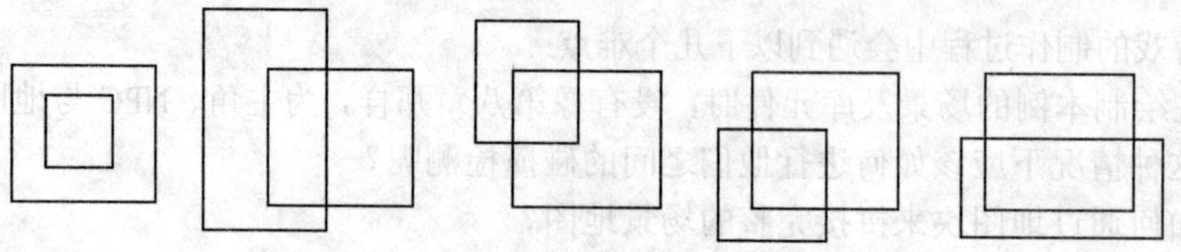

图 9-10　两矩形相交的各种形式

不过，这些相交形式都具有共同的特点。设第 1 个矩形的左上角坐标为（X1_Left、Y1_Up），右下角坐标为（X1_Right、Y1_Down）；设第 2 个矩形的左上角坐标为（X2_Left、Y2_Up），右下角坐标为（X2_Right、Y2_Down）；则无论哪种相交形式，都有：

X1_Left < X2_Right　　且　X1_Right > X2_Left　且

Y1_Up < Y2_Down　　且　Y1_Down > Y2_Up（注意计算机屏幕的纵轴朝下）

上面的条件是两矩形相交的充分必要条件。所以，可以通过下面的代码来进行人物间的碰撞检测。

```
//判断当前人物是否与指定区域发生碰撞
//参数left、right分别是指定区域左右边界的X坐标
//参数up、down分别是指定区域上下边界的Y坐标
public function collideWith( left:Number, right:Number, up:Number, down:Number ):Boolean
{
    if( getLeft() < right && getRight() > left &&
        getUp() < down && getDown() > up )
    {
        return true;
    }
    return false;
}
```

进行人物与场景地图块间的碰撞检测时，可先根据人物的当前坐标找出可能与人物发生碰撞的几个图块，然后再依次判断这些图块是否可以通过，以及是否与人物发生碰撞。具体的实现代码如下所述：

```
//判断地图是否与人物发生碰撞，如果发生碰撞返回true，否则返回false
//参数left、right分别是人物脚底区域左右边界的X坐标
//参数up、down分别是人物脚底区域上下边界的Y坐标
public function collideWith( left:Number, right:Number, up:Number, down:Number ):Boolean
{
```

```
        var start_col:int = left / 32;          //最左侧所在列的编号
        var start_row:int = up / 32;            //最上侧所在行的编号
        var end_col:int = right / 32;           //最右侧所在列的编号
        var end_row:int = down / 32;            //最下侧所在行的编号
        for( var col:int = start_col; col <= end_col; col ++ )
        {
            if( col < 0 || col >= m_nColCount )
                continue;                       //m_nColCount指定地图的总列数
            for( var row:int = start_row; row <= end_row; row ++ )
            {
                if( row < 0 || row >= m_nRowCount )
                    continue;                   //m_nColCount指定地图的总行数
                var cell:MapCell = m_aCells[row][col];
                if( cell.canPass() == true )    //如果该图块可以通过
                    continue;
                if( cell.x < right && cell.x + 32 > left &&
                    cell.y < down && cell.y + 32 > up )
                {
                    return true;                //图块不能通过，与人物发生碰撞
                }
            }
        }
        return false;                           //不发生碰撞，则返回false
    }
```

上面代码中，m_aCells 是存储所有地图块的二维数组，数组中的每个元素都是 MapCell 对象，而 MapCell 则是单个地图块的管理类，该类的主要功能请参见下一难点问题的解决方法。

- **解决地图拼接难题**

在前面的绘图操作中，已经制作了地图块元件，在拼接场景地图之前，需要先建立地图块元件的管理类（MapCell）。该类的主要功能是：根据不同的类型值来设置地图块的显示图像。MapCell 类的具体代码如下所述：

```
package classes
{
    import flash.display.MovieClip;                     //导入影片剪辑支持类
    public class MapCell extends MovieClip
    {
        public function MapCell()
        {
            this.stop();                                //停止动画自动播放
        }
        public function setType( type:int ):void
        {
            gotoAndStop(type);                          //设置图块的类型
        }
        public function canPass():Boolean               //判断图块是否能通行
        {
            if( this.currentFrame == 1 || this.currentFrame == 5 )
                return true;                            //1号与5号可通过
            return false;                               //其余图块不能通过
```

```
            }
        }
    }
```

有了图块管理类后，再通过图块来拼接完整的地图就比较方便了。在本章程序中，将定义 MyMap 类来管理整个地图，在该类中定义了一个存储所有图块的二维数组，通过设置数组中的各个图块的类型、位置就可以拼接出各种形状的场景地图。

MyMap 类中还增加了碰撞检测函数，用于检测指定区域是否与地图产生重叠。该类的具体代码如下所述：

```
package classes
{
    import flash.display.MovieClip;                              //导入影片剪辑支持类
    public class MyMap extends MovieClip
    {
        private var MAP_CELL:Array =                             //定义标识地图块类型的数组
            [4, 4, 4, 4, 4, 4, 4, 4, 4, 4, 4, 4, 4, 4, 4, 4, 4, 4, 4, 4,
             4, 1, 1, 1, 1, 1, 1, 1, 1, 1, 1, 1, 1, 1, 1, 1, 1, 1, 1, 4,
             4, 1, 2, 1, 1, 1, 1, 1, 1, 2, 1, 2, 1, 1, 1, 1, 1, 1, 1, 4,
             4, 1, 2, 1, 1, 1, 1, 1, 1, 1, 1, 1, 1, 1, 1, 1, 1, 1, 1, 4,
             4, 1, 1, 1, 1, 1, 1, 1, 1, 1, 1, 1, 1, 1, 1, 1, 1, 3, 1, 4,
             4, 1, 1, 1, 2, 1, 1, 1, 1, 1, 1, 1, 3, 3, 1, 1, 1, 3, 1, 4,
             4, 1, 1, 2, 1, 1, 1, 1, 1, 1, 1, 1, 1, 1, 1, 1, 1, 1, 1, 4,
             4, 1, 1, 1, 1, 1, 1, 1, 1, 1, 1, 1, 1, 1, 1, 1, 2, 3, 1, 4,
             4, 1, 1, 1, 1, 1, 1, 1, 1, 1, 1, 1, 1, 1, 1, 1, 1, 1, 1, 4,
             4, 1, 1, 1, 1, 1, 1, 1, 4, 1, 1, 1, 1, 1, 1, 1, 1, 1, 1, 4,
             4, 1, 1, 1, 3, 4, 1, 1, 1, 4, 1, 1, 1, 3, 1, 1, 1, 2, 1, 1, 4,
             4, 1, 1, 1, 3, 4, 1, 1, 1, 1, 4, 1, 3, 1, 1, 2, 2, 1, 1, 4,
             4, 1, 1, 1, 1, 4, 1, 1, 2, 1, 2, 2, 3, 1, 1, 1, 2, 1, 1, 4,
             4, 1, 1, 1, 1, 1, 1, 1, 1, 1, 1, 1, 1, 1, 1, 1, 1, 1, 5, 4,
             4, 4, 4, 4, 4, 4, 4, 4, 4, 4, 4, 4, 4, 4, 4, 4, 4, 4, 4, 3 ];
        private var m_nColCount:int = 20;                        //地图的列总数
        private var m_nRowCount:int = 15;                        //地图的行总数
        private var m_aCells:Array;                              //存储地图块的数组
        public function MyMap()
        {
            m_aCells = new Array();                              //创建地图数组
            for( var row:int = 0; row < m_nRowCount; row ++ )
            {
                m_aCells[row] = new Array();                     //创建每一行数组
                for( var col:int = 0; col < m_nColCount; col ++ )
                {
                    m_aCells[row][col] = new MapCell();  //创建地图块
                    var type:int = MAP_CELL[ row * m_nColCount + col ];
                    m_aCells[row][col].setType( type );          //设置图块类型
                    m_aCells[row][col].x = 32 * col;             //设置图块的位置
                    m_aCells[row][col].y = 32 * row;
                    this.addChild( m_aCells[row][col] );         //将图块放入场景
                }
            }
```

```
        }
        public function getWidth():int                              //获取地图的宽度
        {
                return m_nColCount * 32;
        }
        public function getHeight():int                             //获取地图的高度
        {
                return m_nRowCount * 32;
        }
        //判断地图是否与人物发生碰撞，如果发生碰撞返回true，否则返回false
        public function collideWith( left:Number, right:Number,
                                             up:Number, down:Number ):Boolean
        {
                ……，此处代码略，与上一难点解决方法中的同名函数代码相同
        }
    }
}
```

● **通过代码绘制图形与文本的方法**

在本游戏中，当人物进行对话时，系统会自动绘制半透明的对话框，并显示对话文字。在ActionScript语言中，可以通过Shape对象进行动态绘图。具体的方法如下所述：

```
private function createShape()
{
        m_Shape = new Shape();                                   //创建图形对象
        m_Shape.graphics.clear();                                //清除图形内容
        m_Shape.graphics.lineStyle(4);                           //设置线框宽度为4
        //将填充颜色设置为0xFFCC00，将填充区域的透明度设置为50%
        m_Shape.graphics.beginFill(0xFFCC00, 0.5);               //开始填充
        m_Shape.graphics.drawRoundRect(-75, -40, 200, 40, 0);    //绘制矩形区域
        m_Shape.graphics.endFill();                              //结束图形填充
        this.addChild( m_Shape );                                //将该图形放入场景
        this.setChildIndex( m_Shape, 0 );                        //设置图形在显示列表的索引
}
```

在ActionScript语言中，可以通过TextField对象动态地输出文本，具体的方法如下所述：

```
private function createText()
{
        m_Text = new TextField();                                //创建文本对象
        m_Text.x = -70;                                          //设置文本的位置
        m_Text.y = -30;
        this.addChild( m_Text );                                 //将文本放入场景
        this.setChildIndex( m_Text, 1 );                         //设置文本在显示列表的索引
}
```

● **"摄像机跟随"的实现**

"摄像机跟随"是RPG游戏中常用的一种技术，可以这样对它进行理解：首先，我们把屏幕上显示的图像当成是某个摄像机拍摄下来的。如果拍摄时，不管主角如何运动，摄像机镜头永远对准主角，那么最终显示在屏幕上的效果会是什么样的呢？那就是主角永远在屏幕的中心，而周围的场景会随着主角的运动而变化。

实现“摄像机跟随”的方法是：将地图、NPC、角色都交由一个场景类进行管理。在程序运行时，根据人物在场景中的位置来移动场景坐标，使人物始终处于舞台的中心，如图 9-11 所示。图中内部矩形表示舞台区域，而外部矩形表示整个场景区域。

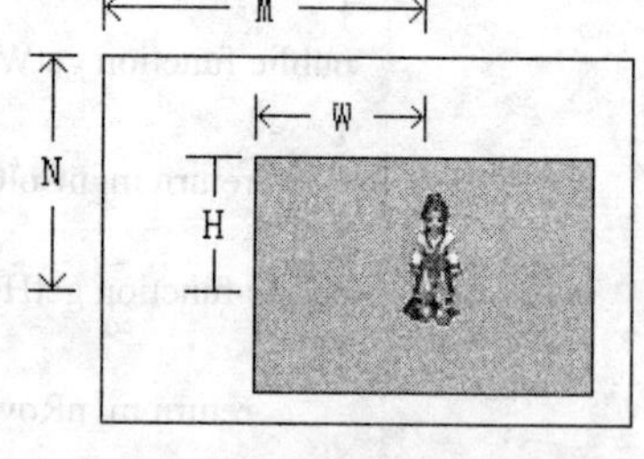

图 9-11 “摄像机跟随”的实现

设场景区域左上角的坐标值为（X，Y），则由图 9-11 可知：

X = –（M – W）；　　Y = –（N – H）

在本游戏中，实现“摄像机跟随”的具体代码如下所述：

```
private function setView()
{
    var W:int = this.stage.stageWidth / 2;          //计算图9-11中的W值
    var H:int = this.stage.stageHeight / 2;         //计算图9-11中的H值
    //当前类为场景类，而m_Player是场景中的子对象
    this.x = W - m_Player.x;                        //m_Player.x等于图9-11中的M
    this.y = H - m_Player.y;                        //m_Player.y等于图9-11中的N
    //下面代码是对场景进行调整，以避免舞台上出现空白画面
    if( this.x > 0 )                                //避免左右两侧出现空白画面
        this.x = 0;
    if( this.x < this.stage.stageWidth - m_Map.getWidth() )
        this.x = this.stage.stageWidth - m_Map.getWidth();
    if( this.y > 0 )                                //避免上下两侧出现空白画面
        this.y = 0;
    if( this.y < this.stage.stageHeight - m_Map.getHeight() )
        this.y = this.stage.stageHeight - m_Map.getHeight();
}
```

流程 5　确定人物关系

本游戏中存在很多人物对象，并且各种人物都具有很多相似性，确定他们之间的继承关系，也是制作程序的前提和基础。

在本游戏中 NPC1、NPC2、NPC3 三个元件都是 NPC 对象，它们肯定具有相同的特点。而 NPC 与主角又都属于人物对象，NPC 与主角之间也肯定具有相同的特点。所以本实例的代码中，可以定义如图 9-12 所示的人物继承关系，图中的箭头方向表示派生方向。

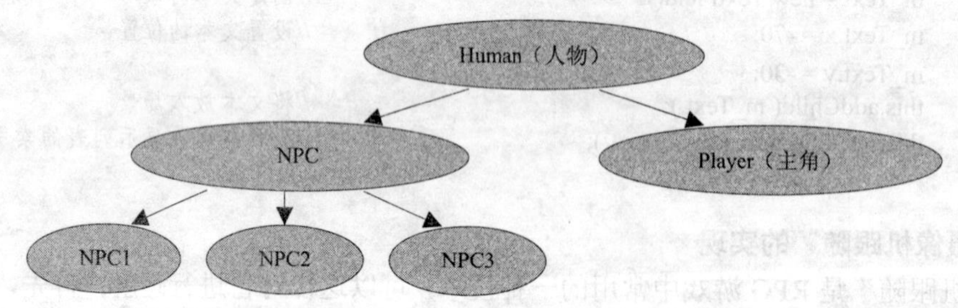

图 9-12 NPC 与主角的关系

1．NPC 与主角的相应特点

由图 9-12 可知，Human 是 NPC 与主角的基类。NPC 与主角的相同特点有：

（1）都具有各种行为状态，如停止、行走等。

（2）都需要向前移动，与场景发生碰撞后，都需要向后退。

（3）碰撞检测时，都只对人物的脚底区域进行检测。

根据以上信息，可建立 Human 类。该类的具体代码如下所述：

```
package classes
{
    import flash.display.MovieClip;                          //导入影片剪辑管理类
    public class Human extends MovieClip
    {
        //定义一组标识人物状态的数值
        public static var STATE_STOP          = 0;           //停止状态
        public static var STATE_MOVEUP        = 1;           //向上走
        public static var STATE_MOVEDOWN = 2;                //向下走
        public static var STATE_MOVELEFT      = 3;           //向左走
        public static var STATE_MOVERIGHT = 4;               //向右走
        protected var m_nState:int = STATE_STOP;             //当前的人物状态
        protected var m_Speed:Number = 2;                    //人物移动的速率
        protected var m_LastX:Number;                        //存储移动前的X轴位置
        protected var m_LastY:Number;                        //存储移动前的Y轴位置
        public function Human()
        {
            this.stop();                                     //取消动画的自动播放
        }
        public function setState( sta:int )                  //设置人物的状态
        {
            m_nState = sta;
        }
        public function Logic()                              //进行逻辑操作
        {
            switch( m_nState )
            {
            case STATE_MOVEUP:                               //向上移动
                Move( 13, 16, 0, -m_Speed );
                break;
            case STATE_MOVEDOWN:                             //向下移动
                Move( 1, 4, 0, m_Speed );
                break;
            case STATE_MOVELEFT:                             //向左移动
                Move( 5, 8, -m_Speed, 0 );
                break;
            case STATE_MOVERIGHT:                            //向右移动
                Move( 9, 12, m_Speed, 0 );
                break;
            default:
                break;
            }
```

```
        }
        //使人物进行移动
        //参数startFrame、endFrame分别表示移动动作的起始帧与终止帧
        //参数speedX、speedY分别表示移动的X轴速度与Y轴速度
        protected function Move( startFrame:int, endFrame:int, speedX:Number, speedY:Number )
        {
            if( this.currentFrame < startFrame || this.currentFrame >= endFrame )
            {
                gotoAndStop( startFrame );                      //从起始帧播放动画
            }
            else
            {
                nextFrame();                                    //播放下一帧动画
            }
            m_LastX = this.x;                                   //保存移动前的坐标
            m_LastY = this.y;
            this.x = this.x + speedX;                           //使人物移动
            this.y = this.y + speedY;
        }
        public function MoveBack()                              //使人物向后退
        {
            this.x = m_LastX;                                   //退回到移动前的位置
            this.y = m_LastY;
        }
        //以下几个函数内的代码省略，与第1个难点解决方法中的同名函数代码相同
        public function getLeft():Number { …… }
        public function getRight():Number { …… }
        public function getUp():Number { …… }
        public function getDown():Number { …… }
        public function collideWith( left:Number, right:Number,
                        up:Number, down:Number ):Boolean
        {
            ……，此处代码略，与本章实例制作“流程 4”中的同名函数代码相同
        }
    }
}
```

2．追加 NPC 共同特点

在图 9-12 中，NPC 即是 Human 的派生类，又是 NPC1、NPC2、NPC3 等类的基类，所以该类应在 Human 类的基础上，追加管理所有 NPC 的共同特点：

（1）所有 NPC 都需要设置初始位置。

（2）所有 NPC 都可自由移动，但不能离初始位置太远。

（3）当主角与 NPC 对话时，NPC 的上方要显示对话界面与对话文字。

根据以上信息，可建立 Human 类。该类的具体代码如下所述：

```
package classes
{
    import flash.display.MovieClip;                             //导入影片剪辑支持类
    import flash.text.TextField;                                //导入文本对象支持类
    import flash.display.Shape;                                 //导入图形对象支持类
```

```
public class NPC extends Human
{
    protected var m_nThinkTime:int = 10;                    //思考的间隔时间
    protected var m_InitX:Number;                           //初始的X坐标
    protected var m_InitY:Number;                           //初始的Y坐标
    protected var m_Text:TextField;                         //文本对象
    protected var m_Shape:Shape;                            //图形对象
    public function NPC()
    {
        createShape();                                      //创建图形对象
        createText();                                       //创建文本对象
        m_Shape.visible = false;                            //令图形与文本暂不可见
        m_Text.visible = false;
    }
    private function createShape()
    {
        ……，此处代码略，与本章实例制作“流程4”中的同名函数代码相同
    }
    private function createText()
    {
        ……，此处代码略，与本章实例制作“流程4”中的同名函数代码相同
    }
    public function setInitPos( px:Number, py:Number )      //设置初始位置
    {
        this.x = px;                                        //更新NPC坐标
        this.y = py;
        m_LastX = this.x;
        m_LastY = this.y;
        m_InitX = this.x;                                   //保存初始位置
        m_InitY = this.y;
    }
    override public function Logic()                        //逻辑操作
    {//关键词override表示覆盖基类的相同函数
        if( m_Text.visible == true )                        //正在对话
            return;                                         //则不能逻辑思考
        Thinking();                                         //先进行思考
        super.Logic();                                      //调用基类的Logic
        if( this.x > m_InitX + 64 || this.x < m_InitX - 64 ||
            this.y > m_InitY + 64 || this.y < m_InitY - 64 )
        {                                                   //离初始位置太远
            MoveBack();                                     //则后退
        }
    }
    private function Thinking()                             //思考下一步行动计划
    {
        if( m_nThinkTime > 0 )                              //思考时间未到
        {
            m_nThinkTime --;
            return;                                         //退出，不进行思考
        }
        m_nThinkTime = 10;
```

```
                var sta:int = Math.random() * 5;                    //随机获取行为状态
                setState(sta);                                      //设置下一步的行为
            }
            public function setDialog( bDialog:Boolean )            //设置对话界面
            {
                if( m_Text.visible == true )                        //如果正在显示对话
                {
                    m_Text.visible = false;                         //隐藏对话界面
                    m_Shape.visible = false;
                }
                else
                {
                    m_Text.visible = bDialog;                       //显示或隐藏对话界面
                    m_Shape.visible = bDialog;
                }
            }
        }
    }
```

流程 6 绘制程序流程图

本实例的程序流程如图 9-13 所示，这里将流程图标识为 A、B、C 三个部分，以便与“流程 7”中的具体代码相对应。

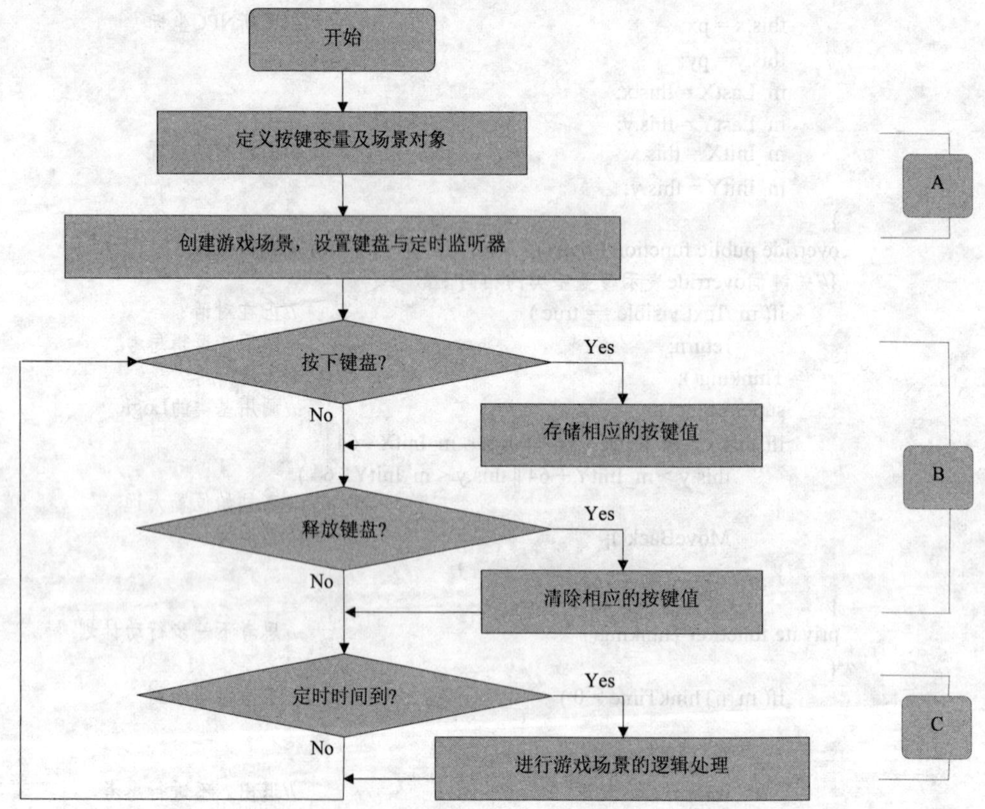

图 9-13 SwordGame 类的程序流程图

流程 7　编写实例代码

难点问题逐一解决后，开始编写本游戏的脚本程序。参照第三章所讲解的方法，在 SwordGame.fla 所在的目录中创建 classes 文件夹，然后在 Flash 中新建 10 个 ActionScript 文件，分别命名为 Human.as（人物的公共基类）、Player（对应主角元件）、NPC（所有 NPC 的公共基类）、NPC1（对应 NPC1 元件）、NPC2（对应 NPC2 元件）、NPC3（对应 NPC3 元件）、MapCell（对应地图块元件）、MyMap（管理整个地图）、MyScene（管理整个场景）、SwordGame.as（对应游戏舞台）。

Human、NPC、MapCell、MyMap 等类的代码已在本章 9.2.4 小节中给出，其他类的功能、程序流程与具体代码如下所述。

1．编写 Player 类的代码

Player 类用于管理主角元件，与该类相关的信息有：

（1）Player 也是 Human 的派生类，它是特殊的人物类。

（2）用户可通过键盘移动主角。

根据以上信息，可创建 Player 类，该类的代码如下所述：

```
package classes
{
    import flash.display.MovieClip;                          //导入影片剪辑支持类
    import flash.ui.Keyboard;                                //导入键盘事件支持类
    public class Player extends Human
    {
        public function Player()
        {
            this.x = 240;                                    //设置主角的初始位置
            this.y = 200;
            m_LastX = this.x;                                //保存移动前的位置
            m_LastY = this.y;
        }
        public function Input( keyCode: int )                //处理用户输入
        {
            switch( keyCode )                                //keyCode是当前的按键值
            {
            case Keyboard.UP:                                //向上走
                setState( STATE_MOVEUP );
                break;
            case Keyboard.DOWN:                              //向下走
                setState( STATE_MOVEDOWN );
                break;
            case Keyboard.LEFT:                              //向左走
                setState( STATE_MOVELEFT );
                break;
            case Keyboard.RIGHT:                             //向右走
                setState( STATE_MOVERIGHT );
                break;
            default:
                setState( STATE_STOP );                      //停止
```

```
                    break;
                }
            }
        }
    }
```

2．编写 NPC1、NPC2、NPC3 类的代码

在本游戏中，所有 NPC 的共同特点都由 NPC 类进行管理，而各种 NPC 只是对话内容和初始位置略有不同，所以 NPC1、NPC2、NPC3 类的代码都比较简单。NPC1 类的代码如下所述：

```
package classes
{
    public class NPC1 extends NPC
    {
        public function NPC1()
        {
            super();
            setInitPos( 160, 120 );                        //设置初始位置
            m_Text.text = "你要找圣剑吗?我不知道哦!";        //设置对话内容
        }
    }
}
```

NPC2、NPC3 与 NPC1 类的代码相似，只是初始位置与对话内容不同，可参照 NPC1 类的代码来完成 NPC2 与 NPC3 类。

3．编写 MyScene 类的代码

MyScene 是游戏场景的管理类，该类的主要功能有：

（1）它是所有场景对象的容器。

（2）需要对所有场景对象进行逻辑处理。

（3）需要调整人物的显示顺序，以实现人物间的遮挡关系。

（4）需要实现"摄像机跟随"功能。

MyScene 类的具体代码如下所述：

```
package classes
{
    import flash.display.MovieClip;                    //导入影片剪辑支持类
    import flash.ui.Keyboard;                          //导入键盘事件支持类
    public class MyScene extends MovieClip
    {
        private var m_Map:MyMap;                       //场景地图
        private var m_aNpcs:Array;                     //所有的NPC
        private var m_Player:Player;                   //游戏主角
        public function MyScene()
        {
            m_Map = new MyMap();                       //创建地图
            this.addChild( m_Map );                    //将地图放入场景
            m_aNpcs = new Array();                     //创建存储数组
```

```
        var npc1:NPC1 = new NPC1();                         //创建NPC1
        this.addChild( npc1 );                              //将NPC1放入场景
        m_aNpcs.push( npc1 );                               //将NPC1放入数组
        var npc2:NPC2 = new NPC2();                         //创建NPC2
        this.addChild( npc2 );                              //将NPC2放入场景
        m_aNpcs.push( npc2 );                               //将NPC2放入数组
        var npc3:NPC3 = new NPC3();                         //创建NPC3
        this.addChild( npc3 );                              //将NPC3放入场景
        m_aNpcs.push( npc3 );                               //将NPC3放入数组
        m_Player = new Player();                            //创建游戏主角
        this.addChild( m_Player );                          //将游戏主角放入场景
    }
    public function Logic( keyCode: int )
    {
        m_Player.Input(keyCode);                            //进行按键处理
        m_Player.Logic();                                   //处理主角逻辑
        if( m_Map.collideWith( m_Player.getLeft(), m_Player.getRight(),
                               m_Player.getUp(), m_Player.getDown() ) )
        {                                                   //如果主角与地图碰撞
            m_Player.MoveBack();                            //主角向后退
        }
        for each( var npc in m_aNpcs )
        {
            npc.Logic();                                        //处理NPC逻辑
            if( m_Map.collideWith( npc.getLeft(), npc.getRight(),
                                   npc.getUp(), npc.getDown() ) )
            {                                                   //如果NPC与地图碰撞
                npc.MoveBack();                                 //NPC向后退
            }
            if( npc.collideWith( m_Player.getLeft(), m_Player.getRight(),
                                 m_Player.getUp(), m_Player.getDown() ) )
            {                                                   //如果NPC与主角碰撞
                m_Player.MoveBack();                            //主角向后退
                npc.MoveBack();                                 //NPC向后退
            }
            if( keyCode == Keyboard.SPACE )                     //如果按下了空格键
            {
                if( npc.collideWith( m_Player.getLeft() - 10,
                        m_Player.getRight() + 10,m_Player.getUp() - 10,
                        m_Player.getDown() + 10 ) )
                {                                               //如果NPC与主角很近
                    npc.setDialog(true);                        //进行对话
                }
                else
                {
                    npc.setDialog(false);                       //否则不能对话
                }
            }
        }
        orderChilds();                                          //设置人物的显示顺序
        setView();                                              //实现"摄像机跟随"
```

```
        }
        private function orderChilds():void
        {
            for( var i = 0; i < m_aNpcs.length; i ++ )
            {
                var indexP = this.getChildIndex( m_Player );
                var indexN = this.getChildIndex( m_aNpcs[i] );
                if( indexP < indexN && m_Player.y > m_aNpcs[i].y )
                {//如果主角位于NPC的下方，需要先显示NPC
                    this.setChildIndex( m_aNpcs[i], indexP );
                }
                if( indexP > indexN && m_Player.y < m_aNpcs[i].y )
                {//如果主角位于NPC的上方，需要先显示主角
                    this.setChildIndex( m_Player, indexN );
                }
            }
        }
        private function setView()
        {
            ……，此处代码略，与本章实例制作“流程4”中的同名函数代码相同
        }
    }
}
```

4．编写 SwordGame 类的代码

SwordGame 类对应游戏的舞台，该类的程序流程如图 9-13 所示。具体代码如下所述：

```
package classes
{
    import flash.display.MovieClip;                  //导入影片剪辑支持类
    import flash.events.KeyboardEvent;               //导入键盘事件支持类
    import flash.events.TimerEvent;                  //导入定时事件支持类
    import flash.utils.Timer;                        //导入定时器支持类
    public class SwordGame extends MovieClip
    {
        //这里完成图9-13中A部分的功能
        var m_KeyCode:int = -1;                      //定义按键变量
        var m_Scene:MyScene;                         //定义游戏场景对象
        public function SwordGame()
        {
            m_Scene = new MyScene();                 //创建游戏场景
            this.addChild( m_Scene );                //将场景放入舞台
            this.setChildIndex( m_Scene, 0 );
            //设置键盘监听器
            this.stage.addEventListener(KeyboardEvent.KEY_DOWN,onKeyboardDown);
            this.stage.addEventListener(KeyboardEvent.KEY_UP,onKeyboardUp);
            var myTimer:Timer = new Timer(150, 0);   //创建定时器
            myTimer.addEventListener("timer", timerHandler );  //注册定时函数
            myTimer.start();                         //启动定时器
        }
        //下面两个函数共同完成图9-13中B部分的功能
```

```
        public function onKeyboardDown( e:KeyboardEvent ):void
        {
            m_KeyCode = e.keyCode;                          //存储按键值
        }
        public function onKeyboardUp( e:KeyboardEvent ):void
        {
            m_KeyCode = -1;                                 //释放按键值
        }
        public function timerHandler(e:TimerEvent):void
        {//这里完成图9-13中C部分的功能
            m_Scene.Logic( m_KeyCode );                     //进行场景的逻辑处理
        }
    }
}
```

流程 8　设置并发布产品

所有代码编写完成后，需要将这些类与相应的库元素逐一关联起来，参照前面章节的操作方法，将 SwordGame 类与游戏舞台相关联，将 Player 类与“主角”元件相关联，将 MapCell 类与地图块元件相关联，将 NPC1、NPC2、NPC3 与 3 个 NPC 元件相关联。

编译并调试程序后，运行项目并发布产品，可以看到如图 9-2 所示的效果。

本章小结

一个完整的 RPG 游戏至少要有故事情节、人物、NPC 和场景四个要素。其中，NPC 就是游戏中不受游戏者操作控制的角色，它们通常为游戏中城镇或村落里的商人，游戏人物通过与 NPC 的对话来进行物品交易或者获得信息。

游戏中的碰撞检测，往往可以演变为两个矩形是否相交的判断。虽然两个矩形相交的形式有多种，但都具有相同的相交条件。

RPG 游戏的场景往往很大，这类游戏的地图往往是由多个“地图块”拼接成的。

在 ActionScript 语言中，可以通过 TextField 对象动态地输出文本，通过 Shape 对象进行动态绘图。

思考与练习

1．请说出角色扮演游戏的特点及分类。
2．角色扮演游戏的四要素是什么？
3．开发角色扮演游戏时要注意哪些问题？
4．在 ActionScript 语言中，TextField 与 Shape 类的主要功能是什么？
5．在本游戏中，如何处理主角与 NPC 的关系？
6．“摄像机跟随”的定义是什么？如何实现“摄像机跟随”功能？
7．当游戏的地图很大时，通常需要采用怎样的方法来进行处理？
8．如何判断两个矩形区域是否相交？

第十章　开发冒险游戏

内容提要

本章由4节组成。首先介绍冒险游戏的特点、分类、用户群体、开发要求、发展史，接着通过实例《超级马里奥》讲解冒险游戏开发的全过程。最后是小结和作业安排。

学习重点

- 冒险游戏概述
- 《超级马里奥》游戏开发流程的设计与实现

教学环境：计算机实验室

学时建议：8小时（其中讲授2小时，实验6小时）

还记得童年时代给我们带来无限欢乐的超级马里奥吗？那个美国籍的意大利人，矮个子、大鼻子、上翘的大胡子、写有M的红色帽子，想必你一定不会忘记。让我们重温超级马里奥的超级故事，再一次体验马里奥给我们带来的快乐吧。

10.1　概述

冒险游戏的英文名是Adventure Game，简称AVG，是指由玩家控制游戏人物进行虚拟冒险的游戏。这类游戏的故事情节往往以完成某个任务或解开某些谜题的形式展开，而且在游戏过程中刻意强调谜题的重要性。

《冒险岛》、《超级马里奥》、《生化危机》等游戏都是经典的冒险游戏的代表作。冒险游戏充满了幻想与悬念，深受很多年轻玩家的喜爱。

10.1.1　冒险游戏的特点

冒险游戏有些类似于RPG游戏，但在冒险游戏中角色本身的属性能力一般是固定不变的，并且不会影响游戏的进程。

冒险游戏主要考验玩家的观察能力与分析能力，更多强调故事线索的发掘。游戏的故事内容通常比较复杂，玩家需要不断地解开各种谜题才能完成游戏。这种游戏的题材多以恐怖、探险为主，充满悬念、冒险，情节曲折惊险。

10.1.2　冒险游戏的分类

冒险游戏可以分为：

1. 文字冒险游戏

文字冒险游戏也属于文字游戏，它以文字叙述为主，而且游戏内容中充满着探险、解谜等元素。

2. 动作冒险游戏

动作冒险游戏融合了动作游戏的一些特征。游戏过程中，游戏者不仅要搜集过关的关键物品，还要与游戏中的其他角色进行战斗，只有打败各种对手并通过各种险要的地形才能过关。

3. 恐怖冒险游戏

恐怖冒险游戏中充满着死亡、黑暗、鬼怪、疾病、猛兽……这类游戏画面阴暗，背景音乐阴沉紧张，而且常常以揭开谜题的方式来展开故事情节。

10.1.3 冒险游戏的用户群体

冒险游戏的用户群往往具有以下特点:

（1）大多是年轻人，而且多为男性。

（2）喜欢探索，惊险刺激。

（3）他们喜欢恐怖题材的电影。

（4）他们的想象力比较丰富。

10.1.4 冒险游戏的开发要求

在冒险游戏中，游戏场景的布置要围绕谜题的设计，有些场景是在谜题被揭开后才能允许角色进入。场景中，与谜题相关的摆设需要在颜色或样式上有所突出，使细心的玩家能够感觉到此处存在玄机。

10.1.5 冒险游戏的发展史

1. 文字冒险游戏

- **《猎杀乌姆帕斯》、《探险》、《魔域帝国》**

早期的文字游戏基本都属于文字冒险游戏，如《猎杀乌姆帕斯》、《探险》、《魔域帝国》等游戏。这些游戏给玩家带来了无限快乐，但随着图形显示技术的进步，文字冒险游戏已经渐渐退出游戏的舞台。

2. 动作冒险游戏

- **《冒险记》(Pitfall)**

动作冒险游戏是由动作闯关游戏演变而来的，有些类似 RPG 游戏。1982 年，《冒险记》（Pitfall）的诞生给玩家带来了新的游戏种类——动作冒险游戏，里面的角色可以跑和跳，并且要越过许多障碍及陷阱。

- **《超级马里奥》**

1985 年，任天堂公司将《Pitfall》的游戏精髓发扬光大，创造了经典的动作冒险游戏:《超级马里奥》。在《超级马里奥》中，游戏主角基本是靠跳跃来完成各种冒险操作的。

- **《高桥名人之冒险岛》**

1986 年，HUDSON 公司开发出一款经典的动作冒险游戏——《高桥名人之冒险岛》。游戏主人公（高桥名人）原本是一个著名的游戏玩家。高桥名人本名高桥利幸，在还没有所谓的连发摇杆时代，他能打出“16 连射”的游戏效果，当时被奉为电玩界第一高手，据说他用手指连点的力量甚至可以在一瞬间让西瓜爆裂。后来，高桥名人被 Hudson 公司聘用，这位电玩高手也转眼成了日本家喻户晓的大明星，被日本青少年视为英雄，他还主演过的几部电影。

- **《魔界村》、《恶魔城》**

80 年代中期发布的《魔界村》、《恶魔城》等游戏在动作冒险游戏中增加了恐怖元素，但是这些游戏营造的恐怖气氛不够浓，还不能算作是真正的恐怖冒险游戏。

- **《古墓丽影》**

90 年代，全世界掀起一股追求高速度、高清晰图像的潮流。在此期间 3D 技术也开始融入游戏当中，从而产生了很多 3D 动作冒险游戏。1996 年，一位数字女人给整个游戏界带来了惊喜，她就是《古墓丽影》中的女主角"劳拉"。《古墓丽影》的成功也标志着 3D 动作冒险游戏历史的革新。《古墓丽影》中，劳拉要面临许多危险：滚动的大石头、旋转的刀片、钉坑以及其他设置巧妙的陷阱。游戏采用 3D 环境音效，各种声音会根据主角的位置来自动改变音量，使玩家真正感受到危机四伏。《古墓丽影》的广告词说得好："是你操纵她！但是她却控制了你！"

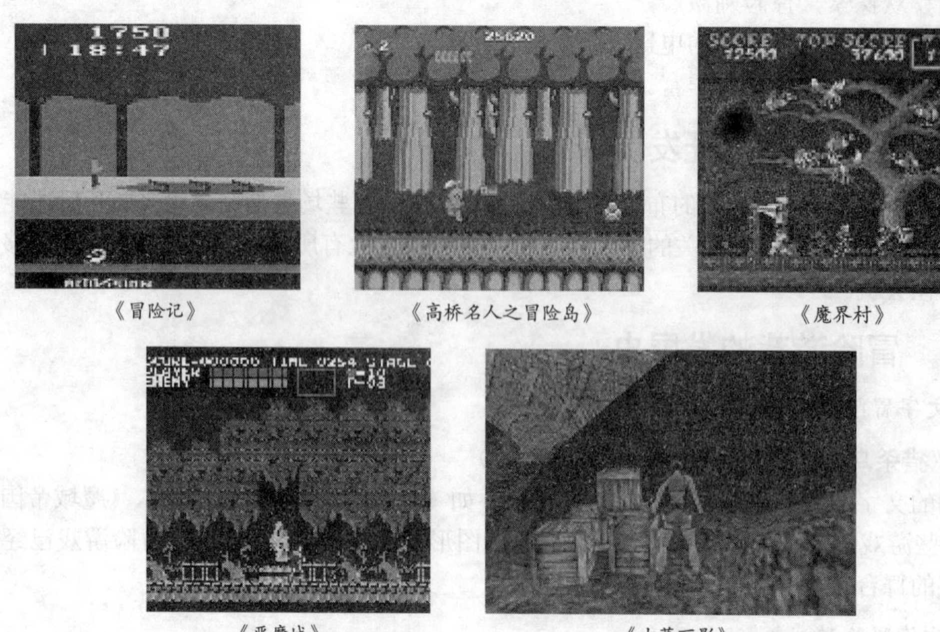

《冒险记》　《高桥名人之冒险岛》　《魔界村》

《恶魔城》　《古墓丽影》

图 10-1　动作游戏代表

3．恐怖冒险游戏

- **《第七访客》**（THE 7TH GUEST）

90 年代初期，PC 平台上也诞生了许多优秀的恐怖解谜游戏，其代表作有 1992 年 BRODERBUND 公司推出的《MYST（神秘岛）》和 1993 年 Trilobyte 公司制作的《第七访客》（THE 7TH GUEST），它们将恐怖气氛和解谜的游戏方式相结合，让玩家在深入的思考中进行恐怖环境的体验。这两款游戏中增加了大段的视频回放，进一步渲染恐怖的气氛。在这两款游戏中，悬念和解谜的结合有着很好的效果，事实证明，在游戏的表现手法中，悬念和解谜有着一种天生的契合，所以后来的恐怖游戏都带有大量的解谜成分。但在这两款游戏中，玩家除了解谜之外可以掌控的部分实在是太少，他们期待可以实现更高自由度的恐怖游戏。

● 《鬼屋魔影》(Along int the dark)

1993 年，法国 I-MOTION 公司出品的《鬼屋魔影》(Along int the dark)是恐怖冒险游戏中的里程碑，它对游戏恐怖效果的探索对后来恐怖游戏贡献极大，基本决定了今后恐怖冒险游戏的形式：第三人称视角、3D 多边形构筑的角色、电影般的镜头剪切。《鬼屋魔影》的灵感来源于 H.P.Lovecraft 的小说，讲述了主人公孤身一人在一间恐怖大屋中游历，期间发生了各种诡异的事情，还碰到了让人毛骨悚然的鬼怪幽灵。虽然《鬼屋魔影》进行了很多前卫的尝试，但是由于当时游戏画面表现能力不足，图像质量比较拙劣，使很多创意大打折扣。

● 《生化危机》

1996 年 3 月，CAPCOM 的《生化危机》横空出世，标志着游戏对于视觉恐怖手法的运用开始走向成熟。《生化危机》借鉴了《鬼屋魔影》的大量元素，将恐怖电影手法大量地运用到游戏中来，而图像技术的进步又将视觉恐怖发挥到了极致。即使到现在，很多玩家仍然还对那副正在啃食尸体、全身腐烂、血肉模糊的面孔记忆犹新，这在当时所造成的视觉冲击效果十分震撼。另外，还有成群结队的僵尸、破窗而入的僵尸犬、从窗缝伸过来的一只只手臂等。《生化危机》游戏的恐怖气氛是建立在视觉恐怖手法之上的，但也并非没有悬念、恐怖的成分，只是表现手法尚不成熟，大多数只能作为推进剧情的线索而存在，对于恐怖气氛的渲染力度不够，远远没有游戏的视觉恐怖成分多，而且随着续作的推出，这些悬念和恐怖成分渐渐被消耗殆尽。

● 《寂静岭》

1999 年 3 月 4 日，KONAMI 的《寂静岭》为正在与视觉恐怖纠缠不休的恐怖游戏界吹来了一股强劲的心理悬念风。1999 年，KONAMI 的《寂静岭》制作小组为了遮掩 PS 游戏机性能的缺陷，不得不用一片迷雾遮住全三维多边形构成的小镇的远景，期望以少量的多边形和材质贴图达到较好的效果。但这一遮却将整个小镇笼罩在层层迷雾之中，在这层安静而又缥缈的迷雾之下，发生的一切却又如此诡异离奇，似乎隐藏着什么巨大的危险，能清楚地感觉到但又摸不着，逐渐积累的未知与恐怖气氛噬咬着玩家的内心。而这层挥之不去的迷雾却又像一堵墙一般阻断着玩家和真实之间的距离，一次次的探索，一次次的解谜始终将自己推向更大的谜团，一直到游戏结束，寂静岭似乎还有无穷无尽的未知尚未被揭晓，这就是游戏版本的心理恐怖，《寂静岭》将恐怖游戏的发展带入了一个新的时代。从《寂静岭》开始，游戏开始真正尝试使用自己的特点营造恐怖感而并非是单纯的借鉴，这是拥有里程碑式意义的。

《寂静岭》二代甚至被不少玩家当做神作，因为它不仅和前作一样将镜头对准外部世界的未知，也将镜头对准了人性这一内部世界的未知。《寂静岭 2》对于人性的挖掘是相当深刻的，至今仍很难有游戏可以与之比肩。

《神秘岛》

《第七访客》

《鬼屋魔影》

图 10-2　恐怖冒险游戏代表

《生化危机》　　　　《寂静岭》

图 10-2　恐怖冒险游戏代表（续）

10.2 《超级马里奥》冒险游戏开发

《超级马里奥》是一款经典的冒险游戏，它会让很多玩家回忆起美妙愉快的童年。在实例的制作过程中，将重点讲解如何使用引导层，如何使用系统提供的公共元件，如何制作开机界面，如何播放声音，以及如何动态加载 XML 文件。

10.2.1　操作规则

在本游戏中，游戏者将控制“马里奥”进行冒险。游戏中，按左右方向键可移动“马里奥”，按向上键可使“马里奥”跳跃。“马里奥”可以踩死怪物，可以顶碎砖块，也可以拾取金币。“马里奥”被怪物袭击（从左右方向与怪物相撞）会失去生命。

10.2.2　本例效果

本例实际运行效果如图 10-3 所示。

图 10-3 《超级马里奥》运行效果

10.2.3　资源文件的处理

制作本游戏之前，首先需要准备标题图片（title.bmp）、地图单元图片（map.png）、砖块图片（brick.png）、马里奥图片（mario.png）、怪物图片（enemy.png），各图片的规格如图 10-4 所示，图中的空白部分为透明色。

由图 10-4 可知，每个地图单元的像素大小为 32×32，怪物的单元大小为 32×32，而马里奥的单元大小为 32×64。

title.bmp

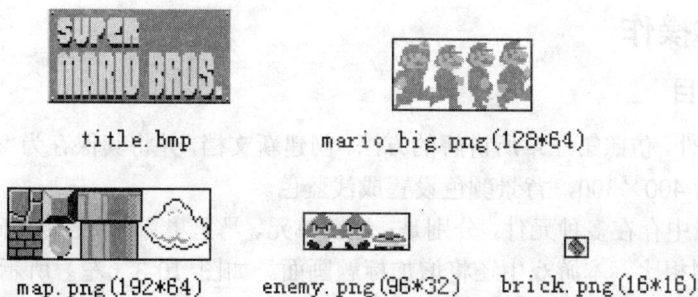

mario_big.png(128*64)

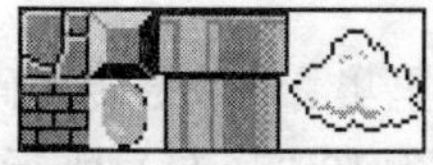

map.png(192*64)

enemy.png(96*32)

brick.png(16*16)

图 10-4 《超级马里奥》资源图片

此外，本游戏中还将播放背景音乐与马里奥的各种动作音效。游戏所需要的两个音效文件为：back.mp3（背景音乐）、brick.mp3（马里奥撞碎砖块的音效）、coin.mp3（马里奥拾取金币的音效）、jump.mp3（马里奥跳跃的音效）、collide.mp3（马里奥撞墙的音效）、dead.mp3（马里奥死亡的音效）。

10.2.4 开发流程（步骤）

本例开发分为 11 个流程（步骤）：①创建项目、②制作地图块元件、③制作马里奥与怪物、④制作砖块动画、⑤制作标题画面、⑥掌握 XML 文件读取方法、⑦掌握声音播放方法、⑧解决程序难点、⑨绘制程序流程图、⑩编写脚本代码、⑪设置并发布产品，如图 10-5 所示。

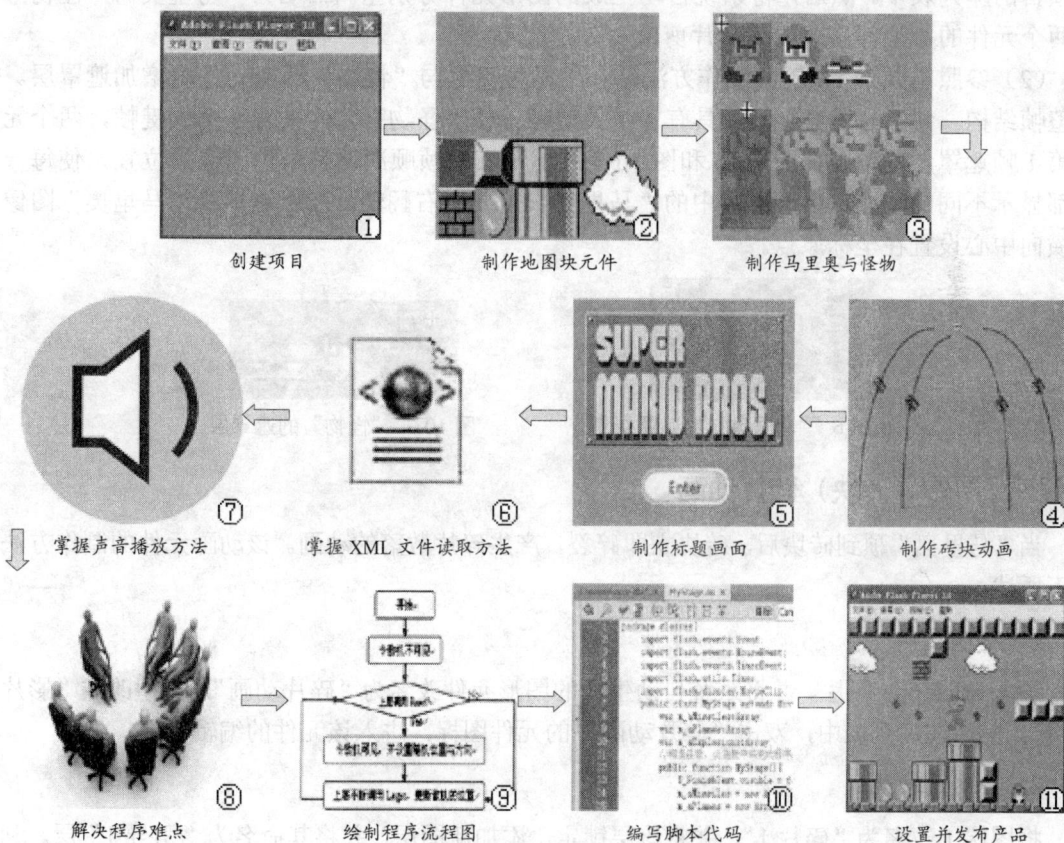

①创建项目 ②制作地图块元件 ③制作马里奥与怪物

④制作砖块动画 ⑤制作标题画面 ⑥掌握 XML 文件读取方法 ⑦掌握声音播放方法

⑧解决程序难点 ⑨绘制程序流程图 ⑩编写脚本代码 ⑪设置并发布产品

图 10-5 《超级马里奥》开发流程图

10.2.5 具体操作

流程 1 创建项目

打开 Flash 软件，仿照第三章所讲解的方法，创建新文档，并将其保存为“MarioGame.fla”。将舞台尺寸设置为 400×300，背景颜色设置成浅蓝色。

本游戏的场景中存在多种元件，分别是：地图单元、马里奥、怪物、砖块碎裂动画等元件。与前面的游戏实例相比，本游戏中还将增加标题画面。如图 10-3（左）所示，游戏软件被打开后，会先显示标题画面，玩家点击 Enter 按钮才能进入真正的游戏。

流程 2 制作地图单元块元件

（1）仿照第九章地图块元件的制作方法，将本章资源中的“map.png”文件导入到当前项目的库列表中。然后，将系统自动生成的图形元件（默认名称为元件 1，图标为▣）的名称改为“地图块”，类型改为“影片剪辑”。

（2）参照第九章图块元件的制作方法，在“地图块”元件中加入遮罩层，并设置 14 个关键帧，使每一帧都显示不同的单元图块。

流程 3 制作马里奥与怪物元件

（1）参照第九章实例的制作方法，将“mario.png”、“enemy.png”等文件依次导入到当前项目的库列表中。然后，将系统自动生成的图形元件分别重新命名为“马里奥”、“怪物”，将两个元件的类型都修改成“影片剪辑”。

（2）参照第九章 NPC 的制作方法，在“马里奥”与“怪物”两个元件内增加遮罩层。调整帧结构，使“马里奥”元件具有 4 个关键帧，使“怪物”元件具有三个关键帧，两个元件第 1 帧遮罩层的位置如图 10-6 和图 10-7 所示，其他帧顺次调整角色图像的位置，使每一帧都显示不同的动作。由于游戏中的“马里奥”需要左右翻转，所以这里将“马里奥”图像的横向中心设置在坐标原点。

图 10-6 “马里奥”的遮罩层

图 10-7 “怪物”的遮罩层

流程 4 制作（砖块）碎片动画

当“马里奥”顶到砖块后，砖块立即碎裂，产生碎片散落的动画。该动画元件的制作方法如下所述。

1. 导入图片

导入 brick.png 图片，并将系统自动生成的图形元件改名为“碎片动画”，类型改成“影片剪辑”。然后在库列表中，双击“碎片动画”的元件图标，进入该元件的编辑界面。

2. 绘制运动轨迹

将图层 1 改名为“碎片 1”，并将该层锁定。添加新图层，并将其命名为“引导 1”层。利用【铅笔工具】✏，在“引导 1”层绘制碎片的运动轨迹（一条抛物线）。还可以通过【选择工具】来调整曲线的弧度。如图 10-8 所示，当鼠标下方出现小弧线时，点选并拖动鼠标，就可以调整曲线的弧度。

3．调整帧结构

运动轨迹绘制完毕后，用鼠标右键点选“引导 1”层，在弹出的菜单中选择“引导层”，拖动“碎片 1”层的图标，使该层成为“引导 1”层的子层，如图 10-9 所示。用鼠标点选“碎片 1”层的第 10 帧，按 F6 键插入关键帧。再次用鼠标点选“引导 1”层的第 10 帧，按 F5 键复制帧，调整后的帧结构如图 10-9 所示。

4．产生碎片 1 动画

（1）锁定“引导 1”层，并解除“碎片 1”层的锁定。在“碎片 1”层的第 1 帧中，用【选择工具】将碎片图像的中心移至轨迹曲线的起点。注意移动碎片时，系统将通过黑色的圆圈来标识图像的中心，如图 10-10 所示。

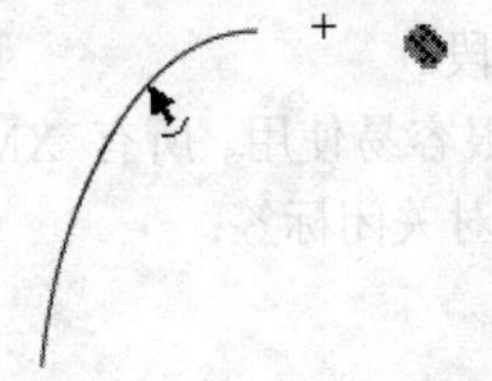

图 10-8　碎片运动轨迹

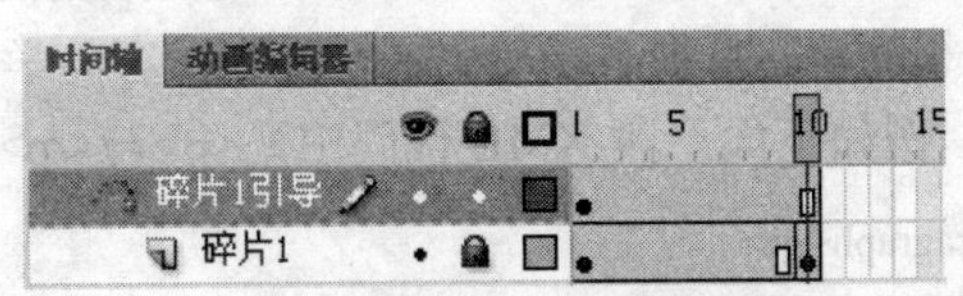

图 10-9　碎片 1 的帧结构图

图 10-10　移动碎片

（2）在“碎片 1”层的第 10 帧中，将碎片图像的中心移至轨迹曲线的终点。然后用鼠标右键点选“碎片 1”层的第 1 帧，在弹出的菜单中选择【创建传统补间】。此后，“碎片 1”层的时间轴将出现标识动画的箭头，标明系统已自动生成了碎片 1 沿引导轨迹的运动动画。

5．制作其他碎片动画

在时间轴上分别添加“碎片 2”、“引导 2”、“碎片 3”、“引导 3”、“碎片 4”、“引导 4”等 6 个新图层，并参照碎片 1 的制作方法，绘制其他碎片的运动动画。碎片动画元件的最终帧结构如图 10-11 所示。元件中的第 1 帧画面与第 10 帧画面如图 10-12 所示。

图 10-11　碎片动画的帧结构

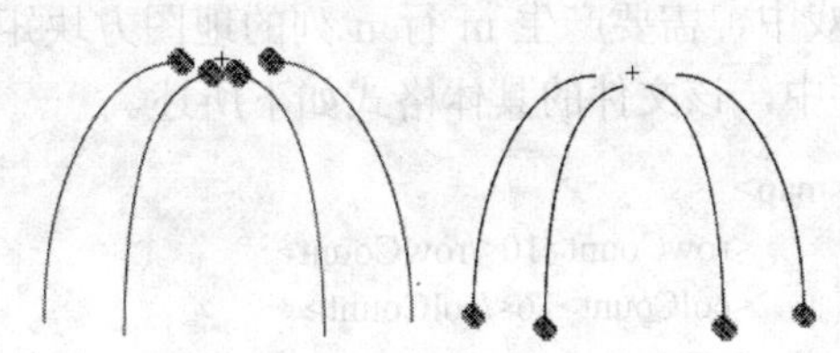

图 10-12　碎片动画的关键帧图像

按 Enter 键可以预览碎片动画，在实际运行时，系统会自动隐藏引导层的图像。

流程 5　制作标题画面

（1）导入“title.bmp”图片，进入游戏主场景的编辑区，从库列表中将新导入的“title.bmp”元件拖放到场景中。

（2）选择菜单命令【窗口】→【公共库】→【按钮】，打开【库-BUTTON.FLA】，在其中可看到系统所提供的各种按钮元件。将库列表中“button tube”目录下的“tube orange”按钮拖放到场景中，并通过属性面板将新按钮实例命名为“T_Enter”。

（3）参照图 10-3 左侧的画面，通过【任意变形工具】（）与【选择工具】调整场景图像。

至此，本游戏的场景及库元件制作部分便已完成。

流程 6　掌握 XML 文件的读取方法

通过第九章的学习可知，当游戏地图范围很大时，通常采用基于图块拼接的方法来制作场景地图。这种地图制作方法中，需要利用一个二维地图数组来存储各地图块的类型。第九章直接在程序中定义了地图数组的元素值，而本章则将这些元素值存储在 XML 文件中，当程序运行时再动态地读取数据，这样将为策划人员修改游戏数据提供方便。

XML 是 Extensible Markup Language 的缩写，是可扩展的标记语言。它使用简单灵活的标准格式，为基于 Web 的应用提供了一个描述数据和交换数据的有效手段。

XML 的语法规则很简单，且很有逻辑。这些规则很容易学习，也很容易使用。所有 XML 元素都须有关闭标签。例如下面一段 XML 代码中，<p>与</p>就是一对关闭标签：

```
<p>This is a paragraph</p>
<p>This is another paragraph</p>
```

XML 的标签有大小写区别，例如下面 XML 代码中的 bean 与 Bean 是两个不同的元素。

```
<bean>15</bean>
<Bean>15</Bean>
```

XML 还可以进行标签元素的嵌套，例如下面一段 XML 代码中，root 是根元素，child 是第一级子元素，而 subchild 是第二级子元素。

```
<root>
    <child>
        <subchild>.....</subchild>
    </child>
</root>
```

本游戏中，需要产生 m 行 n 列的地图方块矩阵，可 m、n 以及矩阵各图块的类型存储在 XML 文件中，该文件的具体格式如下所述。

```
<map>
    <rowCount>10</rowCount>
    <colCount>16</colCount>
    <row>
        <col>2</col> <col>2</col> ……
    </row>
    <row>
        <col>2</col> <col>5</col> ……
    </row>
    ……
</map>
```

上面 XML 代码中，map 是根元素，rowCount 是前面提到的 m 值，colCount 是前面提到的 n 值，而 row 元素则存储一行内各列图块的类型值，一个 row 元素共包含 colCount 个 16 子元素（col 元素）。整个 XML 文件共包含 10 个 row 元素。

在 ActionScript 3.0 版的程序中，读取 XML 文件的方法非常简单，例如下面一段代码就用于读取 map.xml 文件，该文件放置在当前项目的 res 子目录中。

```
var myXMLURL:URLRequest = new URLRequest("res/map.xml");
m_Loader = new URLLoader(myXMLURL);
//注册数据读取完成函数
m_Loader.addEventListener("complete", xmlLoaded);
```

当 map.xml 文件数据被完全读入内存后，系统会自动调用 xmlLoaded 函数，可在该函数内将读入数据保存在相应的程序数组中。

```
public function xmlLoaded(event:Event):void
{
    var myXML:XML = new XML(m_Loader.data);
    m_nColCount = myXML.colCount;                    //获取列总数
    m_nRowCount = myXML.rowCount;                    //获取行总数
    m_aCells = new Array();
    for( var row:int = 0; row < m_nRowCount; row ++ )
    {
        var rowCells:Array = new Array();
        m_aCells.push( rowCells );
        for( var col:int = 0; col < m_nColCount; col ++ )
        {
            var cell:MapCell = new MapCell();        //创建地图块
            this.addChild( cell );                   //将图块放入场景
            rowCells.push( cell );                   //将图块放入数组
            cell.x = 32 * col;                       //设置图块位置
            cell.y = 32 * row;
            var id:int = myXML.row[row].col[col];
            cell.setID( id );                        //设置图块类型
        }
    }
    m_bLoaded = true;                                //设置读取完成的标志
}
```

上面代码中的 rowCells 是存放地图信息的数组。

流程 7　掌握声音的播放方法

ActionScript 语言中定义了 Sound 类，可直接播放 mp3 格式的声效，例如下面一段代码就可播放 click.mp3 文件。

```
var req:URLRequest = new URLRequest("click.mp3");   //读取文件
var s:Sound = new Sound(req);                        //创建Sound对象
s.play(0, 0);                                        //播放声音
```

上面代码中，play 函数的第一个参数指定声音播放的起始位置，第二个参数则指定在声道停止回放之前声音循环的次数，所以上面代码中的第 3 句表示从声音文件的起始位置进行播放，且播放一次就停止（不再进行循环）。

流程 8 解决程序难点

编写脚本代码前，需要先了解该游戏的制作难点，然后制定出各个难点的解决方法，最后才可进行真正脚本程序的编写。

1．脚本制作难点

本游戏的制作过程中会遇到以下几个难点：

（1）本游戏将播放背景音乐与“马里奥”的各种动作音效，那么该如何播放声音？

（2）如何控制“马里奥”的跳跃？

（3）“马里奥”与怪物水平相撞就会被怪物咬伤，而“马里奥”从上方落下与怪物相撞，则可以踩死怪物。那么该如何处理“马里奥”与怪物的碰撞？

2．难点的解决方法

● **播放动作音效**

基于前面“流程 7”所介绍的声音播放方法，本游戏中播放“马里奥”动作音效的思路如下所述：

```
/****************************************************************************
首先定义一组声音类型值与存储声音的数组
****************************************************************************/
public static var SOUND_JUMP:int            = 0;  //跳跃声音
public static var SOUND_DEAD:int            = 1;  //死亡声音
public static var SOUND_BRICK:int           = 2;  //顶碎砖块声音
public static var SOUND_COIN:int            = 3;  //拾取金币声音
public static var SOUND_COLLID:int          = 4;  //碰撞声音
public static var SOUND_BACK:int            = 5;  //背景音效
//定义声音存储数组
private var m_aSound:Array = [null, null, null, null, null, null];
/****************************************************************************
然后读取声音文件，并将声音信息保存在m_aSound数组中
****************************************************************************/
private function loadSound()                          //读取声音文件
{
    try         //读取声音文件
    {
        var req:URLRequest = new URLRequest("res/jump.mp3");
        m_aSound[SOUND_JUMP] = new Sound(req);
        req = new URLRequest("res/dead.mp3");
        m_aSound[SOUND_DEAD] = new Sound(req);
        req = new URLRequest("res/brick.mp3");
        m_aSound[SOUND_BRICK] = new Sound(req);
        req = new URLRequest("res/coin.mp3");
        m_aSound[SOUND_COIN] = new Sound(req);
        req = new URLRequest("res/collide.mp3");
        m_aSound[SOUND_COLLID] = new Sound(req);
        req = new URLRequest("res/back.mp3");
        m_aSound[SOUND_BACK] = new Sound(req);
    }
    catch (e:Error)
```

```
        {
            trace("读入音频数据出错");
        }
}
/*************************************************************
最后，在需要播放声音时，调用自定义的playSound函数
*************************************************************/
//播放声音，参数type表示声音类型，参数loopTimes表示播放循环次数
private function playSound( type:int, loopTimes:int = 0 )
{
    if( m_aSound[type] == null )
        return;
    try
    {
        m_aSound[type].play( 0, loopTimes );        //播放声音
    }
    catch (e:Error)
    {
        trace("播放音频数据出错");
    }
}
```

- **"马里奥"跳跃的控制**

在本游戏中，"马里奥"具有很多运动状态，如正常行走、跳跃、下落等，所以在程序开始可先定义一组标识"马里奥"状态的数值。

```
public static var MARIO_STATE_NORMAL:int    = 0;    //正常状态
public static var MARIO_STATE_JUMP:int      = 1;    //跳跃状态
public static var MARIO_STATE_DROP:int      = 2;    //向下落
public static var MARIO_STATE_DEAD:int      = 3;    //死亡
```

然后，当"马里奥"处于跳跃状态时，可反复调用下面所述的 updateJump 函数。

```
private function updateJump( map:MyMap )            //更新跳跃参数
{
    var cell:MapCell = Move( 0, -8, map );          //向上移动
    if( cell != null && cell.canDestroy() )         //碰到砖块，且砖块可被摧毁
    {
        setState( MARIO_STATE_DROP );               //进入下落状态
        map.Destroy( cell );                        //销毁砖块
        return;
    }
    m_nJumpTime --;                                 //更新跳跃时间
    if( m_nJumpTime < 0 )                           //跳跃结束
        setState( MARIO_STATE_DROP );               //进入下落状态
}
```

上面代码中，使用了 Move 函数，该函数用于移动"马里奥"，更新"马里奥"的动作图像，并判断"马里奥"是否与地图相撞，如果相撞则使"马里奥"后退。Move 函数的具体代码如下所述：

```
public function Move( sx:int, sy:int, map:MyMap ):MapCell      //进行移动
{
```

```
        this.x = this.x + sx;                                    //调整坐标值
        this.y = this.y + sy;
        var cell:MapCell;
        cell = map.collideWidth( x-16, y, x+16, y+64 );          //马里奥是否与地图相撞
        if( cell != null )                                       //如果发生碰撞
        {
            if( cell.canPick() == true )                         //如果该单元是可拾取的
            {
                cell.setID( 0 );                                 //消除单元图像
                playSound( SOUND_COIN );                         //播放拾取金币的声音
            }
            this.x = this.x - sx;                                //调整坐标值
            this.y = this.y - sy;
        }
        if( sx != 0 )                                            //如果马里奥横向移动
        {
            var frame = this.currentFrame + 1;                   //调整动作播放帧
            if( frame > 4 || frame < 2 )
                frame = 2;
            this.gotoAndStop( frame );
        }
        if( sy != 0 && cell == null )             //如果马里奥纵向移动，且未与地图相撞
        {
            this.gotoAndStop( 1 );                               //调整动作播放帧
        }
        return cell;                                             //返回相撞的地图单元
    }
```

上面代码中使用了 MyMap 与 MapCell 对象，前者用于管理整个地图，而后者则用于管理地图单元块，两个类与第九章的同名类功能相似，具体代码详见本章后面的讲解。

- **“马里奥”与怪物的碰撞处理**

“马里奥”与怪物发生碰撞后，需要根据“马里奥”的运动状态来确定处理方案。如果“马里奥”处于下落状态，“马里奥”会踩死怪物，否则“马里奥”将被怪物咬伤。具体实现代码如下所述：

```
    private function Mario_Enemy_Collide()
    {
        if( m_Enemy.collideWidthMario( m_Mario ) )               //马里奥与敌人的碰撞
        {
            if( m_Mario.getState() == Mario.MARIO_STATE_DROP )
            {//如果马里奥处于下落状态
                m_Mario.setState( Mario.MARIO_STATE_JUMP );
                m_Enemy.setDead();                               //敌人被踩死
            }
            else
            {//否则马里奥进入死亡状态
                m_Mario.setState( Mario.MARIO_STATE_DEAD );
            }
        }
    }
```

流程 9 绘制程序流程图

本游戏的脚本程序中，应包含 7 个管理类，分别是：Bricks（对应碎裂动画元件）、Enemy（对应怪物元件）、Mario（对应马里奥元件）、MapCell（对应地图块元件）、MyMap（管理整个地图）、MyScene（管理整个场景）、MarioGame（对应游戏舞台）。

以上 7 个管理类中，Enemy、Mario、MyScene、SwordGame 等类的程序流程稍显复杂，这 4 个类的程序流程分别如图 10-13 至图 10-16 所示。

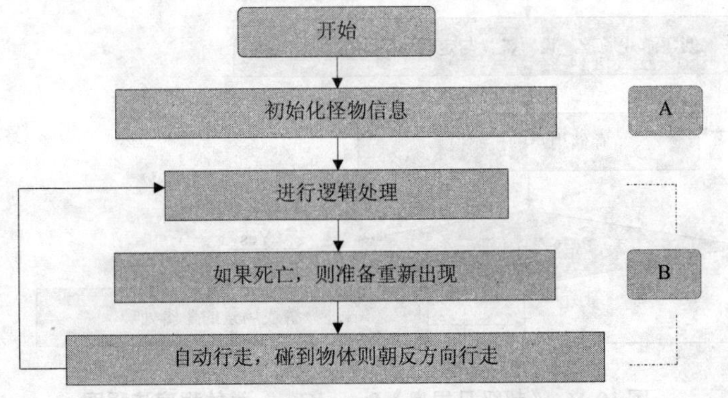

图 10-13 《超级马里奥》Enemy 类的程序流程图

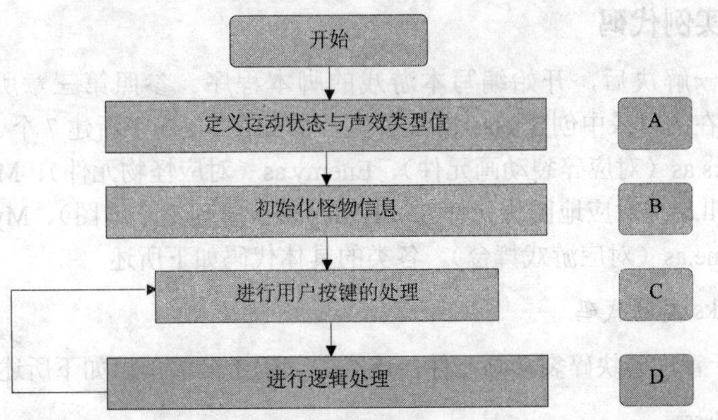

图 10-14 《超级马里奥》Mario 类的程序流程图

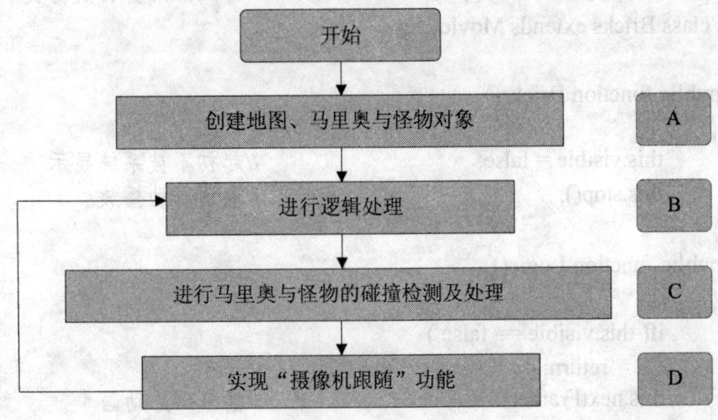

图 10-15 《超级马里奥》MyScene 类的程序流程图

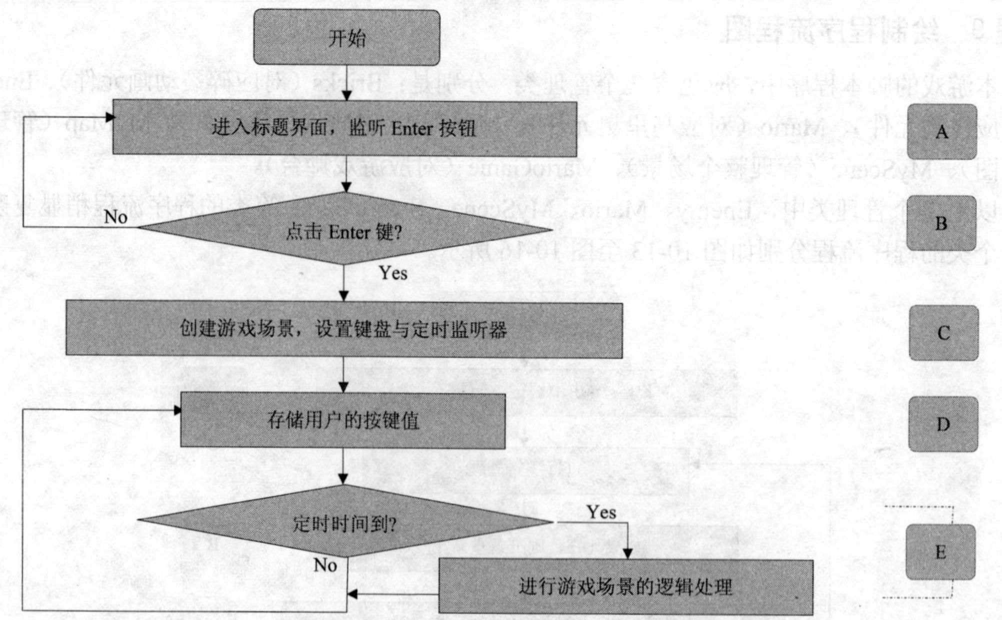

图 10-16 《超级马里奥》SwordGame 类的程序流程图

流程 10 编写实例代码

难点问题逐一解决后，开始编写本游戏的脚本程序。参照第三章所讲解的方法，在 MarioGame.fla 所在的目录中创建 classes 文件夹，然后在 Flash 中新建 7 个 ActionScript 文件，分别命名为 Bricks.as（对应碎裂动画元件）、Enemy.as（对应怪物元件）、Mario.as（对应马里奥元件）、MapCell.as（对应地图块元件）、MyMap.as（管理整个地图）、MyScene（管理整个场景）、MarioGame.as（对应游戏舞台）。各类的具体代码如下所述。

1. 编写 Bricks 类的代码

Bricks 类用于管理砖块碎裂动画元件，该类的代码十分简单。如下所述：

```
package classes
{
    import flash.display.MovieClip;                    //导入影片剪辑支持类
    public class Bricks extends MovieClip
    {
        public function Bricks()
        {
            this.visible = false;                      //起初不被系统显示
            this.stop();                               //取消自动播放
        }
        public function Logic()
        {
            if( this.visible == false )
                return;
            this.nextFrame();                          //播放碎片动画
            if( this.currentFrame == this.totalFrames )
                this.visible = false;                  //动画播放完毕则消失
```

```
        }
        //启动碎片动画，参数px与py指定碎片的产生位置
        public function Start( px:int, py:int )
        {
            this.x = px;
            this.y = py;
            gotoAndStop(1);
            this.visible = true;
        }
    }
}
```

2．编写 Enemy 类的代码

Enemy 类用于管理怪物元件，与该类相关的信息有：

（1）怪物自动向前移动，当与地图发生碰撞后，则朝相反的方向运动。

（2）怪物被踩后进入死亡状态，但没过多久又会重新从初始位置出现。

Enemy 类的程序流程如图 10-13 所示，具体的代码如下所述：

```
package classes
{
    import flash.display.MovieClip;                    //导入影片剪辑支持类
    public class Enemy extends MovieClip
    {
        private var m_nSpeedX:int = 2;                 //精灵移动的速率
        private var m_nDeadTime:int = 0;               //被踩死后消失的时间
        private var m_nLastX:int;                      //移动前的X轴坐标
        private var m_nLastY:int;                      //移动前的Y轴坐标
        public function Enemy()
        {//这里完成图10-13中A部分的功能
            this.stop();                               //取消自动播放
            Reset();
        }
        public function Reset()                        //重新设置怪物
        {
            this.x = 320;
            this.y = 64;
            m_nLastX = this.x;
            m_nLastY = this.y;
            this.gotoAndPlay(1);
            m_nDeadTime = 0;
        }
        public function Logic( map:MyMap )             //处理怪物的逻辑
        {//这里完成图10-13中B部分的功能
            if( this.visible == false )
                return;
            if( m_nDeadTime > 0 )                      //如果怪物被踩扁
            {
                m_nDeadTime --;
                if( m_nDeadTime <= 0 )
                    Reset();
```

```
            }
            else
            {
                if( this.currentFrame == 1 )  //调整当前播放帧
                    gotoAndStop(2);
                else
                    gotoAndStop(1);
                this.x = this.x + m_nSpeedX;
                var cell:MapCell;
                cell = map.collideWidth( x, y, x + 32, y + 32 );
                if( cell != null )
                {//如果横向行走时，与地图发生碰撞
                    this.x = this.x - m_nSpeedX;
                    m_nSpeedX = - m_nSpeedX;
                }
                this.y = this.y + 4;                  //始终向下落
                cell = map.collideWidth( x, y, x + 32, y + 32 );
                if( cell != null )
                {//如果纵向行走时，与地图发生碰撞，则回到原位
                    this.y = this.y - 4;
                }
            }
        }
        public function setDead()                     //设置死亡状态
        {
            m_nDeadTime = 5;
            gotoAndStop(3);
        }
        public function collideWidthMario( mario:Mario ):Boolean
        {//判断是否与马里奥发生碰撞
            if( m_nDeadTime > 0 )                     //处于死亡状态，则不发生碰撞
                return false;
            if( this.x+2 < mario.x + 16 && this.x + 30 > mario.x - 16 &&
                this.y+2 < mario.y + 64 && this.y + 30 > mario.y )
            {
                return true;
            }
            return false;
        }
    }
}
```

3．编写 Mario 类的代码

Mario 类用于管理马里奥元件，与该类相关的信息有：

（1）马里奥有不同的运动状态，如正常行走、跳跃、下落、死亡等。

（2）马里奥在运动时，系统会播放相应的动作音效。

（3）用户可通过键盘来控制马里奥。

（4）系统每间隔一段时间，就会根据马里奥的当前状态调整其属性参数。

Mario 类的程序流程如图 10-14 所示，具体的代码如下所述：

```
package classes
{
    import flash.display.MovieClip;             //导入影片剪辑支持类
    import flash.ui.Keyboard;                   //导入键盘码支持类
    import flash.media.Sound;                   //导入声音支持类
    import flash.net.URLRequest;                //导入URL地址支持类
    import flash.errors.IOError;                //导入错误反馈支持类
    public class Mario extends MovieClip
    {//这里完成图10-14中A部分的功能
        //定义状态值
        public static var MARIO_STATE_NORMAL:int    = 0;      //正常状态
        ……，此处代码略，与本章10.2.5节所给出马里奥运动状态定义方法相同
        public static var MARIO_STATE_DEAD:int      = 3;      //死亡
        private var m_nState:int = MARIO_STATE_NORMAL;
        //定义声音类型
        public static var SOUND_JUMP:int            = 0;      //跳跃声音
        ……，此处代码略，与本章10.2.5节所给出声音类型定义方法相同
        public static var SOUND_BACK:int            = 5;      //背景音效
        //定义声音存储数组
        private var m_aSound:Array = [null, null, null, null, null, null];
        private var m_nJumpTime:int;                          //跳跃的时间
        public function Mario()
        {//这里完成图10-14中B部分的功能
            this.stop();                                      //取消自动播放
            loadSound();                                      //读取声音文件
            playSound( SOUND_BACK, -1 );
            Reset();
        }
        private function loadSound()                          //读取声音文件
        {
            ……，此处代码略，与本章实例制作“流程8”中的同名函数代码相同
        }
        //播放声音，参数type表示声音类型，参数loopTimes表示播放循环次数
        private function playSound( type:int, loopTimes:int = 0 )
        {
            ……，此处代码略，与本章实例制作“流程8”中的同名函数代码相同
        }
        public function Reset()                               //重新设置马里奥
        {
            this.x = 64;
            this.y = 64;
            setState( MARIO_STATE_NORMAL );
        }
        public function setState( sta:int )                   //设置动作状态
        {
            if( m_nState == sta )
                return;
            m_nState = sta;
            switch( m_nState )
            {
            case MARIO_STATE_NORMAL:
```

```
                    this.gotoAndStop( 3 );
                    break;
                case MARIO_STATE_JUMP:
                    playSound( SOUND_JUMP );              //播放跳跃声音
                    m_nJumpTime = 10;
                    break;
                case MARIO_STATE_DEAD:
                    playSound( SOUND_DEAD );              //播放死亡声音
                    m_nJumpTime = 10;                     //死亡时也会向上跳跃
                    break;
            }
        }
        public function getState():int                   //获取当前状态
        {
            return m_nState;
        }
        public function Input( keys:Array, map:MyMap )   //处理按键输入
        {//这里完成图10-14中C部分的功能
            for each( var key in keys )
            {
                switch( key )
                {
                case Keyboard.UP:                         //向上跳
                    if( getState() == MARIO_STATE_NORMAL )
                        setState( MARIO_STATE_JUMP );
                    break;
                case Keyboard.LEFT:                       //向左移动
                    this.scaleX = -1;                     //翻转图形
                    Move( -3, 0, map );
                    break;
                case Keyboard.RIGHT:                      //向右移动
                    this.scaleX = 1;                      //翻转图形
                    Move( 3, 0, map );
                    break;
                case Keyboard.SPACE:                      //死亡后按空格键恢复
                    if( getState() == MARIO_STATE_DEAD )
                        Reset();
                    break;
                }
            }
        }
        public function Move( sx:int, sy:int, map:MyMap ):MapCell   //进行移动
        {
            ……，此处代码略，与本章实例制作“流程8”中的同名函数代码相同
        }
        public function Logic( map:MyMap )   //进行逻辑操作
        {//这里完成图10-14中D部分的功能
            if( this.visible == false )
                return;
            switch( m_nState )
            {
```

```
                case MARIO_STATE_NORMAL:                    //在地面上的状态
                    if( Move( 0, 4, map ) == null )         //如果可以下落
                        setState( MARIO_STATE_DROP );       //进入下落状态
                    break;
                case MARIO_STATE_JUMP:                      //跳跃状态
                    updateJump( map );
                    break;
                case MARIO_STATE_DROP:                      //下落状态
                    if( Move( 0, 4, map ) != null )         //如果不能下落
                        setState( MARIO_STATE_NORMAL );     //进入正常状态
                    break;
                case MARIO_STATE_DEAD:                      //死亡状态
                    this.y = this.y + 8;
                    break;
                }
            }
            private function updateJump( map:MyMap )        //更新跳跃参数
            {
                ……，此处代码略，与本章实例制作“流程8”中的同名函数代码相同
            }
        }
    }
```

4. 编写 MapCell 类的代码

MapCell 类用于管理地图单元块，与第九章实例的同名类功能相似，该类的代码也比较简单。具体代码如下所述：

```
    package classes
    {
        import flash.display.MovieClip;                     //导入影片剪辑支持类
        public class MapCell extends MovieClip
        {
            public function MapCell()
            {
                this.stop();                                //取消自动播放
            }
            public function setID( id:int )                 //设置图块类型(帧编号)
            {
                if( id <= 0 || id > this.totalFrames )
                {
                    this.visible = false;
                    return;
                }
                this.visible = true;
                this.gotoAndStop( id );
            }
            public function canPass():Boolean               //判断当前图块是否可被通过
            {
                if( this.visible == false )                 //未被显示
                    return true;                            //则可以通过
                var f:int = this.currentFrame;
```

```
            if( f == 5 || f == 6 || f == 11 || f == 12 )
                return true;                        //云彩区域可以通过
            return false;                           //其他区域不能通过
        }
        public function canDestroy():Boolean        //判断当前图块是否可被破坏
        {
            if( this.visible == false )             //未被显示
                return false;                       //则可以通过
            if( this.currentFrame == 7 )
                return true;                        //砖块区域可以被破坏
            return false;                           //其他区域不能被破坏
        }
        public function canPick():Boolean           //判断当前图块是否可被拾取
        {
            if( this.visible == false )             //未被显示
                return false;                       //则可以通过
            if( this.currentFrame == 8 )
                return true;                        //金币可以被拾取
            return false;                           //其他区域不能被拾取
        }
    }
}
```

5．编写 MyMap 类的代码

MyMap 类则用于管理整个场景地图，该类与第九章实例的同名函数功能相似，通过各种类型的图块拼接出完整的场景地图。MyMap 类的具体代码如下所述：

```
package classes
{
    import flash.display.MovieClip;                 //导入影片剪辑支持类
    import flash.net.URLRequest;                    //导入URL地址支持类
    import flash.net.URLLoader;                     //导入资源读取支持类
    import flash.events.Event;                      //导入系统事件支持类
    public class MyMap extends MovieClip
    {
        private var m_nColCount:int;                //地图的列数
        private var m_nRowCount:int;                //地图的行数
        private var m_aCells:Array;                 //存储地图数据
        private var m_Bricks:Bricks;                //砖块碎裂动画对象
        private var m_Loader:URLLoader;             //读取数据的对象
        public var m_bLoaded:Boolean = false;       //是否将数据完全读入的标志
        public function MyMap()
        {
            //读取map.xml资源
            var myXMLURL:URLRequest = new URLRequest("res/map.xml");
            m_Loader = new URLLoader(myXMLURL);
            //注册数据读取完成函数
            m_Loader.addEventListener("complete", xmlLoaded);
            m_Bricks = new Bricks();                //创建砖块碎裂动画
            this.addChild(m_Bricks);
        }
```

```
//当map.xml文件数据被完全读入内存后，系统会自动调用xmlLoaded函数
public function xmlLoaded(event:Event):void
{
    ……，此处代码略，与本章实例制作“流程7”中的同名函数代码相同
}
public function getWidth():int                          //获取地图宽度
{
    return m_nColCount * 32;
}
public function getHeight():int                         //获取地图高度
{
    return m_nRowCount * 32;
}
public function Logic()
{
    m_Bricks.Logic();                                   //播放砖块碎裂动画
}
//进行指定区域与地图的碰撞检测
//参数Left、Up指定区域左上角坐标，参数Right、Down指定区域右下角坐标
//发生碰撞后，返回发生碰撞的图块
public function collideWidth( Left:int, Up:int, Right:int, Down:int ):MapCell
{
    var start_row:int = Up / 32;                        //求出可能发生碰撞的起始行
    var end_row:int = Down / 32;                        //求出可能发生碰撞的终止行
    var start_col:int = Left / 32;                      //求出可能发生碰撞的起始列
    var end_col:int = Right / 32;                       //求出可能发生碰撞的终止列
    for( var row:int = start_row; row <= end_row; row ++ )
    {
        if( row < 0 || row >= m_nRowCount )
            continue;
        for( var col:int = start_col; col <= end_col; col ++ )
        {
            if( col < 0 || col >= m_nColCount )
                continue;
            var cell:MapCell = m_aCells[row][col];
            if( cell.canPass() == true )                //如果可以通过
                continue;                               //则不发生碰撞
            if( cell.x < Right && cell.x + 32 > Left &&
                cell.y < Down && cell.y + 32 > Up )
            {
                return cell;                            //返回发生碰撞的图块
            }
        }
    }
    return null;
}
//播放砖块碎裂动画，参数px、py指定砖块碎裂的位置
public function Destroy( cell:MapCell )
{
    cell.setID( 0 );
    m_Bricks.Start( cell.x, cell.y );
```

```
			}
		}
	}
```

6．编写 MyScene 类的代码

MyScene 是游戏场景的管理类，该类的主要功能有：

（1）它是所有场景对象的容器。

（2）需要对所有场景对象进行逻辑处理。

（3）需要进行马里奥与怪物间的碰撞检测及处理。

（4）需要实现“摄像机跟随”功能。

MyScene 类的程序流程如图 10-15 所示，具体的代码如下所述：

```
package classes
{
	import flash.display.MovieClip;                          //导入影片剪辑支持类
	public class MyScene extends MovieClip
	{
		private var m_Map:MyMap;                             //地图对象
		private var m_Mario:Mario;                           //马里奥对象
		private var m_Enemy:Enemy;                           //怪物对象
		public function MyScene()
		{//这里完成图10-15中A部分的功能
			m_Map = new MyMap();                             //创建地图
			this.addChild( m_Map );
			m_Mario = new Mario();                           //创建马里奥
			this.addChild( m_Mario );
			m_Enemy = new Enemy();                           //创建怪物
			this.addChild( m_Enemy );
		}
		public function Logic( keys:Array )                  //进行逻辑处理
		{//这里完成图10-15中B部分的功能
			if( m_Map.m_bLoaded == false )                   //数据未完全读取
				return;
			m_Mario.Input( keys, m_Map );                    //处理按键输入
			m_Map.Logic();
			m_Mario.Logic( m_Map );
			m_Enemy.Logic( m_Map );
			Mario_Enemy_Collide();
			setView();                                       //调整观察视角
		}
		private function Mario_Enemy_Collide()
		{//这里完成图10-15中C部分的功能
			……，此处代码略，与本章实例制作“流程8”中的同名函数代码相同
		}
		private function setView()                           //实现摄像机跟随
		{//这里完成图10-15中D部分的功能
			var cx:int = this.stage.stageWidth / 2;
			var cy:int = this.stage.stageHeight / 2;
			this.x = cx - m_Mario.x;
			this.y = cy - m_Mario.y;
```

```
            if( this.x > 0 )
                this.x = 0;
            if( this.x < this.stage.stageWidth - m_Map.getWidth() )
                this.x = this.stage.stageWidth - m_Map.getWidth();
            if( this.y > 0 )
                this.y = 0;
            if( this.y < this.stage.stageHeight - m_Map.getHeight() )
                this.y = this.stage.stageHeight - m_Map.getHeight();
        }
    }
}
```

7. 编写 MarioGame 类的代码

MarioGame 类对应游戏的舞台，该类的程序流程如图 10-16 所示，具体代码如下所述：

```
package classes
{
    import flash.display.MovieClip;                    //导入影片剪辑支持类
    import flash.events.KeyboardEvent;                 //导入键盘事件支持类
    import flash.events.MouseEvent;                    //导入鼠标事件支持类
    import flash.events.TimerEvent;                    //导入定时事件支持类
    import flash.utils.Timer;                          //导入定时器支持类
    public class MarioGame extends MovieClip
    {
        private var m_aKeys:Array = [-1, -1, -1, -1];  //按键存储数组
        var m_Scene:MyScene;                           //游戏场景对象
        public function MarioGame()
        {//这里完成图10-16中A部分的功能
            //设置鼠标的监听对象
            T_Enter.addEventListener(MouseEvent.MOUSE_UP, OnMouseUp);
        }
        public function OnMouseUp( e:MouseEvent ):void //用户点击了按钮
        {//这里完成图10-16中B部分的功能
            Start();                                   //启动游戏
        }
        public function Start()
        {//这里完成图10-16中C部分的功能
            for( var i:int = this.numChildren - 1; i >= 0 ; i -- )
            {
                this.removeChildAt(i);                 //删除开机界面
            }
            m_Scene = new MyScene();                   //创建场景
            this.addChild( m_Scene );                  //将场景放入舞台
            //设置注册舞台键盘的监听函数
            this.stage.addEventListener(KeyboardEvent.KEY_DOWN,onKeyboardDown)
            this.stage.addEventListener(KeyboardEvent.KEY_UP,onKeyboardUp)
            var myTimer:Timer = new Timer(100, 0);     //创建定时器
            myTimer.addEventListener("timer", timerHandler );//注册定时函数
            myTimer.start();                           //启动定时器
        }
        //onKeyboardDown与onKeyboardUp函数完成图10-16中D部分的功能
```

```
        public function onKeyboardDown( e:KeyboardEvent ):void
        {
            for( var i:int = 0; i < m_aKeys.length; i ++ )
            {
                if( m_aKeys[i] == e.keyCode )
                    return;
            }
            for( i = 0; i < m_aKeys.length; i ++ )
            {
                if( m_aKeys[i] == -1 )
                {
                    m_aKeys[i] = e.keyCode;                    //存储按键值
                    break;
                }
            }
        }
        public function onKeyboardUp( e:KeyboardEvent ):void
        {
            for( var i:int = 0; i < m_aKeys.length; i ++ )
            {
                if( m_aKeys[i] == e.keyCode )                  //释放按键
                {
                    m_aKeys[i] = -1;
                }
            }
        }
        public function timerHandler(e:TimerEvent):void
        {//这里完成图10-16中E部分的功能
            m_Scene.Logic(m_aKeys);                            //进行逻辑处理
        }
    }
}
```

流程 11　设置并发布产品

所有代码编写完成后，需要将这些类与相应的库元素逐一关联起来，参照前面章节的操作方法，将 MarioGame 类与游戏舞台相关联，将 MapCell 类与地图块元件相关联，将 Enemy 类与怪物元件相关联，将 Mario 与马里奥元件相关联，将 Bricks 类与碎裂动画元件相关联。

编译并调试程序后，运行项目并发布产品，可以看到如图 10-3 所示的效果。

本章小结

冒险游戏是指由玩家控制游戏人物进行虚拟冒险的游戏。这类游戏的故事情节往往以完成某个任务或解开某些谜题的形式展开，而且在游戏过程中刻意强调谜题的重要性。

Flash 中，可使某些图形按照引导层的线路进行运动。

ActionScript 语言中定义了 Sound 类，可直接播放 mp3 格式的声效。

XML 是 Extensible Markup Language 的缩写，是可扩展的标记语言。它使用简单灵活的标准格式，为基于 Web 的应用提供了一个描述数据和交换数据的有效手段。在 ActionScript 3.0

版的程序中，读取 XML 文件的方法非常简单。

思考与练习

1. 请说出冒险游戏的特点、分类及发展简史。
2. 开发冒险游戏需要注意哪些问题？
3. Flash 中，引导层具有怎样的功能？
4. 在 ActionScript 语言中，如何播放 MP3 格式的声音文件？
5. XML 文件具有哪些语法规则？如何利用 ActionScript 3.0 语言来读取 XML 文件？

第十一章　开发体育游戏

内容提要

本章由 4 节组成。首先介绍体育游戏的特点、分类、用户群体、开发要求、发展史，接着通过实例《3D 赛车》讲解体育游戏开发的全过程。最后是小结和作业安排。

学习重点

- 体育游戏特点
- 《3D 赛车》游戏的制作流程实现方法与技能

教学环境： 计算机实验室

学时建议： 8 小时（其中讲授 2 小时，实验 6 小时）

竞技体育的魅力在于比赛的不可预测性，充满悬念、神秘、期望与激情的比赛，常常会带给人们意外的惊喜与震撼。

11.1　概述

体育运动游戏的英文名称是 Sport Game，简称 SPG。顾名思义，体育游戏是以体育运动为题材的游戏，例如篮球、足球、赛车等。

11.1.1　体育游戏的特点

体育游戏大多具有以下特点：

1. 公平公正

体育竞技游戏是建立在公正、公平的游戏平台上，这就需要游戏设计者合理地制定比赛规则，使参赛各方的优势与劣势基本平衡，以确保比赛的顺利进行。

2. 计算量大

体育游戏的竞技性很强，通常为双人或多人的对战游戏，而且实时计算量较大，对 CPU 的性能要求比较高。例如足球游戏中，系统要实时计算足球的物理运动轨迹，而且同一时刻玩家只能控制单个运动员，其他运动员都需要系统进行智能控制。

3. 操作复杂

体育游戏的操作也比较复杂，因为现实中运动员的动作丰富，而键盘的数量有限，所以必须使用组合键来对应各种动作。

此外，体育游戏的操作还要具有一定的技巧性。经过一定的重复训练后，玩家在游戏中恰当时间内进行规律性地操作，可以实现高级的竞技动作或战术。

4．游戏时间较短

体育游戏的游戏时间可能很短暂，玩家在短时间内进行各种激烈的对抗和比赛。

5．对玩家的能力进行评价

体育游戏在竞技过后，往往需要对玩家的操作进行评分，从各个角度来评价玩家的能力。例如，体育游戏可以通过排行榜来评价玩家的思维能力、反应能力、协调能力、团队精神和毅力等。

11.1.2 体育游戏的分类

按照游戏的内容，体育游戏可分为球类、赛车类、田径类、水上项目类、体操类、极限运动类等。按照游戏的竞技方向，体育游戏又可分为如下几类：

1．操作竞技

这类游戏主要检验玩家的操作熟练程度，玩家往往需要进行一段时间的训练才能掌握游戏的要领。

2．反应竞技

这类游戏主要考验玩家的大脑反应能力及各种器官的配合能力，手疾眼快的玩家才能在竞技比赛中获得胜利。

3．战术竞技

这类游戏将考验玩家的思维能力，玩家需要对竞技现场的形式进行判断，安排合理的战术，才能战胜竞争对手。

4．耐力竞技

这类游戏将考验玩家的体力极限，玩家需要进行较长时间重复、快速的操作。如果没有体力的保障，玩家将不可能完成比赛。

11.1.3 体育游戏的用户群体

体育游戏的用户群往往具有以下特点：

（1）都是体育爱好者，但没有太多机会去从事真正的体育运动。

（2）喜欢与同伴比赛。

（3）大多是男性，而且多为年轻人。

（4）接触游戏的时间比较长，已经很熟悉各种游戏操作。

11.1.4 体育游戏的开发要求

体育游戏的操作方法虽然没有固定的要求，但基本都是按照惯例模式设计的，这使得每款新的体育游戏出现后，有经验的玩家可以很快地入门。

体育游戏对 CPU 的性能要求比较高，所以制作大型体育游戏时，程序的算法要精益求精，在保证游戏功能的前提下，将程序对 CPU 的依赖度降到最低。

另外，制作单机版的体育游戏，需要在程序中利用各种人工智能算法，来控制与玩家同场竞技的其他运动员。

11.1.5 体育游戏的发展史

随着电视台转播水平的提高，各种各样的体育节目都能呈现在体育爱好者的面前。喜欢体育比赛的朋友都很想亲身参与其中的运动。但由于城市内场地的限制，加上繁重的日常工作，人们很难像运动员一样驰骋在赛场上。在这样的背景下，体育类游戏——虚幻的竞技场出现了。

说起体育游戏就不得不提起美国 EA 公司，该公司在足球、篮球、赛车、滑雪等许多体育项目上开发了很多经典的大作，而且作品年年更新、年年热卖。

1.《One on One》

EA 公司于 1983 年推出一款作品《One on One》，虽然游戏的关键系统和操作方法还是一团糟，但它却建立了体育游戏的基本模式：实名制、赛季信息的更新、场地中的物体和玩家有互动、有慢动作的回放机制。EA 庞大的体育游戏帝国从此开始构建。

2.《OutRun》

1986 年，以阳光、沙滩、法拉利跑车为卖点的体育游戏——《Outrun》，成为现代赛车游戏的奠基者。《Outrun》并不是最早的赛车游戏，但它却是第一次建立了完善的现代赛车游戏体系：有追尾视角的功能、3D 画面强大、不同路面对赛车有一定影响、赛车行驶时游戏画面有速度感。这些要素成为日后判断一款赛车游戏好坏的重要指标。

3.《实况足球》

1996 年，Konami 公司开始发布《实况足球》系列产品，《实况足球》凭借其卓越的操作性能以及超高的实战仿真程度，受到无数足球游戏迷的追捧，《实况足球》也成为世界上唯一能与 EA 竞争的体育游戏品牌。

4.《劲爆超级滑板》(Tony Hawk's Pro Skater)

随着时代的进步及生活水平的提高，越来越多的人开始从事极限运动，例如登山、飘流、滑板等。《劲爆超级滑板》(Tony Hawk's Pro Skater）是极限体育游戏的代表作，与正统体育完全不同，极限运动追求刺激、爽快和时代潮流。

5.《劲舞团》

近些年，单机版的体育游戏则在仿真度上不断提高，对硬件要求也越来越高。与此同时，网络体育游戏也开始出现，《劲舞团》等游戏开辟了体育类网络游戏的先河。

由于运动类游戏是老少皆宜的游戏，所以体育游戏的市场前景是非常广阔的。

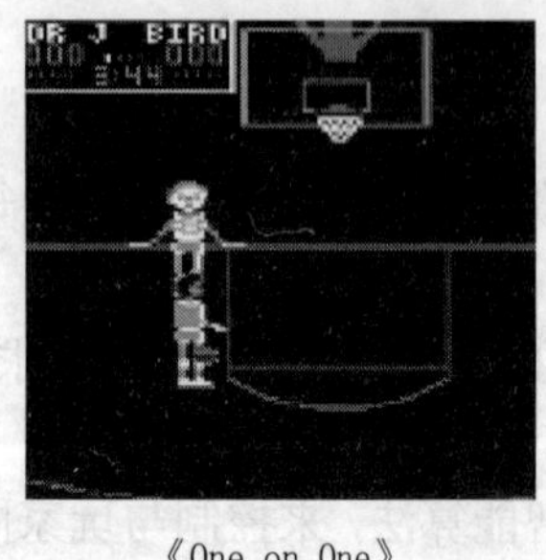

《One on One》

《OutRun》

《实况足球》

图 11-1 经典的体育游戏代表

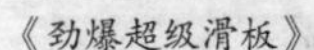

《劲爆超级滑板》

《劲舞团》

图 11-1　经典的体育游戏代表（续）

11.2 《3D 赛车》体育游戏开发

《3D 赛车》是一款三维体育游戏。在实例的制作过程中，将重点讲解在 Flash CS4 中如何绘制三维图形，以及如何在 ActionScript 程序中控制元件的三维运动。

11.2.1 操作规则

在本游戏中，游戏者将通过赛车与计算机进行竞技。游戏者按上、下方向键可使本方赛车加速或减速，按左、右方向键可使赛车转动方向。游戏的任务是：本方赛车要超越计算机控制的赛车。

11.2.2 本例效果

本例实际运行效果如图 11-2 所示。

图 11-2 《3D 赛车》运行效果

11.2.3 资源文件的处理

制作本游戏之前，首先需要准备背景图片（back.png）、赛车图片（car1.png 与 car2.png）、公路图片（road.png）、岩石图片（rock.png）、小树图片（tree.png），各图片的规格如图 11-3 所示，图中的空白部分为透明色。

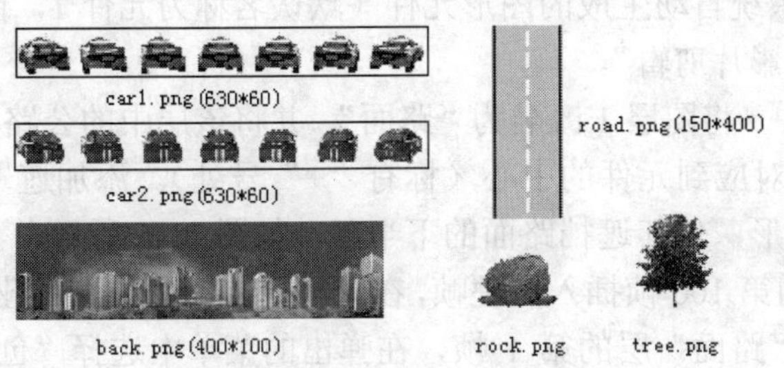

图 11-3 《3D 赛车》资源图片

由图 11-3 可知，每个赛车单元的像素大小为 90×60。

11.2.4 开发流程（步骤）

本例开发分为 8 个流程（步骤）：①创建项目、②制作公路元件、③制作赛车元件、④制作障碍物元件、⑤绘制游戏场景、⑥绘制程序流程图、⑦编写实例代码、⑧设置并发布产品，如图 11-4 所示。

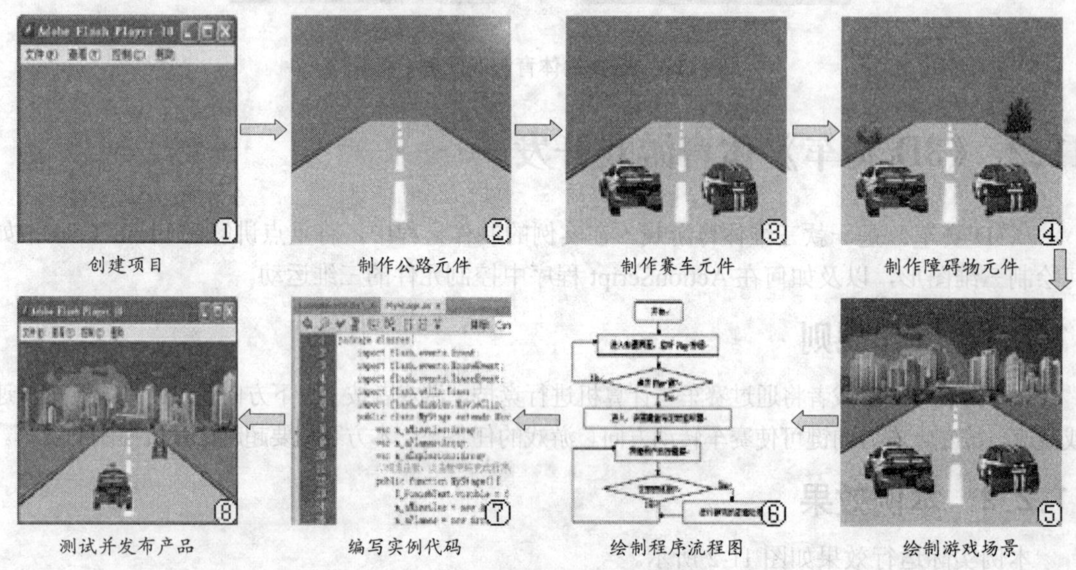

图 11-4 《3D 赛车》开发流程图

11.2.5 具体操作

流程 1 创建项目

打开 Flash 软件，仿照第三章所讲解的方法，创建新文档，并将其保存为“RacingGame.fla”。将舞台尺寸设置为 400×200，背景颜色设置成绿色。

本游戏的场景中存在多种元件，分别是：运动的公路、玩家与计算机所控制的赛车、路边的树与石头等。

流程 2 制作公路元件

（1）赛车向前行驶，就相当于公路向后运动，所以这里将制作一个不断向后运动的公路元件。仿照前面章节元件的制作方法，将本章资源中的“road.png”文件导入到当前项目的库列表中。然后，将系统自动生成的图形元件（默认名称为元件 1，图标为▣）的名称改为“公路”，类型改为“影片剪辑”。

（2）在公路元件中，将图层 1 改名为“路面”，并将该层中的公路位图坐标调整为（-75，-200），即使位图中心对应到元件的中心（标有“+”号处）。添加遮罩层，并在遮罩层绘制大小为 150×300 的矩形，使其遮挡路面的下半部，如图 11-5 所示。

（3）在“路面”层的第 100 帧插入关键帧，在该帧中将路面位图的坐标调整为（-75，-100）。然后用鼠标右键点选“路面”层的第 1 帧，在弹出的菜单中选择“创建传统补间”。接着再用鼠标点选遮罩层的第 100 帧，按 F5 键复制帧，调整的帧结构如图 11-6 所示。

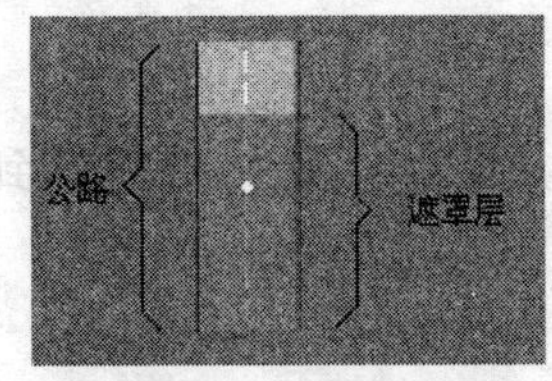

图 11-5 遮罩层位置

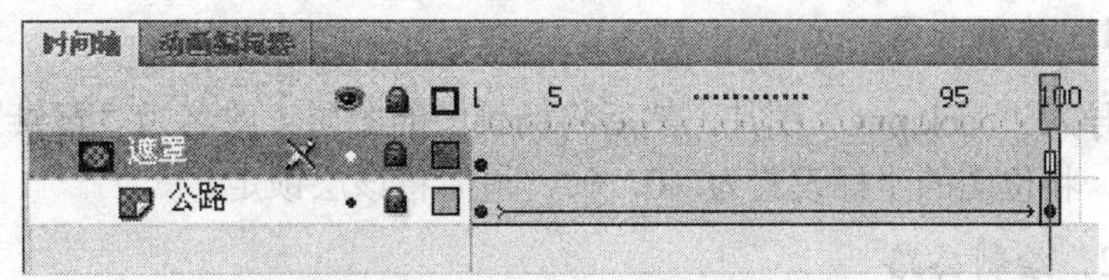

图 11-6 公路元件的帧结构

（4）按 Enter 键可以预览公路运动动画，不过目前该动画还只是二维的，在稍后的绘制场景过程中将进一步讲解如何产生三维的公路运动动画。

流程 3 制作赛车元件

（1）将“car1.png”、“car2.png”等文件依次导入到当前项目的库列表中。然后，将系统自动生成的图形元件分别重新命名为“玩家赛车”与“计算机赛车”，将两个元件的类型都修改成“影片剪辑”。

（2）参照第九章 NPC 元件的制作方法，在“玩家赛车”与“计算机赛车”两个元件内增加遮罩层。调整帧结构，使元件具有 7 个关键帧，元件第 1 帧遮罩层的位置如图 11-7 所示；其他帧顺次调整赛车图像的位置，使每一帧都显示不同的赛车图像。由于游戏中的赛车需要左右翻转，所以这里将赛车图像的横向中心设置在坐标原点。

流程 4 制作障碍物元件

（1）将“rock.png”、“tree.png”等文件依次导入到当前项目的库列表中，并将系统自动生成的图形元件改名为“岩石”与“树”，类型改成“影片剪辑”。

（2）选择菜单命令【插入】→【新建元件】，创建名称为“运动岩石”，类型为“影片剪辑”的新元件。

（3）在“运动岩石”元件中，将库列表中的“岩石”实例拖放到编辑区。点选时间轴的第 150 帧，按 F5 键复制帧。然后再用鼠标右键点选第 1 帧选择【创建补间动画】，此后时间轴将变为浅蓝色。

（4）在第 1 帧用【选择工具】点选岩石实例，打开属性面板，将【3D 定位和查看】栏中的 Z 坐标改为 2000。点选时间轴的第 150 帧，将该帧内的岩石实例 Z 轴坐标改为 0。此后，可看到系统自动绘制一条岩石运动的线路，如图 11-8 所示，按 Enter 键可预览岩石的运动动画。点选岩石实例，打开属性面板，将【3D 定位和查看】栏中的【视觉角度】设置为 90，并调整【消失点】的位置，重新按 Enter 键，体会这两个选项的功能。

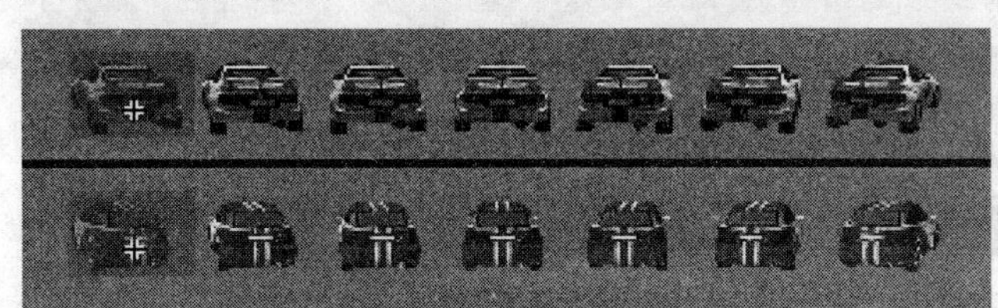
图 11-7 赛车的遮罩层

图 11-8 岩石运动轨迹

（5）参照“运动岩石”元件的制作方法，制作“运动的树”元件。

流程 5 绘制游戏场景

通过左上角的切换页面，回到场景编辑区，按照如下所述的步骤绘制游戏场景。

1．绘制背景

导入“back.png”图片，然后将场景中的图层 1 改名为“背景”，并将新导入的位图拖放到场景中，将位图的坐标设置为（0，0），最后将该层锁定。

2．绘制公路

（1）添加新图层，并将其命名为“赛道”层。从库列表中将“公路”实例拖放到该图层，选中该实例，打开【窗口】菜单，再选择【变形】选项。在新弹出的变形设置对话框中，将【3D 旋转】栏中的 X 属性设置为-90，即使公路实例沿 X 轴旋转-90 度。

（2）选中“公路”实例，打开属性面板，将其命名为“T_Road”。然后将【3D 定位和查看】栏中的 X、Y、Z 设置成（200，115，50），再将【视觉角度】设置为 90，【消失点】设置为（200，80），最后锁定“赛道”层。

3．绘制赛车、岩石与树

添加新图层，并将其命名为“赛车与参照物”层。将库中的“玩家赛车”、“计算机赛车”、“运动岩石”、“运动的树”等实例都拖放到当前图层中。打开属性面板，将四个实例依次命名为“T_PlayerCar”、“T_ComCar”、“T_Rock”、“T_Tree”，并将各实例的位置分别设置为（140，170）、（270，170）、（-230，240）、（675、240），最后将该层锁定。

4．绘制标题

（1）添加新图层，并将其命名为“标题”层。用【文本工具】T在该层写入“3D 赛车”几个字，将字体颜色设置为黄色，大小设置为 50 点。用鼠标右键点选文字实例，在弹出的菜单中选择【转换为元件】，将文字转换为影片剪辑元件，并将新元件命名为“文字”。回到场景编辑区，将“文字”实例命名为“T_Title”。

（2）参考第五章的实例制作方法，自制一个功能按钮。然后，将自定义的按钮放入游戏场景的“标题”层，并将该按钮实例命名为 T_PlayButton。

至此，本游戏的场景及库元件制作部分便已完成。

流程 6　绘制程序流程图

如果能系统地掌握本书前面章节所介绍的各个知识点，再来制作本游戏就不会有太大难度。本实例的代码中，包含 4 个管理类，分别是：CarBase（赛车的基类）、ComCar（对应计算机赛车元件）、PlayerCar（对应玩家赛车元件）、RacingGame（对应游戏舞台）。

以上 7 个管理类中，CarBase、RacingGame 等类的程序流程稍显复杂，这 2 个类的程序流程分别如图 11-9、图 11-10 所示。

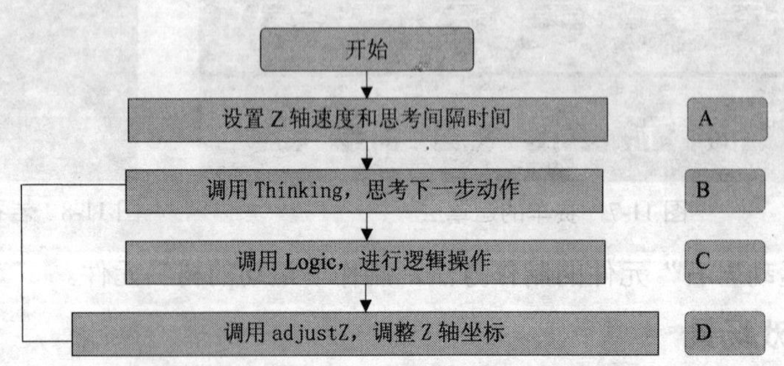

图 11-9 《3D 赛车》ComCar 类的程序流程图

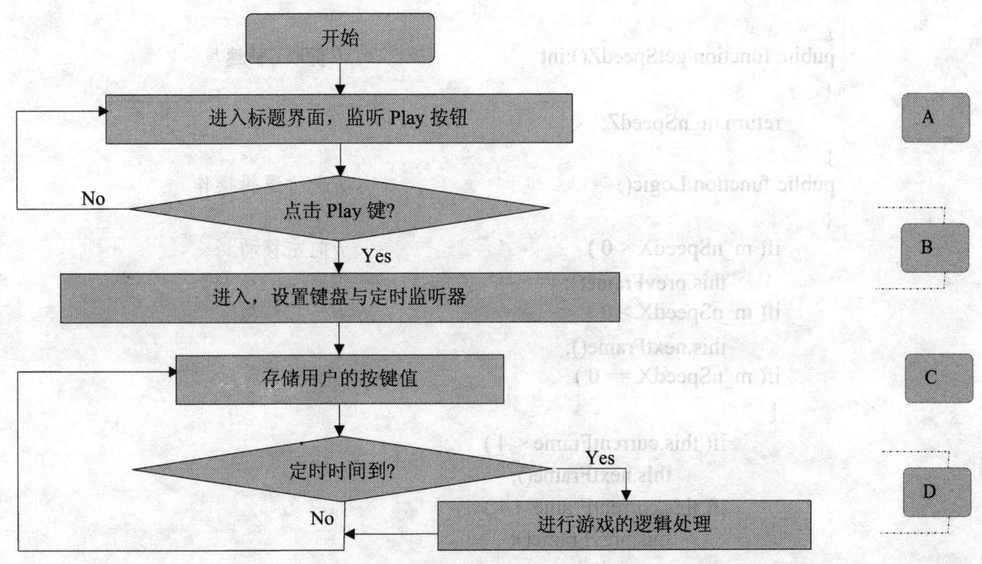

图 11-10 《3D 赛车》RacingGame 类的程序流程图

流程 7 编写实例代码

参照第三章所讲解的方法，在 RacingGame.fla 所在的目录中创建 classes 文件夹，然后在 Flash 中新建 4 个 ActionScript 文件，分别命名为 CarBase.as（赛车的基类）、ComCar.as（对应计算机赛车元件）、PlayerCar.as（对应玩家赛车元件）、RacingGame.as（对应游戏舞台）。各类的功能、具体代码如下所述。

1. 编写 CarBase 类的代码

玩家赛车与计算机赛车具有很多相同的特性：

（1）每辆赛车都可沿 X 或 Z 轴运动。

（2）当赛车沿 X 轴左右运动时，需要调整赛车的显示图像。

（3）当赛车相撞时，需要向后退。

根据以上信息，编写 CarBase 类的代码。该类具体代码如下所述：

```
package classes
{
        import flash.display.MovieClip;                          //导入影片剪辑支持类
        public class CarBase extends MovieClip
        {
                private var m_nLastX:int = 0;                    //存储移动前的坐标
                protected var m_nSpeedX:int = 0;                 //X轴移动速度
                public var m_nSpeedZ:int = 0;                    //Z轴移动速度
                public function CarBase()
                {
                        this.gotoAndStop(4);                     //停留在第4帧
                }
                public function MoveBack()                       //向后退
                {
                        this.x = m_nLastX;
```

```
        }
        public function getSpeedZ():int                    //获取Z轴速度
        {
            return m_nSpeedZ;
        }
        public function Logic()                            //进行逻辑操作
        {
            if( m_nSpeedX < 0 )                            //向左移动
                this.prevFrame();
            if( m_nSpeedX > 0 )                            //向右移动
                this.nextFrame();
            if( m_nSpeedX == 0 )                           //横向不移动
            {
                if( this.currentFrame < 4 )
                    this.nextFrame();
                if( this.currentFrame > 4 )
                    this.prevFrame();
            }
            m_nLastX = this.x;
            this.x = this.x + m_nSpeedX;
            if( this.x < 80 )                              //调整坐标，使赛车不出边界
                this.x = 80;
            if( this.x > this.stage.stageWidth - 80 )
                this.x = this.stage.stageWidth - 80;
        }
        public function CollideWith( object:CarBase ):Boolean
        {//进行碰撞检测
            if( this.x - 40 < object.x + 40 &&
                this.x + 40 > object.x - 40 &&
                this.z - 20 < object.z + 20 &&
                this.z + 20 > object.z - 20 )
                return true;
            return false;
        }
    }
}
```

2．编写 ComCar 类的代码

ComCar 类用于管理计算机赛车，该类派生于 CarBase，它是特殊的赛车类。与 ComCar 类相关的信息有：

（1）计算机赛车需要自动思考下一步的行为动作。

（2）游戏中，玩家的观察视角被固定在玩家赛车的后面，所以玩家赛车的 Z 轴坐标其实并不改变。这就需要不断地调整计算机赛车的 Z 轴坐标，以保持赛车之间的相对位置不变。

ComCar 类的程序流程如图 11-9 所示。具体代码如下所述：

```
package classes
{
    import flash.display.MovieClip;                        //导入影片剪辑支持类
    public class ComCar extends CarBase
    {
```

```
        private var m_nThinkingTime;                                   //思考间隔时间
        public function ComCar()
        {//这里完成图11-9中A部分的功能
            m_nSpeedZ = 25;
            m_nThinkingTime = 5;
        }
        public function Thinking( object:CarBase )
        {//这里完成图11-9中B部分的功能
            m_nThinkingTime --;
            if( m_nThinkingTime > 0 )
                return;
            m_nThinkingTime = 5;
            var R:int = int( Math.random() * 21 ) - 10;              //随机设置X轴速度
            if( R < -9 )
                m_nSpeedX = -8;
            else if( R > 9 )
                m_nSpeedX = 8;
            else
                m_nSpeedX = 0;
            m_nSpeedZ = 24 + int( Math.random() * 20 ) - 10;   //设置Z轴速度
            if( this.z > object.z + 200 )                            //调整Z轴速度
                m_nSpeedZ = 20;
            else if( this.z < object.z - 200 )
                m_nSpeedZ = 30;
        }
        override public function Logic()
        {//这里完成图11-9中C部分的功能
            super.Logic();
            this.z = this.z + m_nSpeedZ;
        }
        public function adjustZ( sz:int )
        {//这里完成图11-9中D部分的功能
            this.z = this.z - sz;
            if( this.z > 1000 )
                this.visible = false;
            else
                this.visible = true;
        }
    }
}
```

3．编写 PlayerCar 类的代码

PlayerCar 类用于管理玩家赛车，它派生于 CarBase，是特殊的赛车类。PlayerCar 只需对用户的输入进行处理。该类的具体代码如下所述：

```
package classes
{
    import flash.display.MovieClip;                          //导入影片剪辑支持类
    import flash.ui.Keyboard;                                //导入键盘码支持类
    public class PlayerCar extends CarBase
    {
```

```
        public function PlayerCar()
        {
        }
        public function Input( keys:Array )                    //处理用户的输入信息
        {
            for each( var key in keys )                              //keys中存储用户的按键值
            {
                switch( key )
                {
                case Keyboard.UP:                                  //向前加速行驶
                    m_nSpeedZ = m_nSpeedZ + 2;
                    if( m_nSpeedZ > 25 )
                        m_nSpeedZ = 25;
                    break;
                case Keyboard.LEFT:                                //向左移动
                    m_nSpeedX = -12;
                    break;
                case Keyboard.RIGHT:                               //向右移动
                    m_nSpeedX = 12;
                    break;
                case Keyboard.DOWN:                                //刹车
                    m_nSpeedZ = m_nSpeedZ - 2;
                    if( m_nSpeedZ < 0 )
                        m_nSpeedZ = 0;
                    break;
                }
            }
            //如果没按键，需要自动调整速度，使赛车慢慢停下来
            if( m_nSpeedZ > 0 )
                m_nSpeedZ --;
            if( m_nSpeedZ < 0 )
                m_nSpeedZ ++;
            if( m_nSpeedX > 0 )
                m_nSpeedX -= 4;
            if( m_nSpeedX < 0 )
                m_nSpeedX += 4;
        }
    }
}
```

4．编写 RacingGame 类的代码

RacingGame 类对应游戏的舞台，该类程序流程如图 11-10 所示。具体代码如下所述：

```
package classes
{
    import flash.display.MovieClip;                          //导入影片剪辑支持类
    import flash.events.Event;                               //导入系统事件支持类
    import flash.events.KeyboardEvent;                       //导入键盘事件支持类
    import flash.events.MouseEvent;                          //导入鼠标事件支持类
    import flash.events.TimerEvent;                          //导入定时事件支持类
    import flash.utils.Timer;                                //导入定时器支持类
```

```
public class RacingGame extends MovieClip
{
    private var m_aKeys:Array = [-1, -1, -1, -1];           //存储用户按键
    public function RacingGame()
    {//这里完成图11-10中A部分的功能
        T_Road.stop();                                     //停止播放元件的动画
        T_Tree.stop();
        T_Rock.stop();
        this.stop();
        //监听Play按钮
        T_PlayButton.addEventListener(MouseEvent.MOUSE_UP, OnMouseUp);
    }
    public function OnMouseUp( e:MouseEvent ):void          //用户点击Play按钮后
    {//这里完成图11-10中B部分的功能
        T_Title.visible = false;                           //使标题语句消失
        T_PlayButton.visible = false;                      //使Play按钮消失
        //注册整个舞台的键盘监听器
        this.stage.addEventListener(KeyboardEvent.KEY_DOWN,onKeyboardDown);
        this.stage.addEventListener(KeyboardEvent.KEY_UP,onKeyboardUp);
        var myTimer:Timer = new Timer(100, 0);             //创建定时器
        myTimer.addEventListener("timer", timerHandler );//注册定时函数
        myTimer.start();                                   //启动定时器
    }
    //下面两个函数共同完成图11-10中C部分的功能
    public function onKeyboardDown( e:KeyboardEvent ):void
    {//用户按下键盘后
        for( var i:int = 0; i < m_aKeys.length; i ++ )
        {
            if( m_aKeys[i] == e.keyCode )                  //查看是否已存储了该键盘值
                return;
        }
        for( i = 0; i < m_aKeys.length; i ++ )
        {
            if( m_aKeys[i] == -1 )                         //存储新的键盘值
            {
                m_aKeys[i] = e.keyCode;
                break;
            }
        }
    }
    public function onKeyboardUp( e:KeyboardEvent ):void
    {//用户释放键盘后
        for( var i:int = 0; i < m_aKeys.length; i ++ )
        {
            if( m_aKeys[i] == e.keyCode )                  //清除键盘信息
            {
                m_aKeys[i] = -1;
            }
        }
    }
    public function timerHandler(e:TimerEvent):void       //定时时间到
```

```
            {//这里完成图11-10中D部分的功能
                T_PlayerCar.Input( m_aKeys );                   //处理用户输入
                T_PlayerCar.Logic();                            //玩家赛车的逻辑处理
                T_ComCar.adjustZ( T_PlayerCar.m_nSpeedZ );      //调整计算机赛车的速度
                T_ComCar.Thinking( T_PlayerCar );               //计算机赛车进行思考
                T_ComCar.Logic();                               //计算机赛车的逻辑处理
                if( T_PlayerCar.CollideWith( T_ComCar ) )       //赛车间的碰状检测
                {
                    T_ComCar.MoveBack();                        //发生碰撞向后退
                    T_PlayerCar.MoveBack();
                }
                setRefFrames();                         //播放公路、岩石及小树的运动动画
                setCarOrder();                          //调整赛车图像间的遮挡关系
            }
            public function setRefFrames()              //播放公路、岩石及小树的运动动画
            {
                //播放公路动画
                var frame = T_Road.currentFrame;
                frame = frame + T_PlayerCar.getSpeedZ();
                if( frame > T_Road.totalFrames )
                    frame = frame - T_Road.totalFrames;
                T_Road.gotoAndStop( frame );
                //播放小树运动动画
                frame = T_Tree.currentFrame;
                frame = frame + T_PlayerCar.getSpeedZ();
                if( frame > T_Tree.totalFrames )
                    frame = frame - T_Tree.totalFrames;
                T_Tree.gotoAndStop( frame );
                //播放岩石运动动画
                frame = T_Rock.currentFrame;
                frame = frame + T_PlayerCar.getSpeedZ();
                if( frame > T_Rock.totalFrames )
                    frame = frame - T_Rock.totalFrames;
                T_Rock.gotoAndStop( frame );
            }
            public function setCarOrder()               //调整赛车图像间的遮挡关系
            {
                var indexP:int = this.getChildIndex( T_PlayerCar );
                var indexC:int = this.getChildIndex( T_ComCar );
                if( indexP > indexC && T_PlayerCar.z > T_ComCar.z )
                    this.setChildIndex( T_PlayerCar, indexC );
                if( indexP < indexC && T_PlayerCar.z < T_ComCar.z )
                    this.setChildIndex( T_ComCar, indexP );
            }
        }
    }
```

流程 8　设置并发布产品

所有代码编写完成后，需要将这些类与相应的库元素逐一关联起来，参照前面章节的操作方法，将 RacingGame 类与游戏舞台相关联，将 ComCar 类与计算机赛车元件相关联，将

PlayerCar 类与玩家赛车元件相关联。

编译并调试程序后，运行项目并发布产品，可以看到如图 11-2 所示的效果。

本章小结

体育运动简称 SPG，是以体育运动为题材的竞技游戏。在 Flash 中，可以对某些元件进行三维的平移和旋转变换。

思考与练习

1．请说出体育游戏的特点、分类及发展简史。

2．开发体育游戏需要注意哪些问题？

3．Flash 的工具栏中，有一个图标为的三维旋转工具，试着用该工具调整某个影片剪辑实例，看看三维旋转工具有哪些功能。

第十二章　开发策略游戏

内容提要

本章由 4 节组成。首先介绍策略游戏的特点、分类、用户群体、发展史，接着通过实例《植物大战僵尸》讲解策略游戏开发的全过程。最后是小结和作业安排。

学习重点

- 策略游戏特点
- 《植物大战僵尸》游戏制作过程中各个流程的实现方法与技能

教学环境： 计算机实验室

学时建议： 8 小时（其中讲授 2 小时，实验 6 小时）

策略游戏具备高度的自由性和极高的耐玩性，能充分开发玩家的智力并培养大局观。

12.1　概述

策略游戏（Strategy Game）或称战略游戏（Strategic game），简称 SLG。在这类游戏中，玩家需要通过指挥控制各种模拟对象，从而完成游戏规定的目标，例如《植物大战僵尸》、《星级争霸》、《英雄无敌》系列等。

12.1.1　策略游戏的特点

策略游戏大多具有以下特点：

1．自由和开放

策略游戏的规则大多为“开放式”的，玩家可在规则限度内自由地指挥、控制、管理和使用游戏中的各种模拟对象。

2．需要开动脑筋

策略游戏常常需要玩家动脑思考问题，以处理较复杂的情况，进而完成游戏任务。

3．模拟对象多种多样

在策略游戏中，玩家一般要控制多种模拟对象（包括各种人物、武器、车辆等），通过玩家的指挥和调动，使得多种模拟对象相互配合，共同完成游戏任务。

4．游戏场景“棋盘化”

大多数策略游戏都采用“棋盘化”的战斗场景，即游戏场景可以划分成 m 行 n 列的方格矩阵，玩家实际上是在各个方格上摆放模拟对象。其实，中国象棋、围棋、国际象棋也是策略游戏的雏形。

5. 耐玩性强

在策略游戏中，玩家需要完成一个又一个的任务。当某个任务失败时，玩家需要重新开始，并总结经验，制定新的策略方案。

12.1.2 策略游戏的分类

策略游戏具备高度的自由性，可以充分开发玩家智力以及大局观，主要可分为以下几类：

1. 回合制策略游戏

早期的回合制策略游戏，是为了减轻 CPU 的负担，使游戏能在更多平台上运行而设计的。在这类游戏中，各方势力按回合轮流行动，玩家只有在自己的回合才能够进行操纵。回合制策略游戏通常剧情较少，多为单人模式，故事背景往往基于历史战役。传统的回合制策略型游戏会提供给玩家一个可以多动脑筋思考问题、处理较复杂事情的多元化环境，允许玩家自由控制、管理和使用游戏中的人或事物，通过这种自由的手段以及玩家们开动脑筋想出的对抗敌人的办法来达到游戏所要求或玩家个人期望的目标。《三国》系列、《英雄无敌》系列就是回合制策略游戏的代表。

2. 即时战略游戏

即时战略游戏（Real-Time Strategy Game），简称 RTS，是策略游戏的一种，主要以电脑游戏的形式存在。在这类游戏中，各方势力的行动是即时进行的，玩家不仅需要在战略战术上开动脑筋，还要与敌军比速度，比时间。

12.1.3 策略游戏的用户群体

策略游戏的用户群往往具有以下特点：

（1）他们可能是军事迷，喜欢统领军队、发动战争。

（2）他们喜欢在自由和开放的环境中开动脑筋。

（3）他们大多是男性，而且多为年轻人。

（4）他们的业余时间比较长，常常为完成某个任务而长时间地进行游戏。

12.1.4 策略游戏的发展史

1. 回合制策略游戏的发展史

1990 年，JVC 先生（Jon Van Caneghem）独自设计出了一款骑士风格的游戏《国王的赏金》。在该游戏中，玩家控制英雄打怪、招兵、占领城堡并完成各种任务，形成了回合制策略游戏的雏形。JVC 的妻子更是疯狂地迷上了这款游戏，并催促 JVC 推出《国王的赏金》续集。

随着电脑硬件的不断升级，回合制策略游戏也大放异彩。日本光荣公司出品的《三国志》系列与《信长之野望》系列都是回合制策略游戏的经典之作。《三国志》中对人物形象的刻画，对三国历史和政治军事模式的研究，都是相当深刻的。《信长之野望》系列的故事背景是日本的战国时代，玩家要做的就是消灭敌人统一全国。这两个系列游戏画面精美，已经发行了很多版本。

欧洲回合制策略游戏的代表作是《英雄无敌》系列，《英雄无敌 1》的画面看起来非常幼稚，英雄也只有四围属性，没有技能，但它的面世具有划时代的历史意义，不仅为以后的回合制策略游戏作出了榜样，还对魔兽等经典游戏留下了深远的文化影响。而《英雄无敌 2》精细的游戏画面带给玩家更加舒适的视觉享受。游戏中的英雄拥有了技能和更多强大的宝物，培养英雄成了一件很有成就感的事情。雄伟美观的城堡，神秘复杂的魔法，自由而辽阔的大陆，华丽的精灵和魔法师，以及各路英雄豪杰，展现出一个瑰丽神奇的魔法世界。

1999 年，《英雄无敌 3》横空出世，其画面质量、角色造型、战略战术设计等较前 2 个版本都有大幅度的提升。在《英雄无敌 3》中，每位英雄都具有特长，不同的特长会衍生出丰富的战略战术，游戏中还设置了可以组合的宝物。巧妙的设定、精细的场景、完美的剧情、浓郁的魔幻风格，使得《英雄无敌 3》成为最经典的一款回合战略游戏，即便是后来发行的《英雄无敌 4》与《英雄无敌 5》都无法超越，如图 12-1 所示。

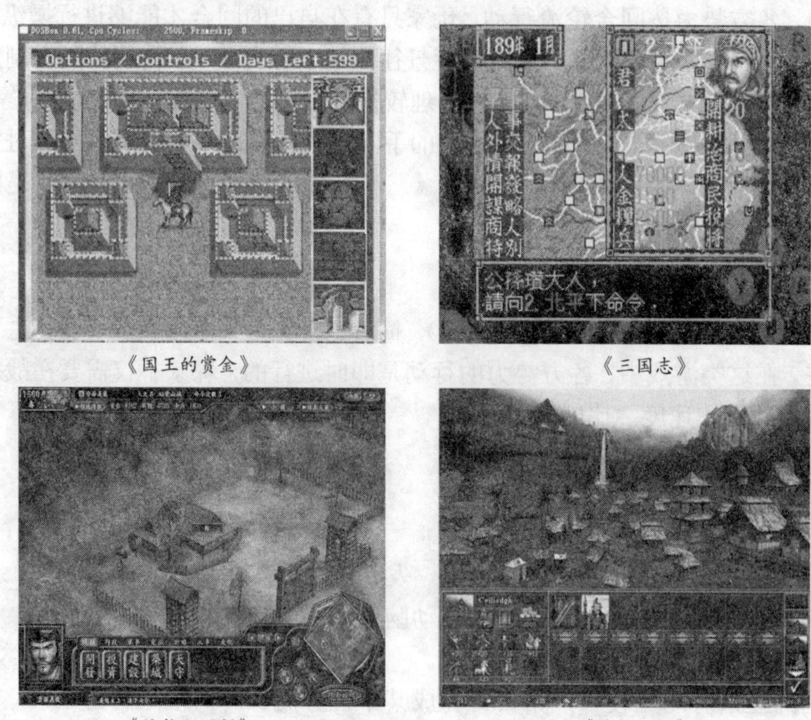

《国王的赏金》　《三国志》

《信长之野望》　《英雄无敌》

图 12-1　回合制策略游戏代表作

2. 即时战略游戏的发展史

即时战略游戏的形态经过了漫长的演变，按照如今的标准，是很难确定其前身的。这个游戏类型在英国与北美经历了不同的发展道路，但最终融合成一个共同的形态。即时战略游戏的代表作如图 12-2 所示。

在英国，即时战略可以追溯至 1983 年，由 John Gibson 开发的《Stonkers》，以及 1987 年发行的《Nether Earth》。这两款游戏都发行在 ZX Spectrum 家用电脑上。而在北美，由 Evryware's Dave 和 Barry Murry 开发的《The Ancient Art of War》（1984 年）被普遍认为是现代即时战略游戏的始祖，也包括了它的续作——《The Ancient Art of War at Sea》（1987 年）。

也有资料把 1982 年 Intellivision 发行的《Utopia》认定为第一款即时战略游戏。在该游戏中，两名玩家采集资源并且互相战斗，但是它缺乏即时战略游戏必要的直接战斗控制系统。同年，另一款游戏《Legionnaire》由 Chris Crawford 开发并发行在 Atari 的 8 位家用游戏机上，与《Utopia》形成了对立。《Legionnaire》提供了完整的即时战斗、多变的地形和互助概念，只是还缺乏资源采集和经济生产概念，因此，它更有资格成为即时战术游戏的始祖。

1989 年发行在 Sega Mega Drive/Genesis 游戏机上的《Herzog Zwei》可能是最早拥有所有即时战略必要元素的游戏。玩家的任务是控制战斗机摧毁敌人的基地。该游戏已经具备了即时策略游戏中的一些基本要素，如能源、金钱的管理、即时控制的作战单位、为基地战斗等。

1992 年，由 Westwood Studios 公司开发的《沙丘魔堡 II》(Dune II: The Building of a Dynasty) 阐述了现代即时战略游戏中的所有核心概念，例如用鼠标控制单位、资源采集等等。

1994 年，Blizzard Entertainment（暴雪娱乐）公司推出了《魔兽争霸》(Warcraft: Orcs & Humans)，该作品大体上只能算是《沙丘魔堡 II》的中古世纪仿作。真正获得成功的，是其 1995 年的续作《魔兽争霸 II》(Warcraft II: Tides of Darkness)。从此，Blizzard Entertainment 与 Westwood Studios 两家游戏公司形成了长达数年的竞争关系。

1995 年，Westwood Studios 的《命令与征服》(Command & Conquer) 是最早拥有多人对战模式的即时战略游戏，与《命令与征服：红色警戒》(Command and Conquer: Red Alert) 一道，成为了最受欢迎的早期竞技游戏。其中，《命令与征服》允许两位玩家进行网络对战，因为游戏内附的两张光碟都是可以独立执行的。

1997 年，Cavedog Entertainment 公司推出的《横扫千军》(Total Annihilation) 首次采用了 3D 单位，并且着重大规模战斗，强调宏观操作。它采用的流线型的界面对此后许多即时战略游戏产生了影响。

1998 年，Blizzard Entertainment 推出了《星际争霸》(StarCraft)。《星际争霸》成为了最受欢迎的即时战略游戏之一。甚至，在韩国还会举办《星际争霸》的职业竞赛。

从 1995 年开始，即时战略的形态已经基本稳定，而新的即时战略游戏倾向于加入更多的单位、更大的地图甚至 3D 地形，而游戏概念的创新很少，往往只是对以往成功作品的继承和改进。

同样在 1997 年，Microsoft 公司在其作品《帝国时代》(Age of Empires) 中，引入了“技术时代”的概念。这种组合在 2001 年被 Stainless Steel Studios 的《地球帝国》(Empire Earth) 进一步完善。

1998 年的《Populous: The Beginning》和 1999 年的《家园》(Homeworld) 是最早的全 3D 即时战略游戏。《家园》最显著的一点是采用了 3D 的太空环境，允许模拟对象向每个方向移动。2002 年，随着《魔兽争霸 III》和《神话时代》等游戏的成功，即时战略游戏正式进入了 3D 时代。

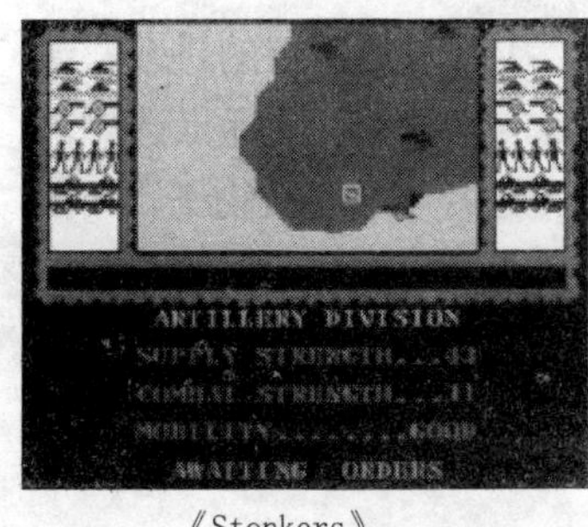

《Stonkers》

《Herzog Zwei》

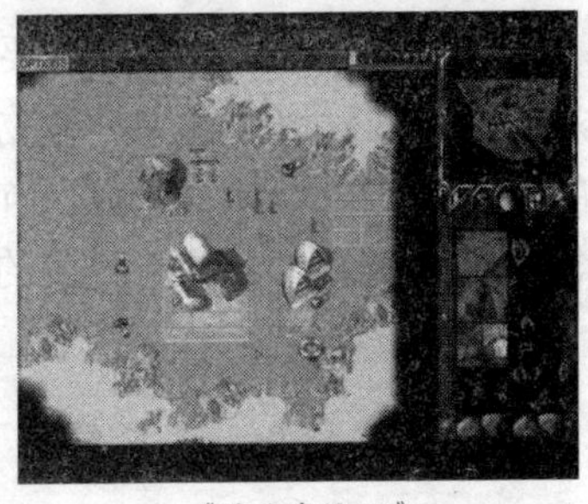

《沙丘魔堡 II》

图 12-2　即时战略游戏代表作

《魔兽争霸 II》 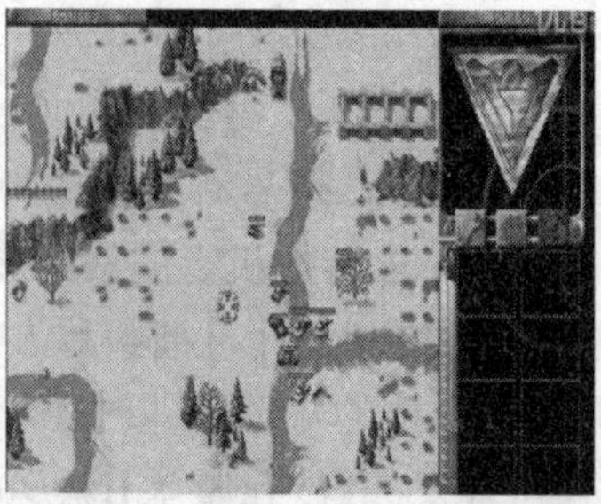　《命令与征服》 　《红色警戒》

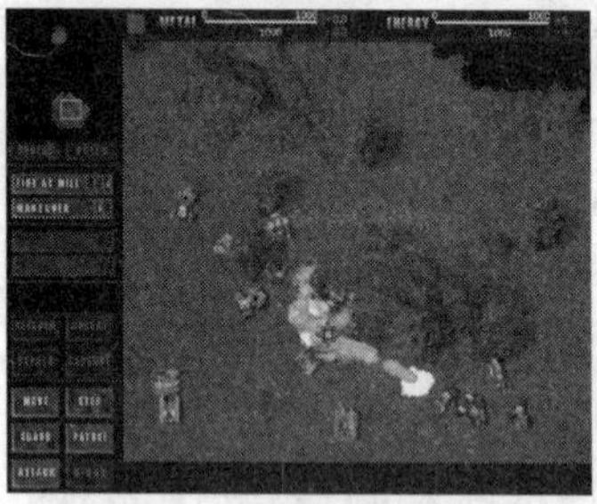

《横扫千军》 　《星际争霸》 　《帝国时代》

《魔兽争霸 III》

图 12-2　即时战略游戏代表作（续）

12.2 《植物大战僵尸》策略游戏开发

《植物大战僵尸》是一款时下流行的策略游戏，接下来将详细介绍这款游戏的制作过程。

12.2.1　操作规则

在本游戏中，游戏者需要在“棋盘化”的场景中摆放各种植物，从而阻止僵尸的进攻。游戏中共有 3 种僵尸和 4 种植物，他们的特点如表 12-1 和表 12-2 所示。游戏者用鼠标点选飘落的太阳花可以增加金钱数，当金钱数大于相应的植物价格时，就可以购买并摆放植物了。当植物消灭僵尸时，会增加相应的分数。

表 12-1　僵尸的特点

图片	名称	生命值	速度
	小僵尸	6	1
	旗帜僵尸	10	0.5
	铁栅门僵尸	20	0.5

表 12-2　植物的特点

图片	名称	生命值	特长
	豌豆射手	100	发射豌豆
	向日葵	100	产生太阳花
	三管豌豆	100	一次发射 3 颗豌豆
	墙果	400	防御性能强

12.2.2　本例效果

本例实际运行效果如图 12-3 所示。

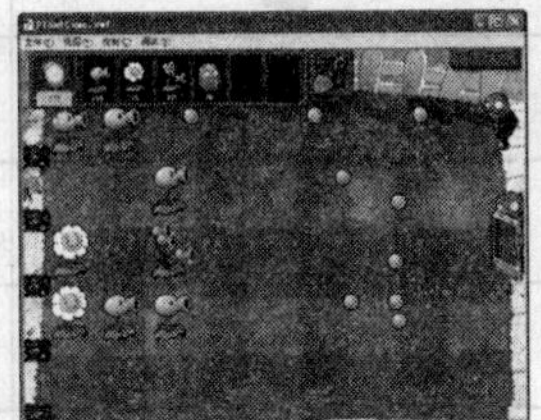

图 12-3 《植物大战僵尸》运行效果

12.2.3　资源文件的处理

制作本游戏之前，首先需要准备各种资源图片，如表 12-3 所示。

表 12-3 资源文件列表

游戏对象	相应图片	图片名称	特殊说明
开机画面		开机画面.jpg	
背景		背景.jpg	
向日葵花		太阳花.png	
子弹		子弹.png	
小僵尸		僵尸 1_行走.gif	gif 图片，内含小动画
		僵尸 1_吃植物.gif	gif 图片，内含小动画
		僵尸 1_死亡.gif	gif 图片，内含小动画
旗帜僵尸		僵尸 2_行走.gif	gif 图片，内含小动画
		僵尸 2_吃植物.gif	gif 图片，内含小动画
		僵尸 2_死亡.gif	gif 图片，内含小动画
铁栅门僵尸		僵尸 3_行走.gif	gif 图片，内含小动画
		僵尸 3_吃植物.gif	gif 图片，内含小动画
		僵尸 3_死亡.gif	gif 图片，内含小动画
豌豆射手		豌豆射手.gif	gif 图片，内含小动画
向日葵		向日葵.gif	gif 图片，内含小动画
三管豌豆		三管豌豆.gif	gif 图片，内含小动画
墙果		墙果_完整.gif	gif 图片，内含小动画
		墙果_受损.gif	gif 图片，内含小动画
		墙果_受伤.gif	gif 图片，内含小动画

12.2.4 开发流程（步骤）

本例开发分为 8 个流程（步骤）：①创建项目、②制作植物元件、③制作僵尸元件、④制作卡片及太阳花元件、⑤绘制开机画面和游戏场景、⑥绘制程序流程图、⑦编写实例代码、⑧设置并发布产品，如图 12-4 所示。

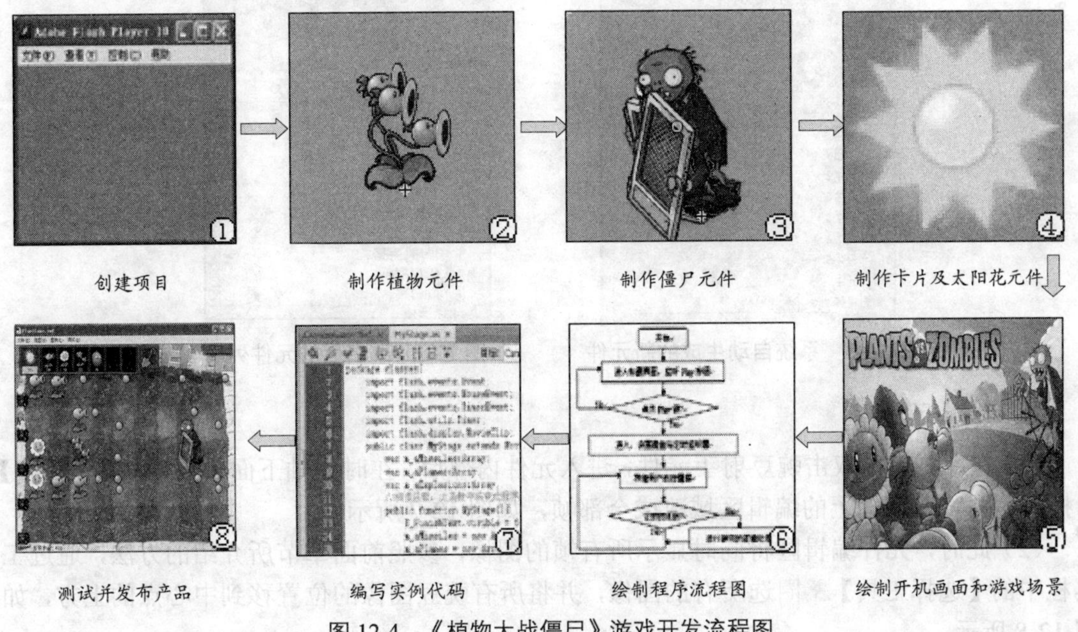

图 12-4 《植物大战僵尸》游戏开发流程图

12.2.5 具体操作

流程 1 创建项目

打开 Flash 软件，仿照第三章所讲解的方法，创建新文档，并将其保存为“PlantGame.fla”。将舞台尺寸设置为 700×520，背景颜色设置成绿色。

本游戏场景中存在多种元件，分别是：4 种植物元件、3 种僵尸元件、卡片元件、太阳花元件等。

流程 2 制作植物元件

本游戏中的植物共有 4 种，分别是：豌豆射手、向日葵、三管豌豆、墙果。植物元件的制作方法如下所述：

1. 导入资源图片

（1）仿照前面章节元件的制作方法，将本章资源中的“豌豆射手.gif”、“向日葵.gif”、“三管豌豆.gif”、“墙果_完整.gif”、“墙果_受损.gif”、“墙果_受伤.gif”、“子弹.png”文件导入到当前项目的库列表中。gif 格式是一种可包含小动画的图片格式。导入 gif 图片后，Flash 会在库列表中自动插入许多位图以及相应的影片剪辑元件，如图 12-5 所示。其中每张位图就对应 gif 动画中的一个画面，而相应的影片剪辑元件则包含了完整的动画。

（2）导入资源图片后，参照前面的做法，将库列表中的几个影片剪辑元件分别改名为：“豌豆射手”、“向日葵”、“三管豌豆”、“墙果_完整”、“墙果_受损”、“墙果_受伤”，如图 12-6 所示。

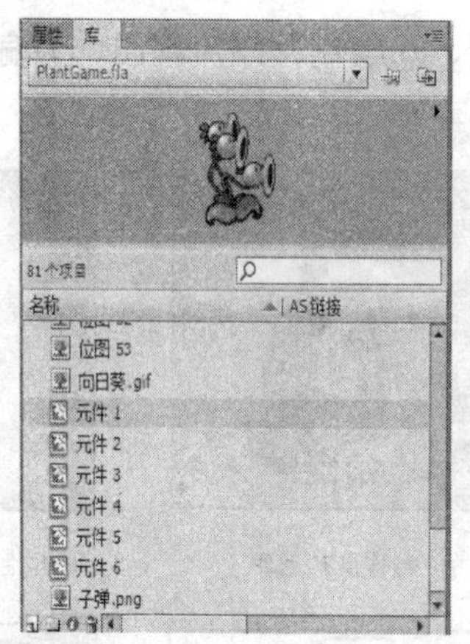

图 12-5　系统自动生成的新元件

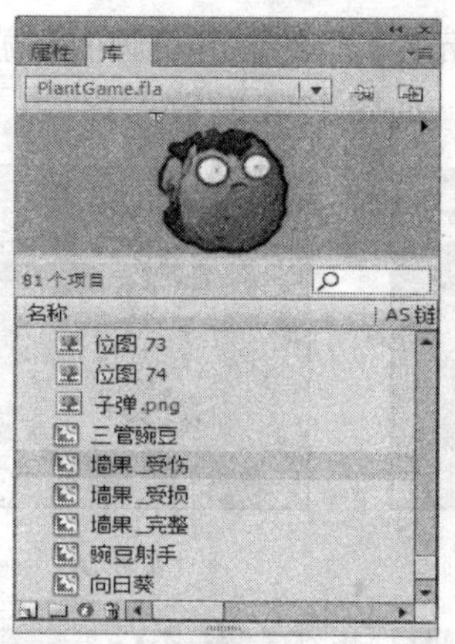

图 12-6　改名后的元件列表

2．修改植物图像

（1）在库列表中双击豌豆射手元件，进入元件内部后，在时间轴下面单击【编辑多个帧】按钮，并将时间轴上的编辑区域改成全部帧，如图 12-7 所示。

（2）此时，元件编辑区将同时显示所有帧的图像，参照前面章节所介绍的方法，通过工具栏中的【选择工具】圈选所有的图像，并将所有豌豆图像的位置移到中心点的上方，如图 12-8 所示。

（3）参照豌豆射手的修改方法，分别修改向日葵及三管豌豆、墙果_完整、墙果_受损、墙果_受伤植物的图像，使所有植物图像都位于元件中心点的上方。

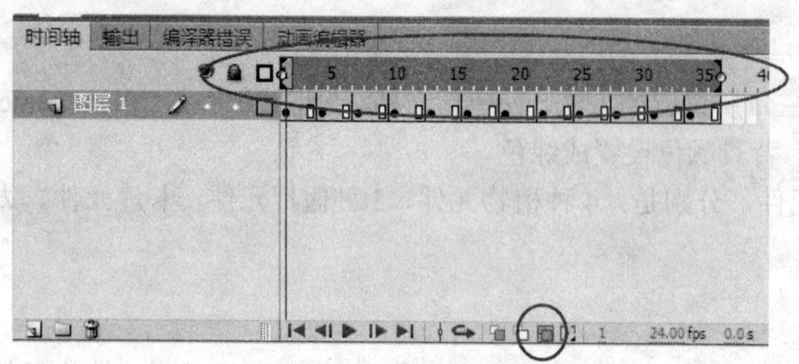

图 12-7　编辑多个帧的设置

图 12-8　编辑元件画面

3．制作墙果元件

（1）选择菜单命令【插入】→【新建元件】，接着在新窗口中将元件名称设置为“墙果”，类型设置为“影片剪辑”，最后单击【确定】按钮，如图 12-9 所示。

（2）参照前面章节的操作方法，在墙果元件内设置 3 个关键帧，分别将“墙果_完整”、“墙果_受损”、“墙果_受伤”等 3 个元件按顺序放置到当前元件 3 个关键帧的图像区域内，同时保证每帧墙果的位置都在元件中心点的上方，如图 12-10 所示。

4．制作子弹元件

参照墙果元件的生成方法，新建“子弹元件”，并将库列表中的“子弹.png”位图拖放到子弹元件的编辑区内，且子弹图像位于元件的中心，如图 12-11 所示。

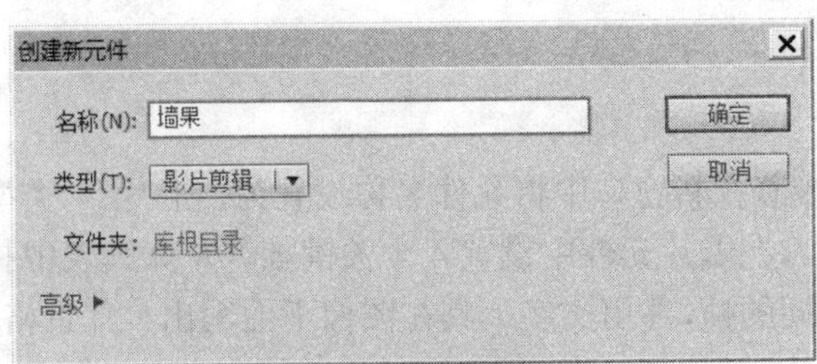

图 12-9　新建墙果元件

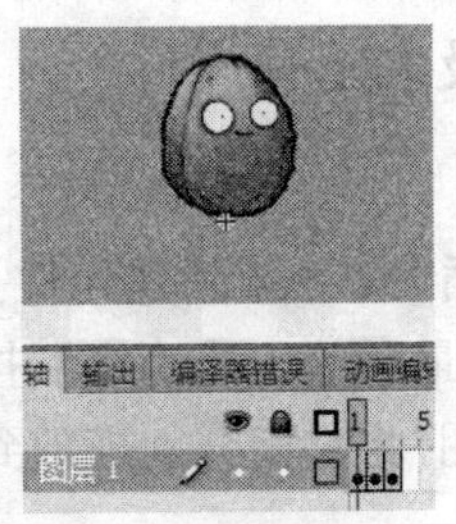

图 12-10　墙果元件

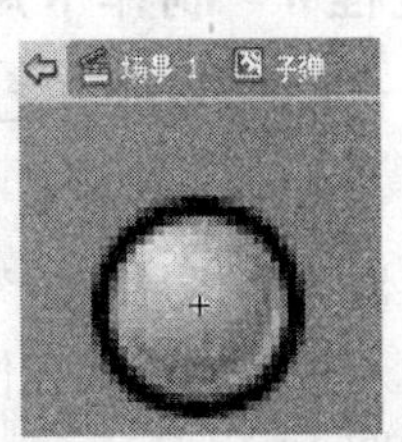

图 12-11　子弹元件

至此，本游戏中的所有植物元件都已制作完成。

流程 3　制作僵尸元件

本游戏中的植物共有 3 种，分别是小僵尸、旗帜僵尸、铁栅门僵尸。每种僵尸都有 3 种动作，分别是：行走、吃植物、死亡。僵尸元件的制作方法如下所述：

1．导入资源图片

（1）仿照前面章节的元件的制作方法，将本章资源中的“僵尸 1_行走.gif”、“僵尸 1_吃植物.gif”、“僵尸 1_死亡.gif”、“僵尸 2_行走.gif”、“僵尸 2_吃植物.gif”、“僵尸 2_死亡.gif”、“僵尸 3_行走.gif”、“僵尸 3_吃植物.gif”、“僵尸 3_死亡.gif”等图片文件导入到当前项目的库列表中。gif 格式是一种可包含小动画的图片格式。导入 gif 图片后，Flash 会在库列表中自动插入许多位图以及相应的影片剪辑元件，其中每张位图对应 gif 动画中的一个画面，而相应的影片剪辑元件则包含了完整的动画。

（2）参照前面的方法，将库列表中的几个影片剪辑元件分别改名为：“小僵尸_行走”、“小僵尸_吃植物”、“小僵尸_死亡”、“旗帜僵尸_行走”、“旗帜僵尸_吃植物”、“旗帜僵尸_死亡”、“铁栅门僵尸_行走”、“铁栅门僵尸_吃植物”、“铁栅门僵尸_死亡”，如图 12-12 所示。

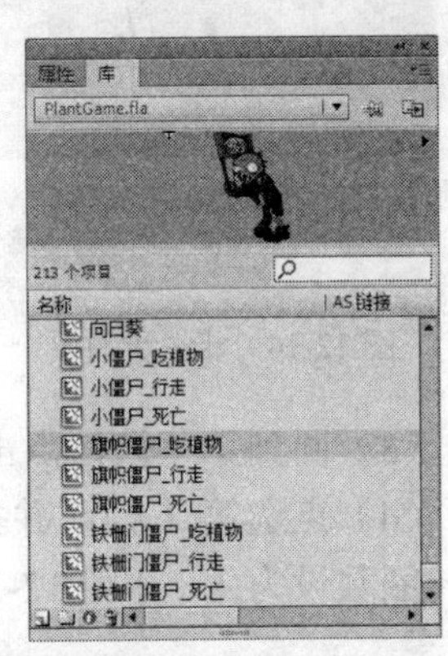

图 12-12　改名后的元件列表

2．制作各种僵尸

（1）选择菜单命令【插入】→【新建元件】，接着在新窗口中将元件名称设置为“小僵尸”，类型设置为“影片剪辑”，最后单击【确定】按钮。然后编辑小僵尸元件，从库列表中将“小僵尸_行走”、“小僵尸_吃植物”、“小僵尸_死亡”等 3 个元件拖出，并叠放到小僵尸元件内，且参照前面章节的操作方法，分别将 3 个元件对象命名为“T_Move”、“T_Attack”、“T_Dead”，同时保证僵尸的位置在元件中心点的上方，小僵尸元件便制作好了，如图 12-13 所示。

图 12-13　小僵尸元件

（2）参照小僵尸元件的制作方法，分别制作旗帜僵尸与铁栅门僵尸元件，并将 2 种僵尸内部的 3 个动作元件分别命名为“T_Move”、“T_Attack”、“T_Dead”。

流程 4　制作卡片及太阳花元件

1．制作卡片元件

选择菜单命令【插入】→【新建元件】，接着在新窗口中将元件名称设置为“卡片”，类型设置为“影片剪辑”，最后单击【确定】按钮。在卡片元件中设置 4 个关键帧，从库列表中找出 4 种植物的代表位图，将它们分别拖放到不同的帧，并用文字工具在图像下面写出具体价格，如图 12-14 所示。

2．制作太阳花元件

（1）与前面制作子弹元件的方法相似，首先新建名为“太阳花”的影片剪辑元件，然后导入“太阳花.png”图片，并从库列表中将太阳花位图拖放到当前元件的中心位置，如图 12-15 所示。

（2）在时间轴的 180 帧处单击鼠标右键，然后选择【插入关键帧】，如图 12-16 所示。

图 12-14　卡片元件

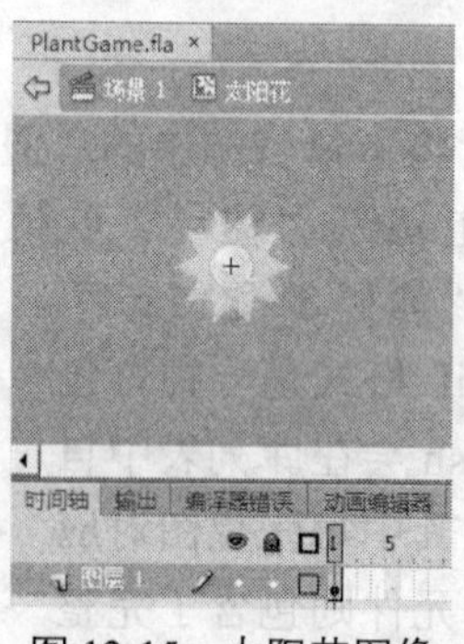
图 12-15　太阳花图像

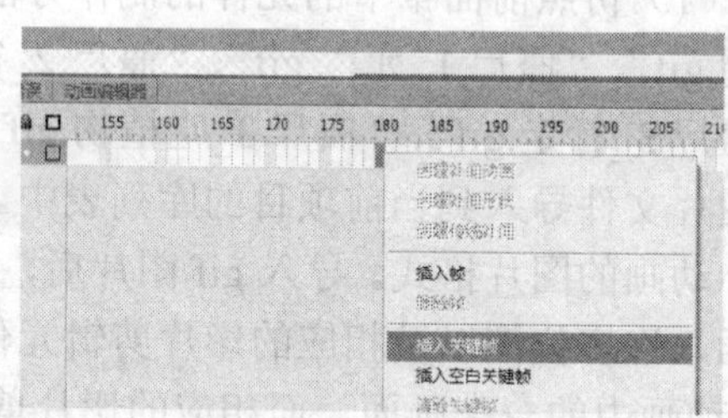
图 12-16　插入关键帧

（3）回到第 1 帧，点击鼠标右键，并选择【创建传统补间】，如图 12-17 所示。

（4）点选第 1 帧，并打开属性面板，将“补间”栏里的“旋转”属性改成“顺时针”，旋转圈数设为 1，如图 12-18 所示。

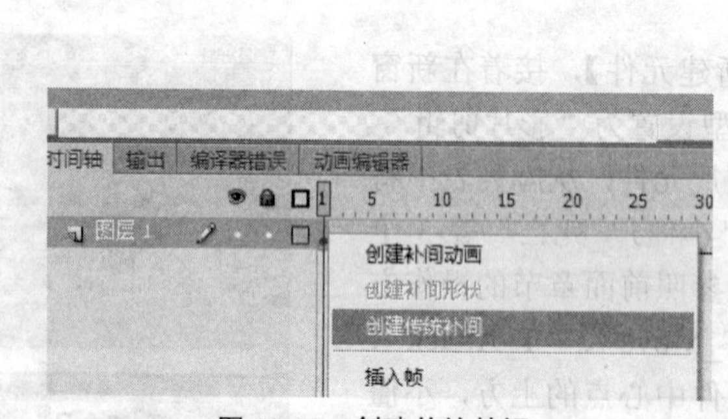

图 12-17　创建传统补间

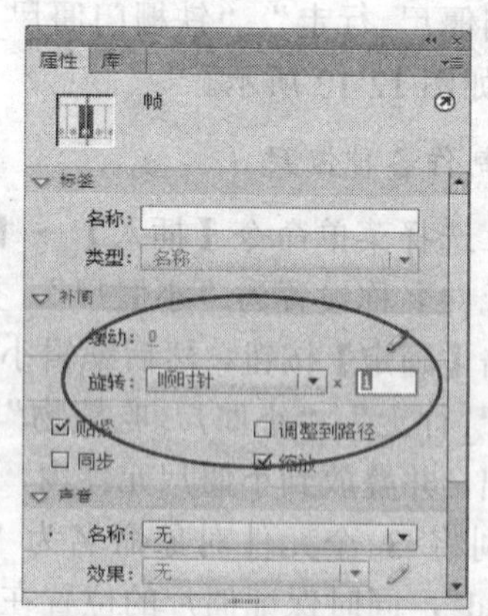

图 12-18　设置旋转参数

流程 5　绘制游戏场景

通过左上角的切换页面，回到场景编辑区，在场景的时间轴上设置 2 个关键帧，然后按照如下所述的步骤绘制游戏场景。

1．绘制开机画面

导入“开机画面.jpg”图片，然后从库列表中将图片拖放到场景中的第 1 帧，并将位图的坐标设置为（0，0），大小设置为 700×520。

2．绘制游戏背景

导入“back.png”图片，然后从库列表中将背景图片拖放到场景中的第 2 帧，并参照前面章节的方法将该位图转换为元件，如图 12-19 所示。然后在属性窗口中将其命名为“T_Back”，如图 12-20 所示。最后将背景的坐标设置为（0，0），位图的大小设置为 700×520。

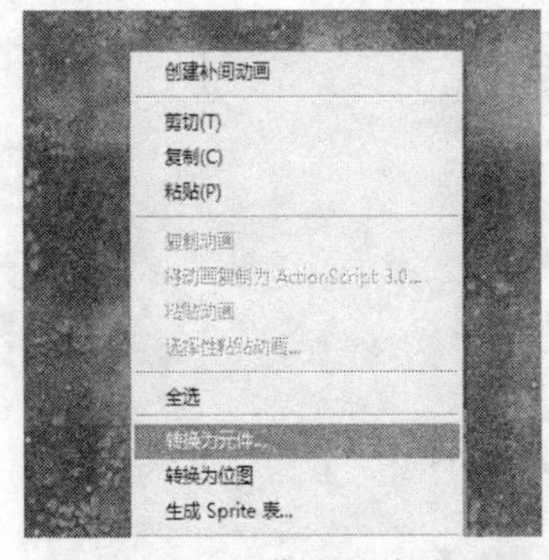

图 12-19　将背景转换成元件

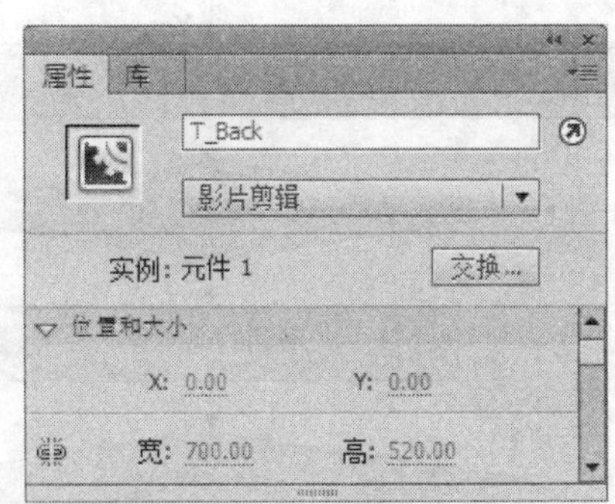

图 12-20　设置背景名称

3．绘制其他对象

从库列表中拖出 4 个卡片元件，放置在第 2 帧背景图像的相应位置上，用任意变形工具调整卡片大小，并分别将 4 个卡片对象命名为“T_Card1”、“T_Card2”、“T_Card3”、“T_Card4”，如图 12-21 所示。接着，用【文本工具】在背景的相应位置上输入 2 个“动态文本”，内容分别是：“000000”和“当前分数：000”，并分别命名为“T_Money”和“T_Score”，如图 12-21 所示。将 4 个文本对象分别命名为“T_Money”和“T_Score”，并将文本的消除锯齿属性设置为“使用设备字体”。

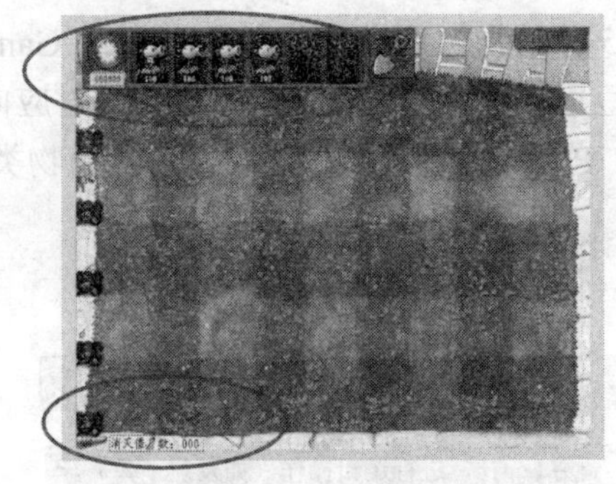

图 12-21　游戏场景画面

至此，本游戏的场景及库元件制作便已完成。

流程 6　绘制程序流程图

本实例的代码中，Plant Game 类对应游戏场景，用于对整个游戏进行控制，该类的程序流程如图 12-22 所示。

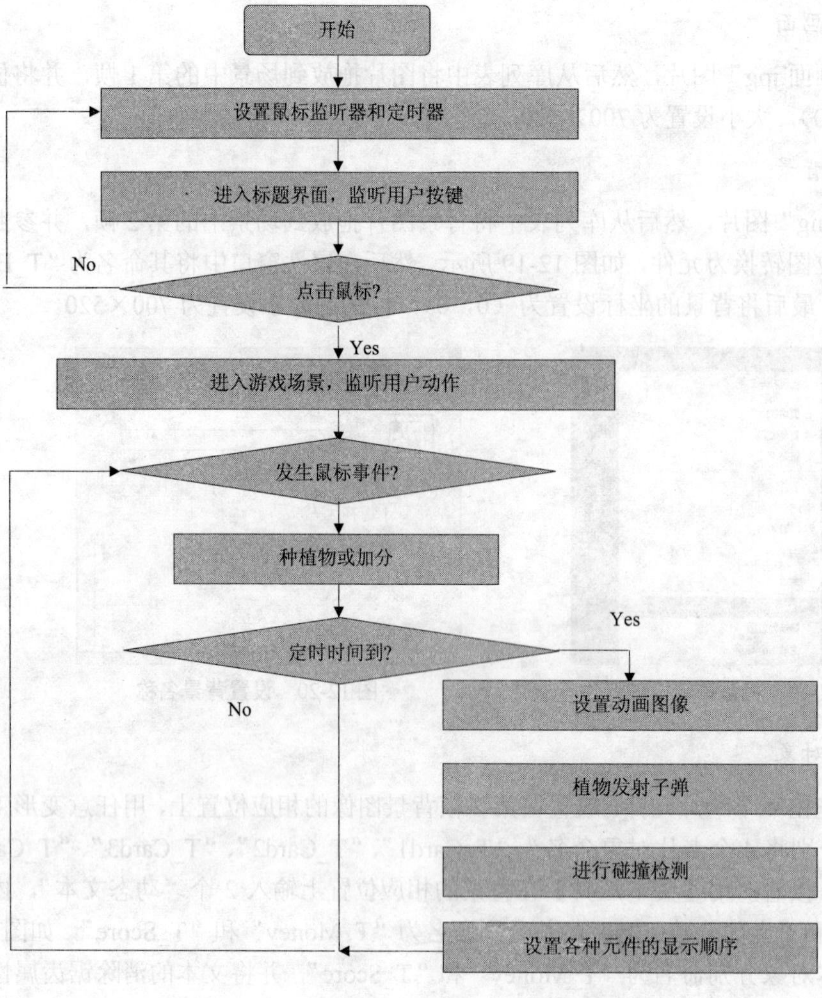

开始
设置鼠标监听器和定时器
进入标题界面，监听用户按键
No
点击鼠标?
Yes
进入游戏场景，监听用户动作
发生鼠标事件?
种植物或加分
Yes
定时时间到?
No
设置动画图像
植物发射子弹
进行碰撞检测
设置各种元件的显示顺序

图 12-22　PlantGame 类的程序流程

本实例的代码中，包含 5 种植物管理类，分别是：Plant Game（对应舞台）、Plant（植物的基类）、Pea Plant（对应豌豆射手元件）、Sunflower Plant（对应向日葵元件）、Three Pea Plant（对应三管豌豆元件）、Wall Plant（对应墙果元件）。各种植物类的程序流程基本相同，如图 12-23 所示。

开始
调用 Start，产生植物
A
调用 Logic，进行逻辑操作（如发射子弹）
B
调用 Collision Width Bullet，进行碰撞检测
C

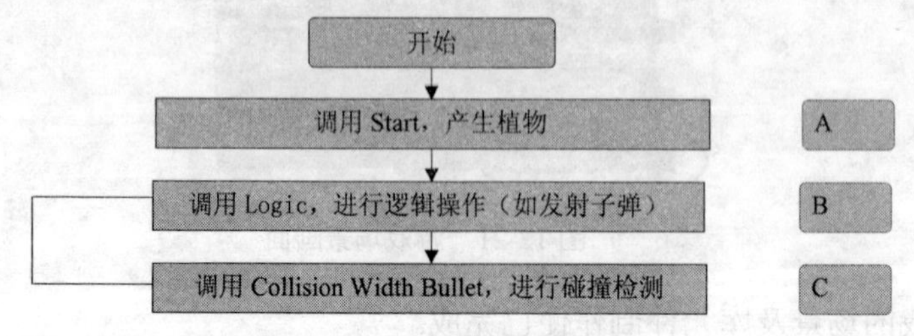

图 12-23　植物类的程序流程

本实例的代码中，包含 4 种僵尸管理类，分别是：Zombie（僵尸的基类）、Flag Zombie

（对应旗帜僵尸元件）、Little Zombie（对应小僵尸元件）、Gate Zombie（对应铁栅门僵尸元件），各个僵尸类的程序流程基本相同，如图 12-24 所示。

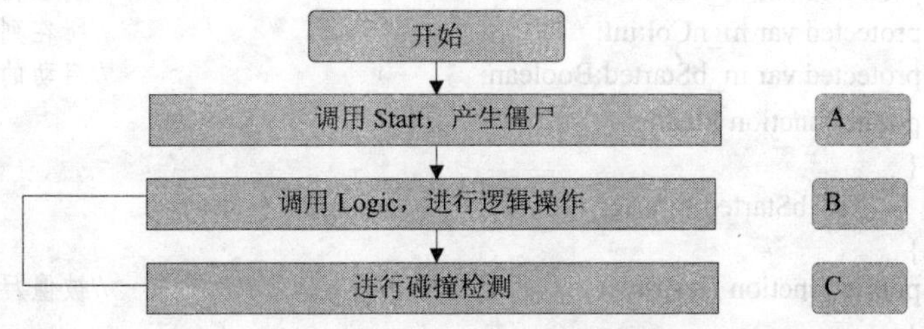

图 12-24　僵尸类的程序流程

流程 7　编写实例代码

1. 编写植物类代码

在本实例的代码中，包含 5 种植物管理类，分别是：Plant（植物的基类）、Pea Plant（对应豌豆射手元件）、Sunflower Plant（对应向日葵元件）、Three Pea Plant（对应三管豌豆元件）、Wall Plant（对应墙果元件），各类的继承关系如图 12-25 所示，图中的箭头由父类指向子类。

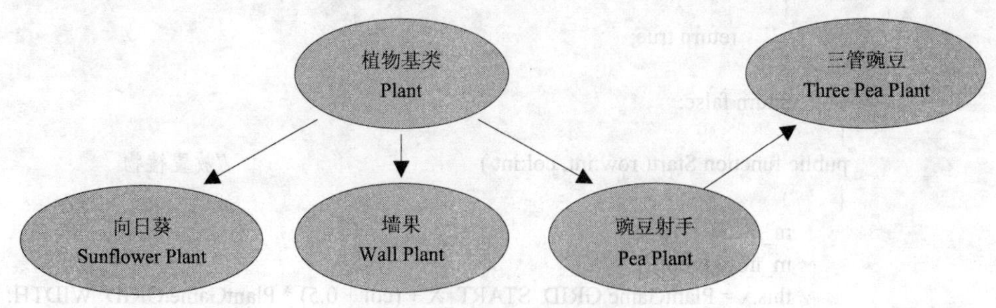

图 12-25　植物类的继承关系

Plant 类是植物的基类，与该类相关的信息有：

（1）游戏中共含有 4 种植物类型。

（2）每种植物都含有生命值和位置等属性。

（3）有些植物可攻击僵尸，需要进行碰撞检测，但不同植物的碰撞检测方法不同。

（4）所有植物都需要进行逻辑功能处理，但不同植物的处理方法不同。

Plant 类具体代码如下所述：

```
package classes
{
    import flash.display.MovieClip;                          //导入影片剪辑的支持类
    public class Plant extends MovieClip
    {
        //定义一组植物类型的数据
        public static var PLANT_TYPE_PEA:int          = 0;     //豌豆射手
        public static var PLANT_TYPE_THREEPEA:int     = 1;     //三管豌豆
        public static var PLANT_TYPE_SUNFLOWER:int = 2;        //向日葵
        public static var PLANT_TYPE_WALL:int         = 3;     //墙果
        protected var m_nType:int;                             //植物类型
```

```
        protected var m_nLife:int;                                  //生命值
        protected var m_nRow:int;                                   //所在行号
        protected var m_nCol:int;                                   //所在列号
        protected var m_bStarted:Boolean;                           //启动的标志
        public function Plant()
        {
            m_bStarted = false;
        }
        public function Destroy()                                   //被僵尸攻击
        {
            m_nLife --;
        }
        public function getType():int                               //获得类型
        {
            return m_nType;
        }
        public function isDead():Boolean                            //判断是否死亡
        {
            if( m_nLife <= 0 )
            {
                return true;
            }
            return false;
        }
        public function Start( row:int, col:int )                   //放置植物
        {
            m_nRow = row;
            m_nCol = col;
            this.x = PlantGame.GRID_START_X + (col + 0.5) * PlantGame.GRID_WIDTH;
            this.y = PlantGame.GRID_START_Y + (row + 0.7) * PlantGame.GRID_HEIGHT;
            m_bStarted = true;
        }
        //在子类中重写Logic方法，完成不同植物的不同处理，实现多态
        //参数refX，refY是父元件的参考坐标，用于将当前对象的坐标转换为相对于游戏舞台的
          坐标
        public function Logic( refX:Number, refY:Number ):void      //植物逻辑处理
        {
        }
        //在子类中重写CollisionWidthBullet方法，完成不同植物的不同处理，实现多态
        //参数zombieX是僵尸的横轴坐标，zombieRow是僵尸所在的行号，refX是父元件的参考
          坐标
        //返回true表示子弹与僵尸发生碰撞
        Public function CollisionWidthBullet( zombieX:Number, zombieRow:int, refX:
Number):Boolean
        {
            return false;                                           //碰撞检测
        }
    }
}
```

Pea Plant 类对应豌豆射手元件，与该类相关的信息有：

（1）豌豆射手是一种特殊的植物。

（2）豌豆射手可发射豌豆子弹。

（3）豌豆射手需要不断地更新子弹的位置和状态。

（4）豌豆射手可以攻击僵尸，需要进行子弹与僵尸的碰撞检测。

Pea Plant 类的代码如下所述：

```
package classes
{
    import flash.display.MovieClip;                                   //导入影片剪辑的支持类
    public class PeaPlant extends Plant
    {
        protected var m_nBulletTime:int = 40;                         //子弹发射时间间隔
        protected var m_aBullets:Array;
        public function PeaPlant()
        {
            m_nType = PLANT_TYPE_PEA;
            m_aBullets = new Array(9);                                //最多9颗子弹
            for( var i:int = 0; i < m_aBullets.length; i++ )
            {
                var bullet:Bullet = new Bullet();                     //产生新子弹
                m_aBullets[i] = bullet;
                this.addChild(bullet);
            }
            m_nLife = 100;
            super();
        }
        protected function Emit()                                     //发射子弹
        {
            for( var i:int = 0; i < m_aBullets.length; i ++ )
            {
                if( m_aBullets[i].visible == false )                  //如果有子弹处于闲置状态
                {
                    m_aBullets[i].Start( 10, -50, m_nRow );           //将这枚子弹发射
                    break;
                }
            }
        }
        //重写父类Logic方法，完成不同植物的不同处理，实现多态
        //参数refX，refY是父元件的参考坐标，用于将当前对象的坐标转换为相对于游戏舞台的
                                                                      坐标
        override public function Logic( refX:Number, refY:Number ):void   //逻辑处理
        {
            for( var i:int = 0; i < m_aBullets.length; i ++ )         //子弹的逻辑处理
            {
                m_aBullets[i].Logic( this.x + refX, this.y + refY );
            }
            m_nBulletTime --;
            if( m_nBulletTime <= 0 )
            {
                m_nBulletTime = 40;
                Emit();                                               //发射子弹
```

```
        }
    }
    //重写父类的CollisionWidthBullet方法，完成不同植物的不同处理，实现多态
    //参数zombieX是僵尸的横轴坐标，zombieRow是僵尸所在的行号，refX是父元件的参考坐标
    //返回true表示子弹与僵尸发生碰撞
    Override public function CollisionWidthBullet(zombieX:Number,zombieRow:int, refX:Number ):Boolean
    {
        for( var i:int = 0; i < m_aBullets.length; i ++ )          //碰撞检测
        {
            if( m_aBullets[i].visible == false )
            {
                continue;
            }
            if( m_aBullets[i].CollisionWidthZombie( zombieX, zombieRow, refX + this.x ) )
            {                                                       //子弹与僵尸发生碰撞
                return true;
            }
        }
        return false;
    }
  }
}
```

Three Pea Plant 类对应三管豌豆元件，与该类相关的信息有：

（1）三管豌豆是一种特殊的豌豆射手。

（2）三管豌豆可同时发射 3 枚豌豆子弹。

Three Pea Plant 类的代码如下所述：

```
package classes
{
    import flash.display.MovieClip;                    //导入影片剪辑的支持类
    public class ThreePeaPlant extends PeaPlant        //继承豌豆射手类
    {
        public function ThreePeaPlant()
        {
            super();
            m_nType = PLANT_TYPE_THREEPEA;
        }
        override protected function Emit()             //发射子弹
        {
            for( var i:int = 0; i < m_aBullets.length; i = i + 3 )
            {
                if( m_aBullets[i].visible == false )
                {   //同时发射3枚子弹
                    m_aBullets[i].Start( 15, -100, m_nRow - 1 );
                    m_aBullets[i+1].Start( 10, -20, m_nRow );
                    m_aBullets[i+2].Start( 15, 60, m_nRow + 1 );
                    break;
                }
            }
```

```
            }
        }
    }
```

Sunflower Plant 类对应向日葵元件，与该类相关的信息有：

（1）向日葵是一种特殊的植物。

（2）向日葵可产生太阳花。

Sunflower Plant 类的代码如下所述：

```
package classes
{
    import flash.display.MovieClip;                          //导入影片剪辑的支持类
    public class SunflowerPlant extends Plant
    {
        protected var m_Flower:Flower;                       //太阳花对象
        protected var m_nFlowerTime:int = 200;               //产生太阳花的时间间隔
        public function SunflowerPlant()
        {
            super();
            m_nLife = 100;
            m_Flower = new Flower();
            this.addChild(m_Flower);
            m_nType = PLANT_TYPE_SUNFLOWER;
        }
        //重写父类Logic方法，完成不同植物的不同处理，实现多态
        //参数refX，refY是父元件的参考坐标，用于将当前对象的坐标转换为相对于游戏舞台的
         坐标
        override public function Logic( refX:Number, refY:Number ):void        //逻辑处理
        {
            m_nFlowerTime --;
            if( m_nFlowerTime <= 0 )
            {
                m_nFlowerTime = 200;
                if( m_Flower.visible == false )
                {
                    m_Flower.Start( 0, 0 );                                    //产生太阳花
                }
            }
            m_Flower.Logic( this.x + refX, this.y + refY );
        }
        //获取太阳花
        //参数mx，my是鼠标的坐标位置，参数refX，refY是父元件的参考坐标
        public function getFlower( mx:Number, my:Number, refX:Number, refY:Number ):Boolean
        {
            return m_Flower.getFlower( mx, my, refX + this.x, refY + this.y );
        }
    }
}
```

Wall Plant 类对应墙果元件，与该类相关的信息有：

（1）墙果是一种特殊的植物。

（2）墙果的生命值很大。

（3）墙果被僵尸攻击后会逐渐改变形状。

Wall Plant 类的代码如下所述：

```
package classes
{
    import flash.display.MovieClip;                    //导入影片剪辑的支持类
    public class WallPlant extends Plant
    {
        public function WallPlant()
        {
            super();
            m_nLife = 400;
            this.gotoAndStop(1);
            m_nType = PLANT_TYPE_WALL;
        }
        override public function Destroy()              //遭到攻击后转换图像
        {
            super.Destroy();
            if( m_nLife < 200 )
            {
                this.gotoAndStop(2);
            }
            if( m_nLife < 100 )
            {
                this.gotoAndStop(3);
            }
        }
    }
}
```

2．编写僵尸类代码

本实例的代码中，包含 4 种僵尸管理类，分别是：Zombie（僵尸的基类）、Flag Zombie（对应旗帜僵尸元件）、Little Zombie（对应小僵尸元件）、Gate Zombie（对应铁栅门僵尸元件），各类的继承关系如图 12-26，图中的箭头由父类指向子类。僵尸类的程序流程如图 12-24 所示。

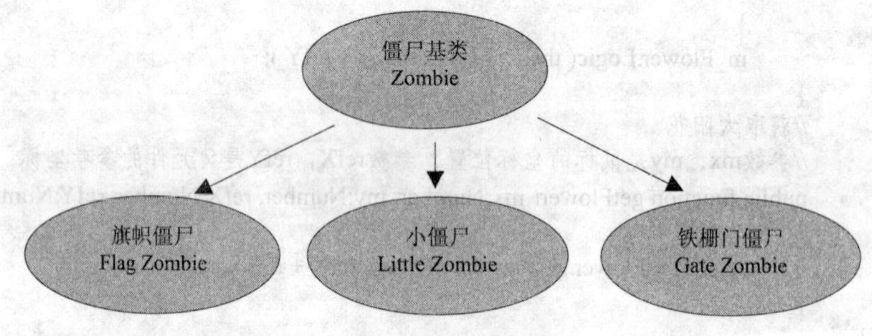

图 12-26　僵尸类的继承关系

Zombie 类是僵尸的基类，与该类相关的信息有：

（1）游戏中共含有 4 种僵尸类型。

（2）每个僵尸都含有生命值、移动速度和位置等属性。

（3）每个僵尸都有 4 种状态，分别是：移动，攻击植物，死亡倒下和完全消失。

（4）受到攻击后，僵尸会改变状态。

（5）所有僵尸都需要进行逻辑功能处理，但不同僵尸的处理方法不同。

Zombie 类具体的代码如下所述：

```
package classes
{
    import flash.display.MovieClip;                          //导入影片剪辑的支持类
    import flashx.textLayout.formats.Float;
    public class Zombie extends MovieClip
    {
        //定义一组标识僵尸状态的数值
        public static var STATE_MOVE:int          = 0;      //向前移动
        public static var STATE_ATTACK:int        = 1;      //攻击植物
        public static var STATE_DEAD:int          = 2;      //死亡倒下
        public static var STATE_DISAPPEAR:int     = 3;      //完全消失
        protected var m_nState:int = STATE_MOVE;            //指定当前的状态
        protected var m_fSpeed:Number = 0.0;                //移动的速度
        protected var m_nLife:int;                          //生命值
        protected var m_nRow:int;                           //当前的行号
        protected var m_nCol:int;                           //当前的列号
        protected var m_curChild:MovieClip;                 //当前播放的动作对象
        public function Zombie()
        {
            m_curChild = null;
        }
        public function getRow():int                        //获取当前所在的行号
        {
            return m_nRow;
        }
        //在子类中重写setState方法，完成不同僵尸的不同处理，实现多态
        public function setState( sta:int )                 //设置僵尸状态
        {
            m_nState = sta;
            if( m_curChild != null )
            {
                m_curChild.visible = false;
            }
        }
        public function getState():int                      //获取僵尸状态
        {
            return m_nState;
        }
        public function Destroy()                           //僵尸遭到攻击
        {
            m_nLife --;
            if( m_nLife <= 0 )
            {
                setState( STATE_DEAD );
            }
```

```
        }
        public function start( row:int )              //启动僵尸，参数row是僵尸所在行的编号
        {
            this.x = PlantGame.GRID_START_X + 10 * PlantGame.GRID_WIDTH;
            this.y = PlantGame.GRID_START_Y + (row + 0.7) * PlantGame.GRID_HEIGHT;
            setState( STATE_MOVE );
        }
        //在子类中重写Logic方法，完成不同僵尸的不同处理，实现多态
        //参数refX, refY是父元件的参考坐标，用于将当前对象的坐标转换为相对于游戏舞台的坐标
        public function Logic( refX:Number, refY:Number ):void
        {
            if( m_curChild == null )
                return;
            m_curChild.nextFrame();
            switch( m_nState )                            //根据当前状态处理动作
            {
            case STATE_MOVE:                              //移动状态
                this.x = this.x - m_fSpeed;               //m_fSpeed是移动的速率
                if( this.x + refX < -50 )
                {
                    setState(STATE_DISAPPEAR);
                }
                break;
            case STATE_ATTACK:                            //攻击状态
                break;
            case STATE_DEAD:                              //死亡状态
                if( m_curChild.currentFrame >= m_curChild.totalFrames )
                {
                    setState(STATE_DISAPPEAR);
                }
                break;
            case STATE_DISAPPEAR:                         //消失状态
                break;
            }
            if( m_curChild != null   )
            {
                if( m_curChild.currentFrame >= m_curChild.totalFrames )
                {
                    m_curChild.gotoAndStop(1);
                }
            }
        }
    }
}
```

Flag Zombie 类对应旗帜僵尸元件，与该类相关的信息有：

（1）旗帜僵尸是一种特殊的僵尸。

（2）在不同状态下，旗帜僵尸的动作图像不同。

Flag Zombie 类的代码如下所述：

```
package classes
```

```
{
    import flash.display.MovieClip;                    //导入影片剪辑的支持类
    public class FlagZombie extends Zombie
    {
        public function FlagZombie()
        {
            super();
            T_Move.visible = false;                    //设置3种动作
            T_Move.stop();
            T_Attack.visible = false;
            T_Attack.stop();
            T_Dead.visible = false;
            T_Dead.stop();
            m_fSpeed = 0.5;                            //设置速度
            m_nLife = 10;                              //设置生命值
        }
        override public function setState( sta:int )   //设置僵尸状态
        {
            super.setState( sta );
            switch( m_nState )
            {
            case STATE_MOVE:                           //移动状态
                m_curChild = T_Move;
                break;
            case STATE_ATTACK:                         //攻击状态
                m_curChild = T_Attack;
                break;
            case STATE_DEAD:                           //死亡状态
                m_curChild = T_Dead;
                m_curChild.gotoAndStop(1);
                break;
            case STATE_DISAPPEAR:                      //消失状态
                m_curChild = null;
                break;
            }
            if( m_curChild != null )
            {
                m_curChild.visible = true;
            }
        }
    }
}
```

Little Zombie 类对应小僵尸元件，与该类相关的信息有：

（1）小僵尸是一种特殊的僵尸。

（2）在不同状态下，小僵尸的动作图像不同。

Little Zombie 类的代码如下所述：

```
package classes
{
    import flash.display.MovieClip;                    //导入影片剪辑的支持类
    public class LittleZombie extends Zombie
```

```
        {
            public function LittleZombie()
            {
                super();
                T_Move.visible = false;
                T_Move.stop();
                T_Attack.visible = false;
                T_Attack.stop();
                T_Dead.visible = false;
                T_Dead.stop();
                m_fSpeed = 1;
                m_nLife = 10;
            }
            override public function setState( sta:int )                //设置僵尸状态
            {
                ……，此处代码略，与旗帜僵尸类的同名方法代码相同
            }
        }
    }
```

Gate Zombie 类对应铁栅门僵尸元件，与该类相关的信息有：

（1）铁栅门僵尸是一种特殊的僵尸。

（2）在不同状态下，铁栅门僵尸的动作图像不同。

Gate Zombie 类的代码如下所述：

```
    package classes
    {
        import flash.display.MovieClip;                    //导入影片剪辑的支持类
        public class GateZombie extends Zombie
        {
            public function GateZombie()
            {
                super();
                T_Move.visible = false;
                T_Move.stop();
                T_Attack.visible = false;
                T_Attack.stop();
                T_Dead.visible = false;
                T_Dead.stop();
                m_fSpeed = 0.5;
                m_nLife = 20;
            }
            override public function setState( sta:int )                //设置僵尸状态
            {
                ……，此处代码略，与旗帜僵尸类的同名方法代码相同
            }
        }
    }
```

3．编写子弹、太阳花和卡片类代码

Bullet 类对应子弹元件，与该类相关的信息有：

（1）每枚子弹都具有速度属性，并都记录其所在行的编号。

（2）子弹被发射后，需要不断地更新坐标位置。

（3）子弹需要与僵尸进行碰撞检测。

Bullet 类的代码如下所述：

```
package classes
{
    import flash.display.MovieClip;                              //导入影片剪辑的支持类
    public class Bullet extends MovieClip
    {
        public static var BULLET_SPEED      = 8;                 //子弹速度
        protected var m_nRow:int;                                //子弹所在的行号
        public function Bullet()
        {
            this.visible = false;
        }
        public function Start( x:int, y:int, row:int )          //发射子弹
        {
            this.x = x;
            this.y = y;
            m_nRow = row;
            this.visible = true;
        }
        public function Logic( refX:Number, refY:Number ):void   //移动子弹
        {
            if( this.visible == true )                           //如果子弹存在
            {
                this.x = this.x + BULLET_SPEED;                  //m_nSpeed是移动的速率
                if( this.x + refX > 720 )                        //如果移出了边界
                {
                    this.visible = false;                        //子弹消失
                }
            }
        }
        // CollisionWidthZombie用于进行子弹于僵尸的碰撞检测
        //参数zombieX是僵尸的横坐标，zombieRow是僵尸所在行的编号，refX是父元件的参考
          坐标
        public function CollisionWidthZombie( zombieX:Number, zombieRow:int,
refX:Number ):Boolean
        {
            if( zombieRow != m_nRow )
            {
                return false;
            }
            var bx:Number = refX + this.x;
            if( bx > zombieX - 10 && bx < zombieX + 10 )
            {
                this.visible = false;
                return true;
            }
            return false;
        }
```

```
        }
    }
```

Flower 类对应太阳花元件，与该类相关的信息有：

（1）太阳花产生后会不停地下落。

（2）玩家可用鼠标点选太阳花。

Flower 类的代码如下所述：

```
package classes
{
    import flash.display.MovieClip;                      //导入影片剪辑的支持类
    public class Flower extends MovieClip
    {
        public function Flower()
        {
            this.visible = false;
        }
        public function Start( x:int, y:int )                          产生太阳花
        {
            this.x = x;
            this.y = y;
            this.visible = true;
        }
        public function Logic( refX:Number, refY:Number ):void        //逻辑处理
        {
            if( this.visible == true )
            {
                this.y = this.y + 2;
                if( this.y + refY > 550 )
                {
                    this.visible = false;
                }
            }
        }
        //检测鼠标是否点中太阳花，返回true表示鼠标选中了该太阳花
        //参数mx，my是鼠标坐标，参数refX，refY是父元件的参考坐标
        public function getFlower( mx:Number, my:Number, refX:Number, refY:Number ):Boolean
        {
            if( this.visible == false )
                return false;
            var fx = this.x + refX;                      //调整坐标，fx,fy是相对于舞台的坐标
            var fy = this.y + refY;
            if( mx > fx - 25 && mx < fx + 25 && my > fy - 25 && my < fy + 25 )
            {
                this.visible = false;
                return true;
            }
            return false;
        }
    }
}
```

Card 类对应卡片元件，与该类相关的信息有：

（1）卡片分为 4 钟类型，与植物一致。

（2）每种卡片都具有不同的价格属性。

（3）玩家可能鼠标点选卡片，并产生相对应的植物对象。

Card 类的代码如下所述：

```
package classes
{
    import flash.display.MovieClip;                         //导入影片剪辑的支持类
    public class Card extends MovieClip
    {
        protected var m_nType:int;                          //存储卡片类型
        public function Card()
        {
            stop();
        }
        public function setType( type:int )                 //设置卡片类型
        {
            m_nType = type;
            switch( m_nType )                               //根据类型值设置图像
            {
            case Plant.PLANT_TYPE_PEA:                      //豌豆射手
                gotoAndStop(1);
                break;
            case Plant.PLANT_TYPE_SUNFLOWER:                //太阳花
                gotoAndStop(2);
                break;
            case Plant.PLANT_TYPE_THREEPEA:                 //三管豌豆
                gotoAndStop(3);
                break;
            case Plant.PLANT_TYPE_WALL:                     //墙果
                gotoAndStop(4);
                break;
            }
        }
        public function getType():int                      //获取卡片类型
        {
            return m_nType;
        }
        public function howMoney():int                     //获取卡片的价格
        {
            switch( m_nType )                               //根据类型值计算价格
            {
            case Plant.PLANT_TYPE_PEA:                      //豌豆射手
                return 100;
                break;
            case Plant.PLANT_TYPE_THREEPEA:                 //三管豌豆
                return 325;
                break;
            case Plant.PLANT_TYPE_SUNFLOWER:                //太阳花
                return 50
```

```
                    break;
                case Plant.PLANT_TYPE_WALL:                    //墙果
                    return 50
                    break;
            }
            return 0;
        }
        public function getPlant():Plant                      //产生植物
        {
            var plant:Plant = null;
            switch( m_nType )                                 //根据卡片类型产生植物
            {
            case Plant.PLANT_TYPE_PEA:                        //豌豆射手
                plant = new PeaPlant();
                break;
            case Plant.PLANT_TYPE_THREEPEA:                   //三管豌豆
                plant = new ThreePeaPlant();
                break;
            case Plant.PLANT_TYPE_SUNFLOWER:                  //太阳花
                plant = new SunflowerPlant();
                break;
            case Plant.PLANT_TYPE_WALL:                       //墙果
                plant = new WallPlant();
                break;
            }
            return plant;
        }
        //判断鼠标是否点选了某张卡片，参数mx，my是鼠标的位置，返回选中的卡片对象
        public function onMouseDownEvent( mx:Number, my:Number ):Card
        {
            var card:Card = null;
            if(   mx > this.x - 20 && mx < this.x + 20 &&
                  my > this.y - 20 && my < this.y + 20 )
            {
                card = new Card();                            //产生卡片
                card.setType( m_nType );                      //设置卡片类型
            }
            return card;
        }
    }
}
```

4．编写舞台类代码

舞台管理类的代码稍复杂一些，需要参照图 12-22 所示的程序流程来编写，具体代码如下所示：

```
package classes
{
    import flash.display.MovieClip;                           //导入系统包
    import flash.events.MouseEvent;
    import flash.events.TimerEvent;
    import flash.utils.Timer;
```

```
public class PlantGame extends MovieClip
{
    public static var GRID_START_X      = 30;           //地图左上角X轴坐标
    public static var GRID_START_Y      = 80;           //地图左上角Y轴坐标
    public static var GRID_WIDTH        = 70;           //地图单元方格宽度
    public static var GRID_HEIGHT       = 84;           //地图单元方格高度

    protected var m_aaPlants:Array;                     //植物数组
    protected var m_aaZombies:Array;                    //僵尸数组
    protected var m_Flower:Flower;                      //随机落下的花
    protected var m_nScore:int;                         //当前分数
    protected var m_nMoney:int;                         //当前的钱数
    protected var m_bMouseDown:Boolean = false;         //记录鼠标是否按下
    protected var m_aCards:Array;                       //卡片数组
    protected var m_selectedCard:Card = null;           //当前用户选择的植物卡
    protected var m_bGameStarted;                       //记录游戏是否启动

    public function PlantGame()
    {//这里完成图12-24中A部分的功能
        this.stop();
        m_bGameStarted = false;                         //设置启动标志
        m_nMoney = 100;                                 //初始100个金钱
        m_nScore = 0;
        this.stage.addEventListener( MouseEvent.MOUSE_DOWN,onMouseDownEvent );
        this.stage.addEventListener( MouseEvent.MOUSE_MOVE,onMouseMoveEvent );
        this.stage.addEventListener( MouseEvent.MOUSE_UP,onMouseUpEvent );
        var myTimer:Timer = new Timer(60, 0);           //定时器
        myTimer.addEventListener("timer", timerHandler );
        myTimer.start();
    }
    public function onMouseDownEvent( e:MouseEvent ):void          //发生鼠标按下事件
    {
        if( m_bGameStarted == false )                   //如果游戏尚未启动
        {
            return;
        }
        //这里完成图12-24中C部分的功能
        var mx:Number = this.stage.mouseX;
        var my:Number = this.stage.mouseY;
        if( m_bMouseDown == false )
        {
            if( m_Flower.getFlower( mx, my, 0, 0 ) == true )
            {//点选中了自由下落的太阳花
                m_nMoney = m_nMoney + 50;
                T_Money.text = "" + m_nMoney;
            }
            else if( m_selectedCard == null )
            {//检测是否点中了卡片
                for( var index:int = 0; index < m_aCards.length; index ++ )
                {//对所有卡片进行循环查找
                    if( m_nMoney >= m_aCards[index].howMoney() )   //如果可以购买
                    {
```

```
                    m_selectedCard=m_aCards[index].onMouseDownEvent(mx, my);
                    if( m_selectedCard != null )          //如果点中了某张卡片
                    {
                        this.addChild( m_selectedCard );   //添加植物
                        m_selectedCard.x = mx;             //植物跟随鼠标移动
                        m_selectedCard.y = my;
                        break;
                    }
                }
            }
        }
        for( var i = 0; i < 5; i ++ )          //检测是否点选了植物产生的太阳花
        {
            for( var j = 0; j < 9; j ++ )
            {
                if( m_aaPlants[i][j] == null )
                {
                    continue;
                }
                if(m_aaPlants[i][j].getType() != Plant.PLANT_TYPE_SUNFLOWER)
                {//选中了太阳花
                    continue;
                }
                if( m_aaPlants[i][j].getFlower( mx, my, 0, 0 ) == true )//选中了太阳花
                {
                    m_nMoney = m_nMoney + 50;                  //增加金钱数
                    T_Money.text = "" + m_nMoney;
                }
            }
        }
        m_bMouseDown = true;                                   //设置鼠标按下的标志
    }
    public function onMouseMoveEvent( e:MouseEvent ):void      //发生鼠标移动事件
    {
        if( m_bGameStarted == false )                          //如果游戏尚未启动
        {
            return;
        }
        if( m_bMouseDown == true && m_selectedCard != null )   //如果鼠标被按下，并
                                                                      选中了卡片
        {
            var mx:Number = this.stage.mouseX;
            var my:Number = this.stage.mouseY;
            m_selectedCard.x = mx;                             //卡片植物随鼠标移动
            m_selectedCard.y = my;
        }
    }
    public function onMouseUpEvent( e:MouseEvent ):void        //发生鼠标弹起事件
    {
        if( m_bGameStarted == false )            //如果游戏尚未启动，处于开机画面
        {//这里完成图12-24中B部分的功能
```

```
            this.gotoAndStop(2);                                        //进入游戏
            T_Money.text = "" + m_nMoney;                               //显示文本信息
            T_Score.text = "当前积分:" + m_nScore;
            m_Flower = new Flower();                                    //初始化太阳花
            this.addChild(m_Flower);

            m_aaPlants = new Array(5);                                  //创建植物数组
            m_aaZombies = new Array(5);                                 //创建僵尸数组
            for( var i = 0; i < 5; i ++ )                               //最多45个植物及僵尸
            {
                m_aaPlants[i] = new Array(9);
                m_aaZombies[i] = new Array(9);
                for( var j = 0; j < 9; j ++ )
                {
                    m_aaPlants[i][j] = null;
                    m_aaZombies[i][j] = null;
                }
            }
            m_aCards = new Array(4);                                    //设置卡片
            T_Card1.setType( Plant.PLANT_TYPE_PEA );                    //豌豆射手卡
            m_aCards[0] = T_Card1;
            T_Card2.setType( Plant.PLANT_TYPE_SUNFLOWER );              //太阳花卡
            m_aCards[1] = T_Card2;
            T_Card3.setType( Plant.PLANT_TYPE_THREEPEA );               //三管豌豆卡
            m_aCards[2] = T_Card3;
            T_Card4.setType( Plant.PLANT_TYPE_WALL );                   //墙果卡
            m_aCards[3] = T_Card4;
            m_bGameStarted = true;
            return;                                                     //直接退出
        }
        //进入游戏状态后，这里完成图12-24中C部分的功能
        if( m_selectedCard != null )                                    //如果有选中卡片
        {//下面代码用于种植植物
            this.removeChild(m_selectedCard);                 //不再显示这张随鼠标移动的卡片
            var mx:Number = this.stage.mouseX;
            var my:Number = this.stage.mouseY;
            var row:int = -1;
            var col:int = -1;
            if( my > GRID_START_Y && mx > GRID_START_X )      //进行越界限制处理
            {
                col = ( mx - GRID_START_X ) / GRID_WIDTH;
                row = ( my - GRID_START_Y ) / GRID_HEIGHT;
            }
            if( row >= 0 && row < 5 )
            {
                if( col >= 0 && col < 9 )
                {
                    if( m_aaPlants[row][col] == null ) //如果该位置上没有植物
                    {
                        m_aaPlants[row][col] = m_selectedCard.getPlant(); //种植植物
                        if( m_aaPlants[row][col] != null )        //如果种植成功
                        {
```

```
                                    this.addChild(m_aaPlants[row][col]); //将植物显示到场景中
                                    m_aaPlants[row][col].Start( row, col ); //设置植物的位置
                                    m_nMoney = m_nMoney - m_selectedCard.howMoney();
                                    T_Money.text = "" + m_nMoney;        //金钱数减少
                                }
                            }
                        }
                    }
                    m_selectedCard = null;                               //清除选中的卡片
                }
                m_bMouseDown = false;                                    //设置鼠标按下标志
            }
            public function timerHandler(e:TimerEvent):void              //定时响应方法
            {//这里完成图12-24中D部分的功能
                if( m_bGameStarted == false )                            //如果游戏尚未启动
                {
                    return;
                }
                FlowerStart();                                           //产生太阳花
                ZombieStart();                                           //产生僵尸

                m_Flower.Logic(0,0);                                     //太阳花逻辑
                for( var row = 0; row < 5; row ++ )                      //僵尸逻辑
                {
                    for( var col = 0; col < 9; col ++ )
                    {
                        if( m_aaZombies[row][col] != null )
                        {
                            m_aaZombies[row][col].Logic(0,0);
                            if(m_aaZombies[row][col].getState()==Zombie.STATE_DISAPPEAR)
                            {//如果僵尸进入消失状态
                                this.removeChild( m_aaZombies[row][col] ); //去除僵尸图像
                                m_aaZombies[row][col] = null;
                                continue;
                            }
                        }
                        if( m_aaPlants[row][col] != null )
                        {
                            m_aaPlants[row][col].Logic(0,0);             //进行植物的逻辑处理
                        }
                    }
                }
                ZombieAttackPlant();                                     //僵尸攻击植物
                PlantAttackZombie();                                     //植物攻击僵尸
                ResetIndex();                                            //更新元件显示顺序
            }
            public function FlowerStart()                                //产生太阳花
            {
                if( m_Flower.visible == false )                          //如果太阳花不存在
                {
                    var r:int = int( Math.random() * 50 );             //以1/50的概率产生太阳花
```

```
                if( r == 10 )
                {//产生太阳花，并设置随机位置
                    m_Flower.Start( int(Math.random() * 600) + 50,   -50 );
                }
            }
        }
        public function ZombieStart()                                    //产生僵尸
        {
            var r:int = int( Math.random() * 200 );                      //以1/200的概率产生僵尸
            if( r == 0 )
            {
                var row:int = int( Math.random() * 5 );                  //随机设置僵死所在的行
                for( var col:int = 0; col < 9; col ++ )
                {
                    if( m_aaZombies[row][col] == null )      //如果该行有尚未使用的僵尸对象
                    {
                        var type:int = int( Math.random() * 3 );     //随机设置僵尸类型
                        switch( type )
                        {
                        case 0:                                          //小僵尸
                            m_aaZombies[row][col] = new LittleZombie();
                            break;
                        case 1:                                          //旗帜僵尸
                            m_aaZombies[row][col] = new FlagZombie();
                            break;
                        case 2:                                          //铁栅门僵尸
                        default:
                            m_aaZombies[row][col] = new GateZombie();
                            break;
                        }
                        this.addChild( m_aaZombies[row][col] );       //把僵尸放入游戏场景
                        m_aaZombies[row][col].start( row );           //启动僵尸
                        break;
                    }
                }
            }
        }
        public function ZombieAttackPlant()                              //僵尸攻击植物
        {
            for( var row = 0; row < 5; row ++ )
            {//僵尸攻击植物,只有同一行才能攻击
                for( var col = 0; col < 9; col ++ )
                {
                    if( m_aaZombies[row][col] == null )
                    {
                        continue;
                    }
                    if( m_aaZombies[row][col].getState() == Zombie.STATE_DEAD )
                    {//如果该僵尸死亡了，则不进行检测
                        continue;
                    }
                    for( var colPlant = 0; colPlant < 9; colPlant ++ )
```

```
                {
                    if( m_aaPlants[row][colPlant] == null )
                    {
                        continue;
                    }
                    if( m_aaZombies[row][col].x > m_aaPlants[row][colPlant].x - 20 &&
                        m_aaZombies[row][col].x < m_aaPlants[row][colPlant].x+20)
                    {//如果僵尸与植物发生碰撞，则改变僵尸的状态
                        m_aaZombies[row][col].setState( Zombie.STATE_ATTACK );
                        m_aaPlants[row][colPlant].Destroy();          //植物遭到攻击
                        if( m_aaPlants[row][colPlant].isDead() )       //如果植物死亡了
                        {//去除植物，僵尸也将恢复到行走状态
                            this.removeChild( m_aaPlants[row][colPlant] );
                            m_aaPlants[row][colPlant] = null;
                            m_aaZombies[row][col].setState(Zombie.STATE_MOVE);
                        }
                    }
                }
            }
        }
    }
    public function PlantAttackZombie()                                //植物攻击僵尸
    {
        for( var rowPlant = 0; rowPlant < 5; rowPlant ++ )
        {
            for( var colPlant = 0; colPlant < 9; colPlant ++ )
            {
                if( m_aaPlants[rowPlant][colPlant] == null )
                {//跳过不存在的植物
                    continue;
                }
                for( var rowZombie = 0; rowZombie < 5; rowZombie ++ )
                {
                    for( var colZombie = 0; colZombie < 9; colZombie ++ )
                    {
                        if( m_aaZombies[rowZombie][colZombie] == null )
                        {//跳过不存在的僵尸
                            continue;
                        }
                        if( m_aaZombies[rowZombie][colZombie].getState()==
                                                        Zombie.STATE_DEAD )
                        {//如果僵尸死亡了
                            continue;
                        }
                        if( m_aaPlants[rowPlant][colPlant].CollisionWidthBullet(
                          m_aaZombies[rowZombie][colZombie].x, rowZombie, 0 ) )
                        {//如果僵尸与子弹发生了碰撞
                            m_aaZombies[rowZombie][colZombie].Destroy(); //僵尸
                                                                    受到攻击
                            if(m_aaZombies[rowZombie][colZombie].getState() ==
                                                        Zombie.STATE_DEAD )
                            {//如果僵尸被打死
```

```
                    m_nScore = m_nScore + 100;          //增加积分
                    T_Score.text = "当前积分:" + m_nScore;//更新显示
                }
            }
        }
    }
}
public function ResetIndex()                    //重新设置元件显示顺序
{
    var index:int = 0;
    this.setChildIndex(T_Back, index );//背景位于显示链的顶端，即其他图像将覆盖背景
    index ++;
    this.setChildIndex( T_Money, index );
    index ++;
    this.setChildIndex( T_Score, index );
    index ++;
    for( var i:int = 0; i < m_aCards.length; i ++ )  //设置卡片的显示序号
    {
        this.setChildIndex( m_aCards[i], index );
        index ++;
    }
    for( var row:int = 0; row < 5; row ++ )           //设置僵尸和植物的显示序号
    {
        var col;
        for( col = 0; col < 9; col ++ )
        {
            if( m_aaPlants[row][col] != null )
            {
                this.setChildIndex( m_aaPlants[row][col], index );
                index ++;
            }
        }
        for( col = 0; col < 9; col ++ )
        {
            if( m_aaZombies[row][col] != null )
            {
                this.setChildIndex( m_aaZombies[row][col], index );
                index ++;
            }
        }
    }
    if( m_selectedCard != null )               //设置当前所选择的卡片的显示序号
    {
        this.setChildIndex( m_selectedCard, index );
        index ++;
    }
    this.setChildIndex( m_Flower, index );               //太阳花将不被遮挡
    index ++;
}
}
```

```
}
```

流程 8　设置并发布产品

所有代码编写完成后，需要将这些类与相应的库元素逐一关联起来，参照前面章节的操作方法，将 PeaPlant 类与豌豆射手元件关联起来，将 SunflowerPlant 与向日葵元件关联起来、将 ThreePeaPlant 类与三管豌豆元件关联起来，将 WallPlant 类与墙果元件关联起来，将 FlagZombie 类与旗帜僵尸元件关联起来，将 LittleZombie 类与小僵尸元件关联起来，将 GateZombie 与铁栅门僵尸元件关联起来，将 Bullet 类与子弹元件关联起来，将 Flower 类与太阳花元件关联起来，将 Card 类与卡片元件关联起来，将 PlantGame 与舞台关联起来。

编译并调试程序后，运行项目并发布产品，可以看到如图 12-3 所示的效果。

本章小结

策略游戏（Strategy Game）或称战略游戏（Strategic game），简称 SLG。

策略游戏大多具有自由、开放、需要开动脑筋、模拟对象多种多样、游戏场景"棋盘化"、耐玩性强等特点。策略游戏主要分为回合制策略游戏和即时战略游戏。

思考与练习

1. 请说出策略游戏的特点、分类及发展简史。
2. 在计算机中制作《植物大战僵尸》游戏。

第十三章　开发手机游戏

内容提要

本章由 4 节组成。首先介绍手机游戏的市场状况、分类、开发团队、开发流程，接着通过实例《小鸟打猪头》讲解手机游戏开发的全过程。最后是小结和作业安排。

学习重点

- 手机游戏市场状况和分类
- 《小鸟打猪头》游戏制作过程中各个流程的实现方法与技能

教学环境：计算机实验室

学时建议：8 小时（其中讲授 2 小时，实验 6 小时）

目前，手机游戏业正在高速地发展，而且将进入一个高利润的稳定增长期。

13.1　概述

随着科技的发展，手机功能越来越强大，而游戏也已成为手机上不可缺少的功能。如今手机游戏的规则越来越复杂，画面越来越精美，娱乐性和交互性也越来越强。

13.1.1　手机游戏的市场状况

中国最大的手机分析平台“友盟”在 2012 年 10 月的追踪数据表示，Android 设备的拥有率超过 1.4 亿，而 iOS 设备的拥有率为 6000 多万。2013 年中国的 Android 和 iOS 市场将突破 4 亿用户。随着智能终端的飞速发展，《愤怒的小鸟》、《植物大战僵尸》、《水果忍者》这些游戏及其背后的制作公司异军突起，赚得盆满钵满。业内人士认为，移动游戏在未来将取得像 PC 游戏一样的地位，市场前景一片光明。

国内手机游戏市场具有四大特点，分别是：

（1）手机游戏市场广阔

在过去的 2012 年中，很多手机游戏厂商的业绩都突破 2000 万，而且众多游戏的 ARPU 值（Average Revenue Per User 用户平均收入）也达到了 400 元人民币的高点。不少厂商认为，这个行业只是刚刚起步，市场前景十分广阔。

（2）收入主要来自手机网游

由于国内大量越狱用户的存在，所以移动互联网游戏的收入主要来自手机网游。截止到 2012 年底，手机网络游戏用户规模较去年同期增长了 20.8%，移动互联网的发展和智能终端的普及为手机游戏带来巨大的发展空间。

（3）术业有专攻，手机游戏分工更加专业

在手机游戏行业里，一些公司专注于游戏的开发，着重考虑如何让更多的用户“买”游戏。还有一些公司则专注于游戏的运营，投入大量精力去留住更多的用户，增加游戏的粘性。

（4）手机游戏生命周期有限

目前，很多手机游戏可能短时间内收入较高，但生命周期却十分有限。厂商们更多的是短期内吸金或是通过流量的转移，将用户导入新游戏中。而有些厂商则专门进行游戏的代理，通过代理游戏来吸引用户，然后再引导用户进入其他游戏，以此获取收入，比如“麒麟狗”公司。

13.1.2 手机游戏的分类

目前，市场上的手机游戏种类繁多，花样各异。可以说，开发商为了吸引玩家，想尽办法设计出各种各样五花八门的游戏。从开发技术的角度，手机游戏可分成如下几类：

- **嵌入式游戏**

此类游戏在出厂前就被固化在手机芯片中了，诺基亚公司的《贪吃蛇》就是一个典型例子。但由于用户自己不能更新或卸载游戏，所以嵌入式游戏现在已经不受用户欢迎了。

- **短信游戏**

短信（SMS）是指从一部手机向另一部手机发送的简短的文字信息。短信游戏的玩法通常是发送一条信息到某个号码，此号码对应着游戏供应商的服务器。服务器收到这条消息后执行一些操作，然后返回一条结果信息到玩家的手机中。由于它依靠用户输入文字，因此本质上它是一个命令环境。此外，短信游戏也需要一定的费用，用户和服务器每交换一次信息大概需要 0.10 元人民币。

- **浏览器游戏**

1999 年以后出厂的手机几乎都有一个无线应用协议浏览器（WAP）。WAP 本质上是一个静态浏览载体，非常像一个简化的 Web，是针对移动电话的小型和低带宽等特征而设计的。想要玩 WAP 游戏，可以进入游戏供应商的 URL（通常是移动运营商门户网站的一个链接），下载并浏览一个或多个页面，选择一个菜单或者输入文字，提交数据到服务器，然后浏览更多的页面。但是 WAP 是一个静态的浏览载体，手机本身几乎不需要做任何处理过程，所有的操作都是在远程服务器上执行的，也就是说所有浏览器游戏都必须在网络环境下运行。

- **J2ME 游戏**

J2ME 全称是 Java 2 Micro Edition，是 Java 2 的微型版，是针对移动电话等一些小型设备而设计的 Java 语言。它极大地提高了移动电话支持游戏的能力，并且提供了比 SMS 或 WAP 更好的控制界面。但随着 Android 和 iPhone 等智能手机的普及，J2ME 游戏已逐渐失去了市场。

- **塞班游戏**

塞班（Symbian）系统是塞班公司为手机而设计的操作系统。2008 年 12 月 2 日，塞班公司被诺基亚收购。塞班游戏主要采用 C++进行开发。不过，2011 年 12 月 21 日，诺基亚官方宣布放弃塞班（Symbian）品牌。由于缺乏新技术支持，塞班的市场份额日益萎缩。

- **黑莓游戏**

黑莓手机（Blackberry），是加拿大 Reserach In Motion Ltd（简称 RIM）公司提供的一套完整的端到端的无线移动解决方案，个人和企业用户可以通过该方案，将最新的重要信息（Email，Address book，Calendar 等）和重要数据（报告，报表等）适时、主动地通过无线方式推送到用户的 BlackBerry 专用终端上，使用户时刻得到最新的信息和资料。这套解决方案包括硬件

(BlackBerry 专用终端)和软件，通常说的“黑莓手机”只是该解决方案的硬件部分。Blackberry 提供强大并且易用的应用开发平台，支持多种不同的应用程序开发，开发人员可使用 Eclipse 或 Microsoft Visual Studio 等工具，并可以选择 Java 或 Web 等多种开发形式。

- **Android 游戏**

Google 公司于 2007 年 11 月 5 日发布了一种基于 Linux 平台的开源手机操作系统，这种操作系统的名称为 Android。凭借良好的性能和开放式的优点，基于 Android 系统的手机日益受到消费者的青睐，Android 手机游戏也进入了发展的黄金期。

Android 开发者主要使用 Java 语言来编写应用程序，但随着移动技术的快速发展，如今开发者可使用多种编程语言来开发 Android 应用程序，使 Android 成为真正意义上的开放式操作系统。

- **iOS 游戏**

iOS 是由苹果公司开发的一种手持设备操作系统，该系统最初是为 iPhone 手机设计的，后来陆续套用到 iPod touch、iPad 以及 Apple TV 等苹果产品上。发展至今，iOS 系统已经逐渐成为了一款十分优秀并且成熟的移动手机操作系统。iOS 上的应用程序和游戏在移动设备中是数一数二的，无论是画面还是音效都是当下手机领域的顶级之作。

13.1.3 手机游戏开发团队的组成

一般手机游戏开发团队规模都不大，少的两三人，多的十几个人。手机游戏开发团队主要由策划员、美工和技术员（程序员）三类人员组成。在手机游戏的开发过程中，各类人员分工明确，相互协作，缺一不可。

1. 策划的工作

制作一款手机游戏前，策划员需要确定该游戏的性质：是体育类、角色扮演类还是其他类型，同时还要给出游戏内容的基本框架。然后，再把游戏的情节、人物和场景以及每个细节都设计好。最后将这些内容写成策划方案交给技术人员去实现。

在整个游戏的实现过程中，策划员要根据每个阶段所遇到的问题随时修改策划方案。有人说，游戏策划就像在写剧本，一集一集地往下续写，所以策划员需要较强的策划与构思能力。

2. 美工的工作

美工需要设计游戏的操作界面、人物造型、各种器物、场景及特效（如烟雾效果）等。他们使用 Photoshop、3DSMAX 等软件绘制游戏中所需要的图片，同时还需要利用特殊的工具软件（通常是团队技术员开发的），将很多图片组合成动画片段或场景。美工相当于为产品做包装的人员。好的产品离不开包装，同样，好的游戏也离不开漂亮的画面。一款游戏内涵再出色，没有华丽的外观也不会赢得太大的市场。

3. 技术员的工作

手机游戏技术员（程序员）是最终实现游戏的人。他们将根据策划员给出的游戏方案，绘制程序流程图，编写代码，并最终实现游戏。手机游戏实现初期，技术员还需要根据用户的反馈，修改游戏中的错误。同时也要按照策划员的意见，对游戏的功能进行修改。此外，技术员通常还要制作各种工具软件，如动画编辑器、地图编辑器等，用于编辑游戏中的动画和场景。这些工具软件可以大大提高美工和策划员的工作效率。

4．三类人员的工作关系

可以这样简单地理解策划员、美工和技术员三者之间的工作关系：美工给出一个个固定的图片，可称为“死图片”；策划员给出图片变换和运动的游戏规则；技术员则按照游戏规则，并根据用户的操作，将这些“死图片”连接并运动起来，变成“活图片”。

13.1.4 手机游戏的开发流程

手机游戏的开发流程主要有以下几个阶段：

1．产生初期方案

搭建高楼要有图纸，同样，开发游戏也要有设计方案。手机游戏开发的初始阶段，策划员要根据市场信息，设计出游戏的初期方案。该方案中包括游戏的种类、内容、故事情节、美术风格、玩法及软件的大小。然后，团队成员需要共同讨论方案的可行性，确定方案能否被顺利完成。

2．定夺详细方案

如果初期方案可行，策划员要进一步设计详细方案。详细方案包括：游戏中人物的职业类别、人物活动的规则、场景的数量、每个场景的主题（如雪地、森林等）以及游戏图片的清单等。详细方案提交后，团队成员再次进行讨论，交流各自的意见，经过反复地讨论和修改，才能确定最终的手机游戏详细设计方案。

这个过程非常关键，设计方案时要尽可能地考虑到实际开发中可能会遇到的问题，尽量避免今后对方案进行修改。如果方案设计不好，使得后期需要大范围地改动，那么很可能导致整个项目的失败。

3．制定工作进度计划

游戏方案确定后，各部门负责人要给出详细的工作进度计划表。表中写明开发工作中每个部分的负责人及具体的完成时间。完成时间不能制定得太久，但也要给负责人员留出一定的余地。同时在工作进度计划中还要考虑各部门的协作关系，比如某些工作需要美工先给出图片，程序员才能编写代码。

4．开发游戏的 demo

制定了工作进度表后，各个部门开始按照计划开发游戏的 demo（样本）。在这个过程中，策划员与美工、策划员与程序员、美工与程序员之间要及时沟通，以避免做无用功。尤其是程序员，要仔细理解游戏的设计方案，不能凭自己主观意识猜测，有不明白的地方要及时与策划员协商，不能将问题遗漏到最后。同时策划员还要根据实际开发中所遇到的问题对游戏方案进行一些必要的修改。

5．测试并修改 demo

游戏的 demo 完成后，策划员或测试人员需要对其进行测试。测试人员不仅要找出游戏中的 bug（错误），还要将游戏下载到不同的真机上，进行实际运行效果的测试，然后测试人员要给出测试报告。程序员接到测试报告后，修改 bug，并对 demo 进行优化。修改和优化完成后，程序员提交新的 demo，测试人员再对新的 demo 进行测试。这样反复地测试、修改和优化，直到整个游戏没有明显的问题后，手机游戏的开发工作才基本结束。

13.2 《小鸟打猪头》手机游戏开发

接下来介绍如何制作《小鸟打猪头》游戏，它是简化版的“愤怒的小鸟”。

13.2.1 操作规则

本游戏是简化版的“愤怒的小鸟”。游戏开始后，屏幕内将出现小鸟和猪头，其中猪头的位置将随机改变。游戏者控制小鸟来击打猪头。具体方法是：在小鸟上方按住并拖拽鼠标左键，可以调整小鸟发射的力度和方向；当松开鼠标键时，小鸟就会沿抛物线发射，并消灭前方的猪头。游戏目的是不断地打击猪头。

13.2.2 本例效果

本例实际运行效果如图 13-1 所示。

图 13-1 《小鸟打猪头》运行效果

13.2.3 资源文件的处理

制作本游戏之前，首先需要准备各种资源图标，如表 13-1 所示。

表 13-1 资源文件列表

游戏对象	相应图片	图片名称
游戏背景		Back.png
小鸟		Bird.png
猪头		Pig.png

13.2.4 开发流程（步骤）

本例的开发分为 8 个流程（步骤）：①搭建开发环境、②创建项目、③制作游戏场景、④绘制程序流程图、⑤编写实例代码、⑥测试并发布产品，如图 13-2 所示。

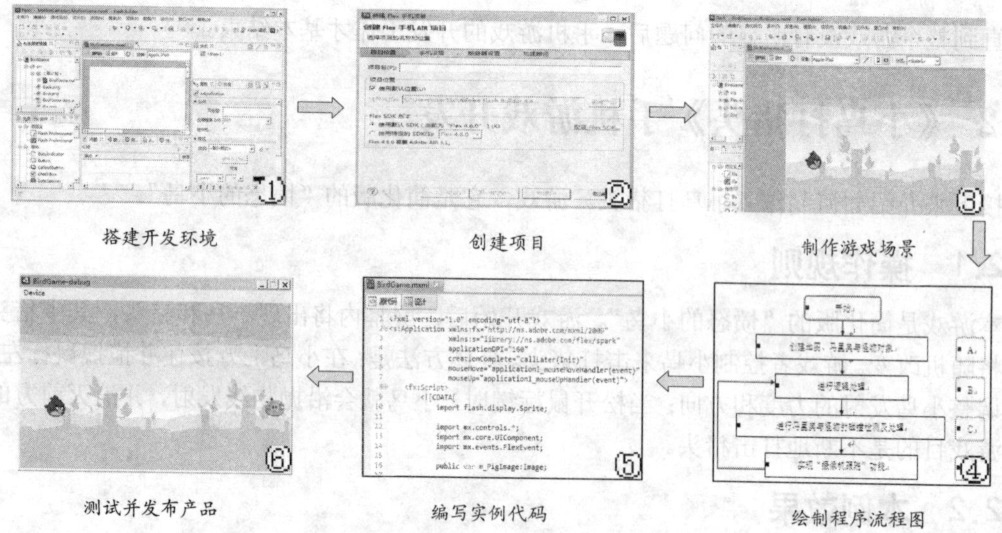

图 13-2 《小鸟打猪头》游戏开发流程图

13.2.5 具体操作

流程 1 搭建开发环境

Adobe 公司发布了 2 种 Flash 开发软件，分别是 Flash 和 Flash Builder（早期称为 Flex）。从技术角度讲，Flash Builder 和 Flash 是融合在一起的。确切地说，Flash Builder 是 Adobe Flash 技术平台架构的重要组成成员。

Flash 是为了 designer（设计者）设计的，用户可以直接在 Flash 操作平台上绘制图像和动画，并可在动画中嵌入 ActionScript 脚本。而 Flash Builder 是为 developers（开发者）设计的，用户需要更多地使用 ActionScript 语言来进行软件开发，同时 Flash Builder 使用 mxml 标记语言来描述界面。mxml 类似于 html，而且比 html 更加规范化、标准化。Flash 与 Flash Builder 都可以用来开发手机游戏。手机终端安装 Flash AIR 后，就可以运行 Flash 游戏了。

在 Flash 中，新建项目时可直接选择 Android 或 iOS 项目，这种项目的开发方法与普通 Flash 项目类似，如图 13-3 所示。

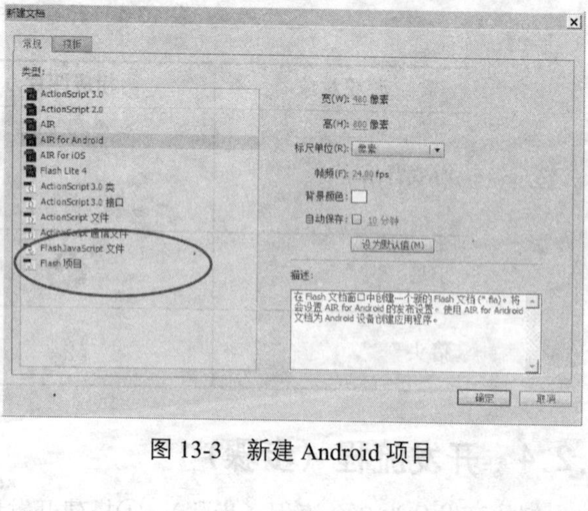

不过，由于不方便模拟运行，更多开发者采用 Flash Builder 来开发手机游戏。本章也将重点讲解 Flash Builder 开发手机游戏的方法。

图 13-3 新建 Android 项目

Flash Builder 的安装步骤如下所述：

1. 下载 Flash Builder

首先，通过搜索引擎，或直接到 www.adobe.com 官方网站上下载 Flash Builder 安装软件。

Flash Builder 最新版为 4.7，但这里建议下载 4.6 版，因为 Flash Builder 4.7 去掉了设计视图（见本章后面的操作），使得初学者难以快速入手。

这里下载 4.6 版的 Flash Builder，下载的文件名为：Flash Builder_4_6_LS10_325268.exe。

2．安装 Flash Builder

双击 Flash Builder_4_6_LS10_325268.exe 软件，接着按照提示安装即可。安装完成后，可在开始菜单内运行 Flash Builder，其操作界面如图 13-4 所示。

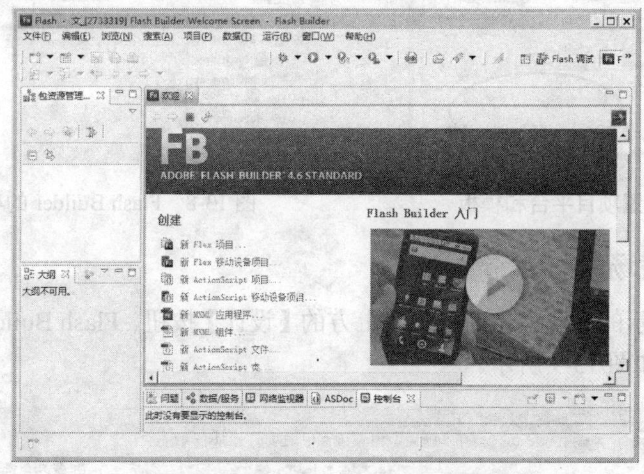

图 13-4 Flash Builder 操作界面

流程 2 创建项目

（1）在 Flash Builder 的操作界面内选择菜单命令【文件】→【新建】→【Flex 手机项目】，如图 13-5 所示。

（2）在系统弹出的窗口内填写项目名称“BirdGame”，其他选项保持默认，再单击【下一步】按钮，如图 13-6 所示。

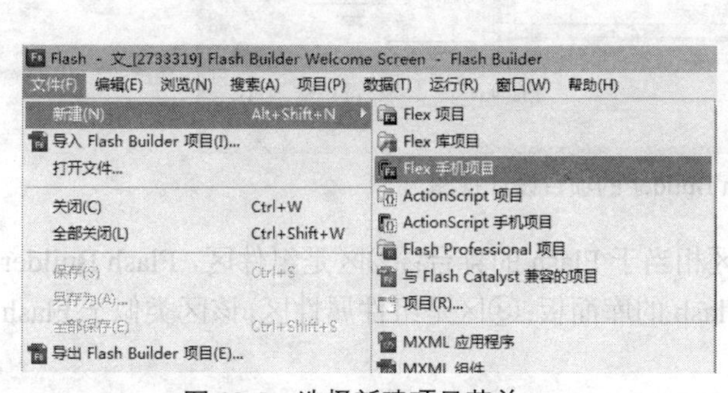

图 13-5 选择新建项目菜单

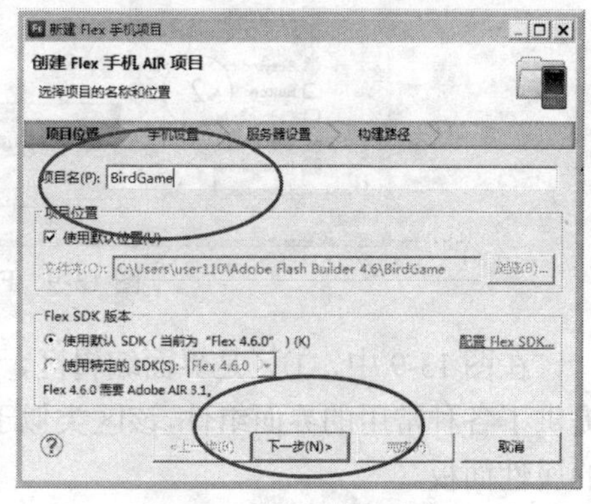

图 13-6 设置项目名称

（3）在【创建手机 AIR 项目】窗口内，设置目标平台为【Google Android】，设置应用模板为【空白】，并单击【完成】按钮，如图 13-7 所示。项目创建完成后，Flash Builder 的操作界面如图 13-8 所示。

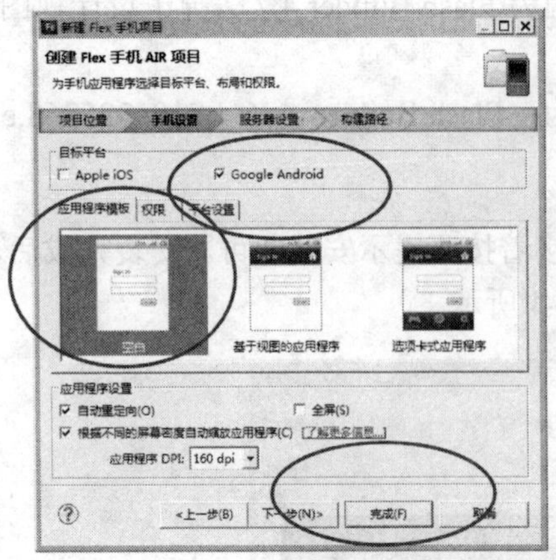

图 13-7　设置项目平台和模板

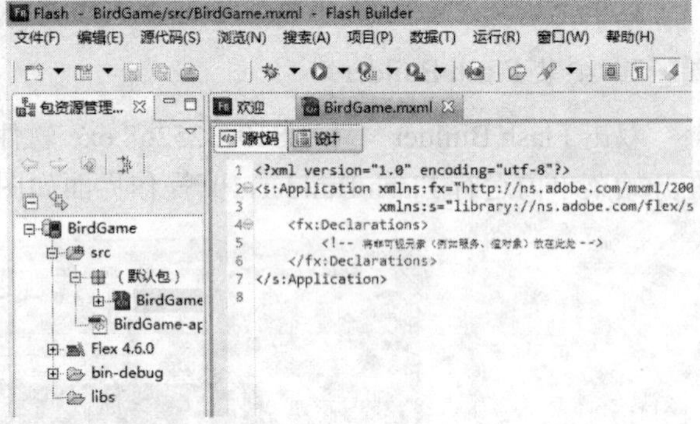

图 13-8　Flash Builder 的项目操作界面

流程 3　制作游戏场景

在如图 13-8 所示的界面上，点击代码上方的【设计】按钮，Flash Builder 将进入项目设计视图的编辑状态，如图 13-9 所示。

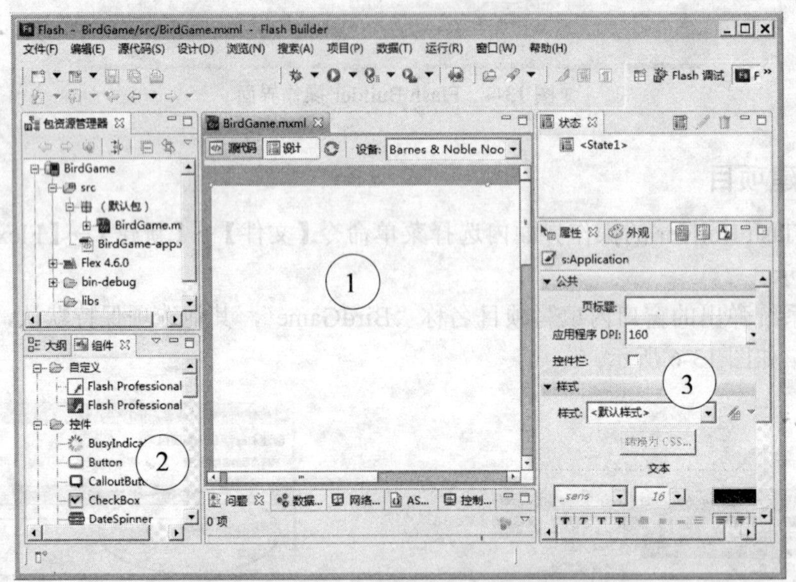

图 13-9　Flash Builder 的项目设计视图

在图 13-9 中，①区是界面编辑区，该区相当于 Flash 的舞台；②区是组件区，Flash Builder 提供了各种常用的界面组件，该区类似于 Flash 的库面板；③区是组件属性区，该区类似于 Flash 的属性面板。

接下来将在界面编辑区（图 13-9 中的①区）内制作本游戏的场景，具体步骤如下所述。

1．导入资源图片

（1）在包资源管理器内，用鼠标右键单击项目的“src”目录，在弹出的菜单内选择【导入】，如图 13-10 所示。接着在【导入】选择窗口内，选择“General”目录下的“文件系统”，并单击【下一步】按钮，如图 13-11 所示。

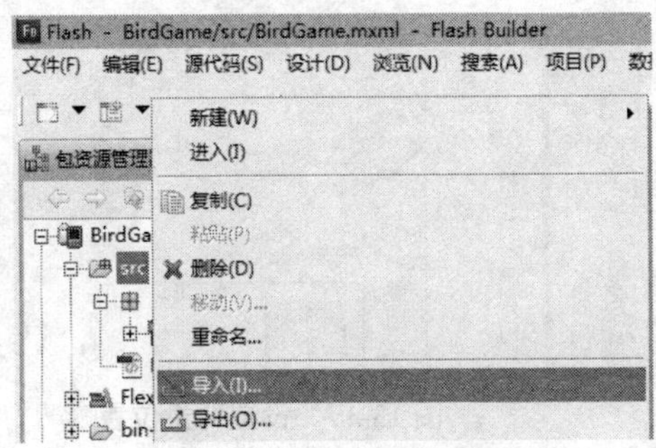

图 13-10 选择导入菜单

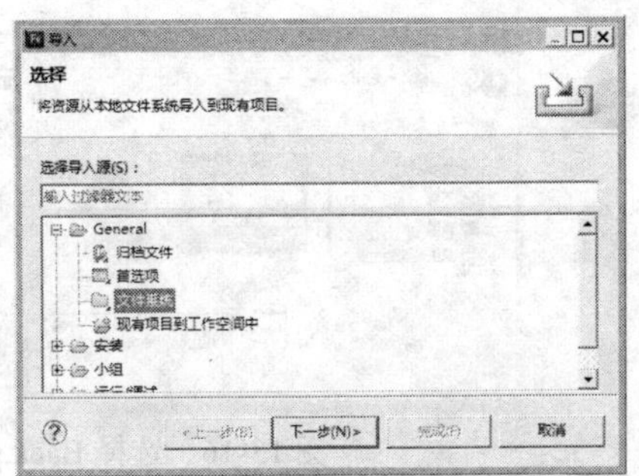

图 13-11 导入选项

（2）在文件系统窗口内，通过【浏览】按钮找到资源图片的存放目录，并勾选导入的图片，最后单击【完成】按钮，如图 13-12 所示。

（3）导入资源图片后，本项目的目录结构如图 13-13 所示。

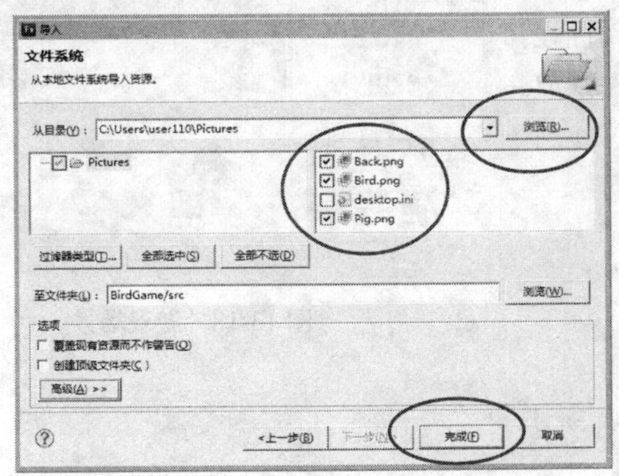

图 13-12 选择导入的文件

图 13-13 导入图片后的目录

2．制作游戏背景

（1）从组件目录内，将 Image 组件拖放到界面编辑区，如图 13-14 所示。保持编辑区内的组件为选定状态，在属性区内将组件的 ID 设置为“IM_Back”，然后点选【源】属性右侧的【打开文件】图标，并选择【单分辨率位图】，如图 13-15 所示。

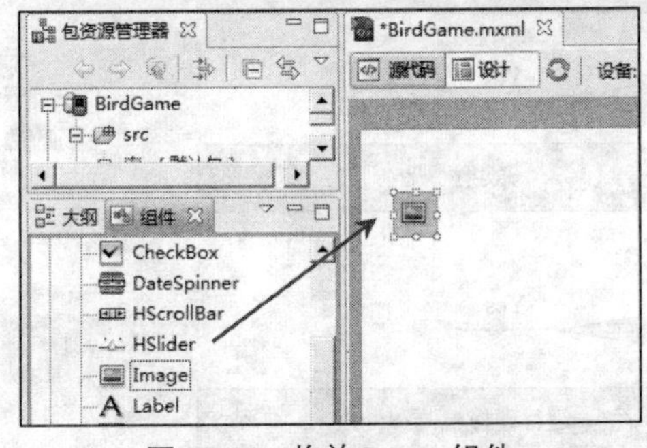

图 13-14 拖放 Image 组件

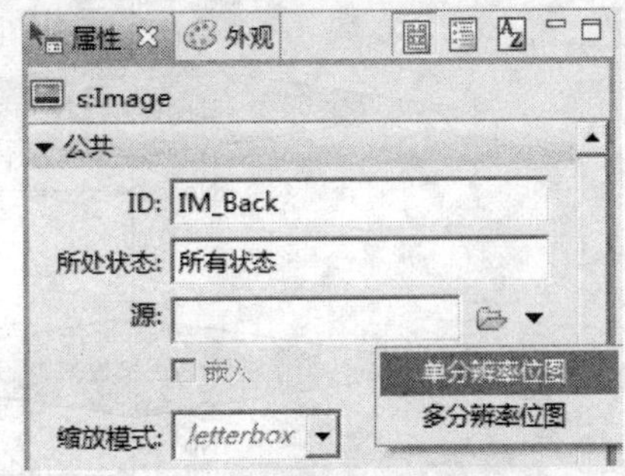

图 13-15 设置 ID 和源属性

（2）在打开文件窗口内，选择项目“src”目录下的“Back.png”文件，如图 13-16 所示。

最后在属性编辑区内，将【大小和位置】选项内的 x、y 的值都设置为 0，如图 13-17 所示。

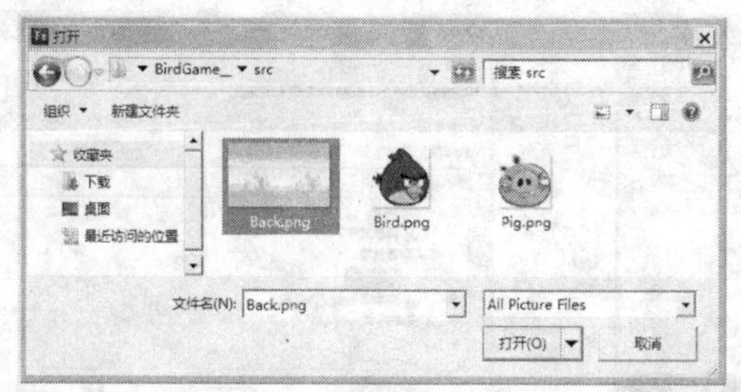

图 13-16　选择 Back.png

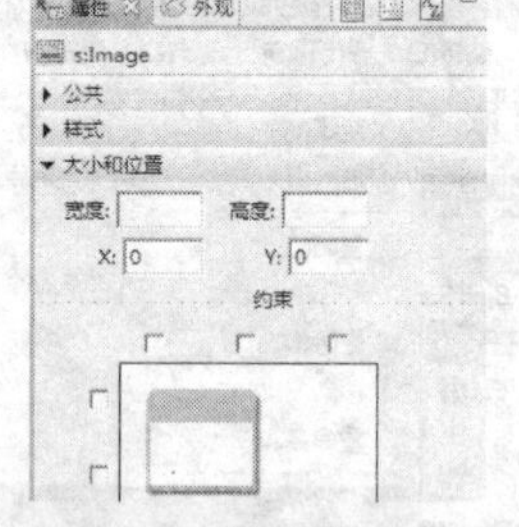

图 13-17　设置背景位置

至此，游戏背景已制作完成，可以在编辑区内看到具体效果。

3．制作小鸟组件

仿照游戏背景的制作方法，从组件目录内，将新的 Image 组件对象拖放到界面编辑区，并将新组件对象的 ID 设置为 IM_Bird，“源”属性设置为 Bird.png。最后用鼠标将 IM_Bird 组件摆放到场景中的合适位置，如图 13-18 所示。

图 13-18　游戏场景

流程 4　绘制程序流程图

本实例的流程图如图 13-19 所示。

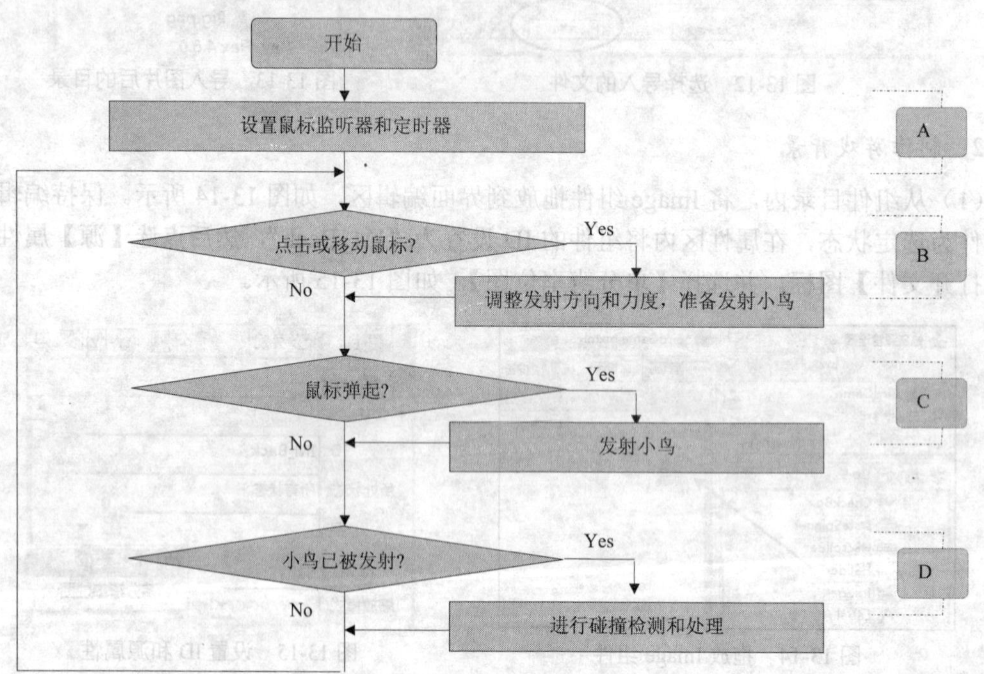

图 13-19　项目程序流程图

流程 5 编写实例代码

用鼠标点选界面编辑区上方的【源代码】按钮，回到代码编辑界面，然后修改 mxml 代码，增加程序的初始方法，并定义好 JavaScript 脚本的开始及结束标志，修改后的代码如下所述，其中深色底纹中的代码就是新修改的代码。

```
<?xml version="1.0" encoding="utf-8"?>
<s:Application xmlns:fx="http://ns.adobe.com/mxml/2009"
               xmlns:s="library://ns.adobe.com/flex/spark"
               applicationDPI="160"
               creationComplete="callLater(Init)">          //修改mxml代码，增加初始方法
    <fx:Script>
        <![CDATA[                                            //ActionScript脚本开始标志
            //这里添加定义对象的代码
            protected function Init():void
            {
                //这里添加程序初始化代码，相当于Flash中舞台类的构造方法
            }
            //这里添加其他自定义的方法
        ]]>                                                  //ActionScript脚本结束标志
    </fx:Script>
    <fx:Declarations>
        <!-- 将非可视元素（例如服务、值对象）放在此处 -->
    </fx:Declarations>
    <s:Image id="IM_Back" x="0" y="0" source="Back.png"/>
    <s:Image id="IM_Bird" x="48" y="227" source="Bird.png"/>
</s:Application>
```

上面代码中已经填写了 ActionScript 脚本开始和结束标志，同时还填写了初始化方法，接下来就可以编写本游戏的具体代码了。Flash Builder 中的 ActionScript 语言的语法和结构都与 Flash 相同，其编写代码的思路都相同，都是在初始化方法内定义各种监听器，然后在监听响应方法内进行事件处理。本实例的完整代码如下所述，请结合注释来理解：

```
<?xml version="1.0" encoding="utf-8"?>
<s:Application xmlns:fx="http://ns.adobe.com/mxml/2009"
               xmlns:s="library://ns.adobe.com/flex/spark"
               applicationDPI="160"
               creationComplete="callLater(Init)">
    <fx:Script>
        <![CDATA[
            import mx.core.UIComponent;                  //导入UI组件支持类
            public var m_PigImage:Image;                 //定义猪头Image对象
            public var m_LineSp :Sprite;                 //定义Sprite对象，用于画小鸟发射路径

            public var m_bSend:Boolean = false;          //定义小鸟是否已被发射的标志
            public var m_bMouseDown:Boolean = false;     //定义鼠标是否被按下的标志
            public var m_Vx:Number = 0;                  //小鸟的X轴速度
            public var m_Vy:Number = 0;                  //小鸟的Y轴速度
            protected function Init():void               //程序初始化方法
            {//这里完成程序流程图中A部分的功能
                m_PigImage=new Image();                  //产生猪头Image组件
```

```
            m_PigImage.source="Pig.png";
            this.addElementAt(m_PigImage,2);        //将猪头组件放入场景

            m_LineSp = new Sprite ();               //创建Sprite对象，用于画小鸟发射路径
            var comp:UIComponent = new UIComponent();
            comp.addChild(m_LineSp);
            this.addElement(comp);                  //将Sprite对象放入场景

            ResetBird();                            //设置小鸟
            ResetPig();                             //设置猪头
            this.stage.setAspectRatio(StageAspectRatio.LANDSCAPE);//设置屏幕方向为横向
            //定义定时器监听器
            var myTimer:Timer = new Timer(50, 0);
            myTimer.addEventListener("timer", timerHandler );
            myTimer.start();
            //定义鼠标监听器
            IM_Bird.addEventListener(MouseEvent.MOUSE_DOWN, onBirdMouseDown);
            this.stage.addEventListener(MouseEvent.MOUSE_MOVE, onMouseMove);
            this.stage.addEventListener(MouseEvent.MOUSE_UP, onMouseUp);
            //对场景进行缩放，以适应手机屏幕
            this.scaleX = this.width / IM_Back.width;
            this.scaleY = this.height / IM_Back.height;
        }
        public function ResetBird():void                    //设置小鸟
        {
            IM_Bird.x = 60;                                 //设置小鸟的初始位置
            IM_Bird.y = 220;
            m_Vx = 0;                                       //设置小鸟的初始速度
            m_Vy = 0;
            m_bSend = false;                                //设置发射标志
        }
        public function ResetPig():void                     //设置猪头
        {
            m_PigImage.x = Math.random() * 200   + 400;     //随机设置猪头位置
            m_PigImage.y = Math.random() * 100   + 200;
        }
        protected function onBirdMouseDown(event:MouseEvent):void
        {//这里完成程序流程图中B部分的功能                   //响应鼠标被按下的方法
            m_bMouseDown = true;                            //设置按下标志
            if( m_bSend == true )                           //如果已经发射了则退出
                return;
            ReadyToLaunch( event.stageX, event.stageY );    //准备发射
        }
        protected function onMouseMove(event:MouseEvent):void
        {//这里完成程序流程图中B部分的功能                   //响应鼠标移动的方法
            if( m_bMouseDown == false )                     //如果没按鼠标则退出
                return;
            if( m_bSend == true )                           //如果已经发射了则退出
                return;
            ReadyToLaunch( event.stageX, event.stageY );    //准备发射

        }
```

```
//发射前的处理方法，参数mx、my分别是鼠标的X、Y轴坐标
protected function ReadyToLaunch( mx:Number, my:Number ):void
{
    //因为Init方法内将场景进行了缩放，这里需要将小鸟中心坐标转换成缩放后
      的坐标
    var bcx:Number = (IM_Bird.x + IM_Bird.width / 2) * this.scaleX;
    var bcy:Number = (IM_Bird.y + IM_Bird.height / 2)* this.scaleY;
    //计算鼠标与小鸟中心点的连线与X的夹角
    var R:Number = Math.atan2( my - bcy, mx - bcx    );
    //计算鼠标与小鸟中心点的距离
    var len2:Number = (bcx - mx) *    (bcx - mx) + (bcy - my) *    (bcy - my)
    //计算小鸟的发射能量，并确保发射能量在5~50之间
    var power:Number = Math.sqrt(len2) * 0.5;
    if( power < 5 )
        return;
    if( power > 50 )
    {
        power = 50;
    }
    m_Vx = power * Math.cos(R);                    //计算小鸟的发射速度
    m_Vy = power * Math.sin(R);
    //绘制小鸟发射路径点
    m_LineSp.graphics.clear();                     //首先清空绘图
    if( m_bMouseDown == true )                     //如果此时鼠标被按下
    {
        m_LineSp.graphics.lineStyle(2,0x0099ff,1);  //设置直线的颜色
        var vx:Number = m_Vx;
        var vy:Number = m_Vy;
        var x:Number = (IM_Bird.x + (IM_Bird.width / 2));//计算小鸟中心点坐标
        var y:Number = (IM_Bird.y + (IM_Bird.height / 2));
        //沿小鸟运行路径（抛物线）画8个圆点
        for( var i:int = 0; i < 8; i ++ )          //画8个点
        {
            m_LineSp.graphics.drawCircle( x, y, 1 );//画圆
            x = x + vx * 0.6;
            y = y + vy * 0.6;
            vy = vy + 5*0.6;
        }
    }
}
protected function onMouseUp(event:MouseEvent):void
{//这里完成程序流程图中C部分的功能                  //响应鼠标弹起的方法
    if( m_bMouseDown == false )
        return;
    m_bMouseDown = false;
    m_LineSp.graphics.clear();
    if( m_bSend == true )
        return;
    m_bSend = true;
}
public function timerHandler(event:TimerEvent):void //系统每50毫秒执行此方法一次
```

```
                {//这里完成程序流程图中D部分的功能                  //响应定时器的方法
                    if( m_bSend == true )                       //如果小鸟被发射了
                    {
                        IM_Bird.x = IM_Bird.x + m_Vx;           //调整小鸟位置
                        IM_Bird.y = IM_Bird.y + m_Vy;
                        m_Vy = m_Vy + 5;
                        if(IM_Bird.y > 400 )                    //如果小鸟飞出屏幕
                        {
                            ResetBird();                        //重新设置小鸟
                        }
                        if(IM_Bird.hitTestObject( m_PigImage ) )  //如果小鸟击中了猪头
                        {
                            ResetBird();                        //重新设置小鸟
                            ResetPig();                         //重新设置猪头
                        }
                    }
                }
            ]]>
        </fx:Script>
        <fx:Declarations>
            <!-- 将非可视元素（例如服务、值对象）放在此处 -->
        </fx:Declarations>
        <s:Image id="IM_Back" x="0" y="0" source="Back.png"/>
        <s:Image id="IM_Bird" x="48" y="227" source="Bird.png"/>
    </s:Application>
```

流程 6　测试并发布产品

代码编写完成后，需要进行模拟测试并发布最终产品。

1．模拟测试

选择【运行】菜单下的【运行】子菜单，如图 13-20 所示。接着在运行配置窗口内，将【目标平台】设置为“Google Android”，将【启动方法】设置为“在桌面上：HTC Hero”，如图 13-21 所示。

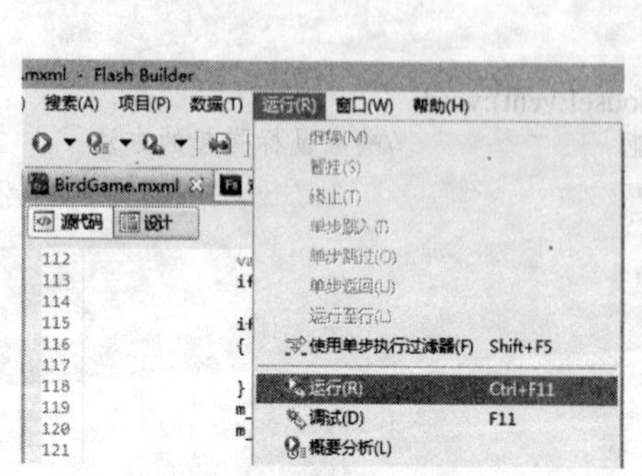

图 13-20　选择运行菜单

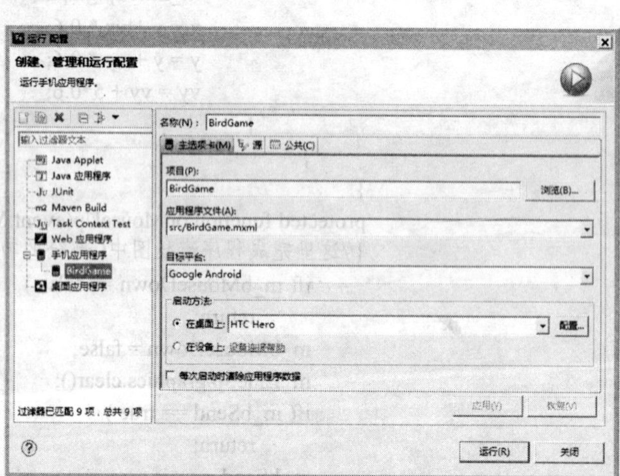

图 13-21　配置运行环境

配置完成后，点击【运行】按钮，可以看到如图 13-1 所示的效果。

2．*发布产品*

（1）模拟测试成功后，选择【项目】菜单，再选择【导出发行版】，如图 13-22 所示。此时，系统将新弹出【导出发行版】窗口，该窗口内的选项保持默认即可，直接点击【下一步】按钮。

（2）在【打包设置】窗口内，选择【数字签名】选项卡，并在证书栏设置自己的 AIR 证书。如果之前没有创建过 AIR 证书，则可点击【创建】按钮，并根据提示创建新的 AIR 证书，如图 13-23 所示。

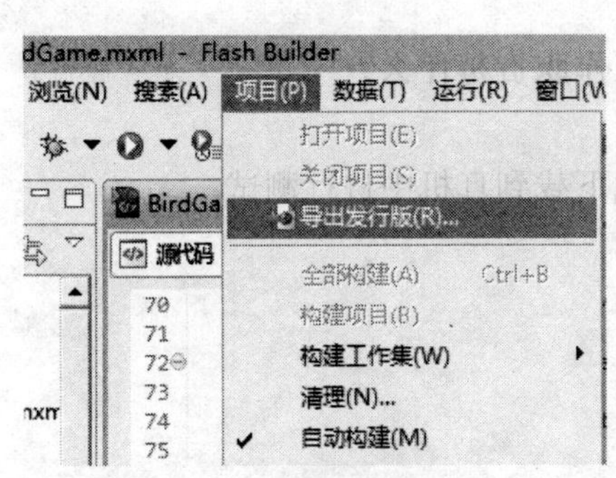

图 13-22 选择导出发行版

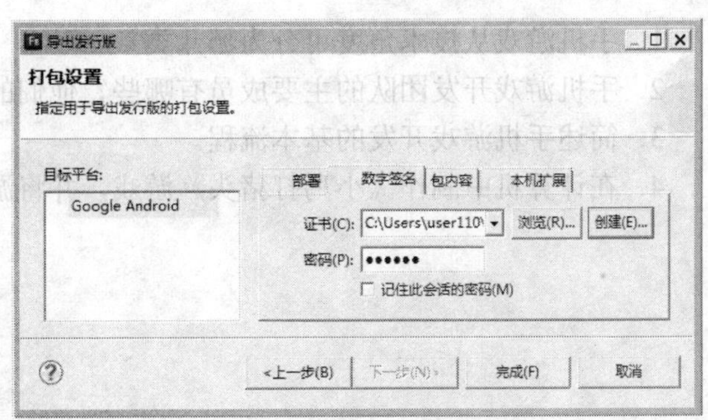

图 13-23 打包设置

（3）单击【完成】按钮，就可以发布产品了。此后，可以在项目的根目录下找到“BirdGame.apk”文件，该文件可安装到安卓手机上。

这里需要提示的是，在包资源管理器内用鼠标右键点选【项目】菜单，再选择【属性】，然后选择【资源】属性就可以查看当前项目的存放位置了，如图 13-24 所示。

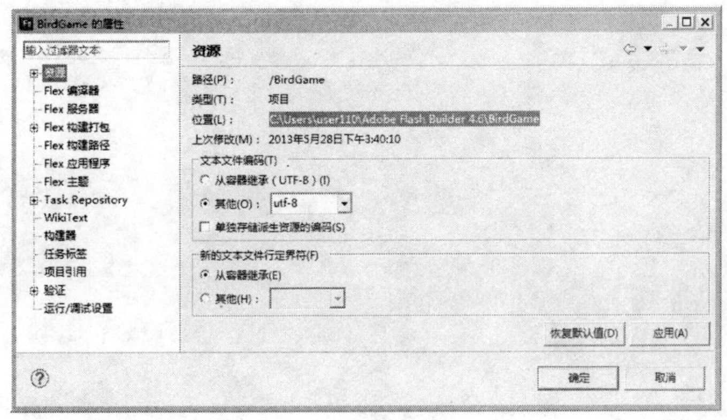

图 13-24 查看项目的存放位置

本章小结

随着科技的发展，手机的功能越来越强大，而游戏也已经成为手机上一项不可缺少的功能。

国内手机市场具有四大特点，分别是：游戏市场广阔、收入主要来自手机网游、游戏分工更加专业、游戏生命周期有限。

从开发技术的角度，手机游戏可分成：嵌入式游戏、短信游戏、浏览器游戏、J2ME 游戏、塞班游戏、黑莓游戏、Android 游戏、iOS 游戏等。

手机游戏开发团队主要由策划员、美工和技术员（程序员）三类人员组成。在手机游戏的开发过程中，各类人员分工不同，相互协作，缺一不可。

手机游戏的开发流程主要有产生初期方案、定夺详细方案、制定工作进度计划、开发游戏的 demo、测试并修改 demo 等几个步骤。

思考与练习

1．手机游戏从技术角度可分为哪几类？

2．手机游戏开发团队的主要成员有哪些？他们的工作职责是什么？

3．简述手机游戏开发的基本流程。

4．在计算机中制作《小鸟打猪头》游戏，并将游戏下载到真机中进行测试。

第十四章　开发休闲游戏《黄金矿工》

内容提要

本章主要讲解流行网络游戏《黄金矿工》的开发制作全过程。最后是小结和作业安排。

学习重点

- 《黄金矿工》游戏开发过程中各流程的设计与实现方法

教学环境： 计算机实验室

学时建议： 6 小时（其中讲授 2 小时，实验 4 小时）

《黄金矿工》是一款经典的小游戏，也是当前最流行的 Flash 游戏之一。它可以锻炼人的反应能力。目前，《黄金矿工》小游戏有多个版本，例如《黄金矿工》双人版、单人版等。

14.1 《黄金矿工》游戏开发流程

《黄金矿工》是近几年网上流行的一款休闲游戏，接下来将详细介绍如何制作。

14.1.1 操作规则

在本游戏中，游戏者控制着一个矿工，矿工通过操作钩子来挖掘黄金。游戏开始后，场景中将随机出现黄金、石头、钱袋等物品，此时矿工的钩子会不断地左右摇摆。游戏者按下鼠标可使钩子沿当前的方向抛出，当钩子抓到物品时，矿工就会收回钩子，并获取所抓取的物品，从而获得积分。游戏目的是：在规定的时间内，赢得更多的积分。

14.1.2 本例效果

本例实际运行效果如图 14-1 所示。

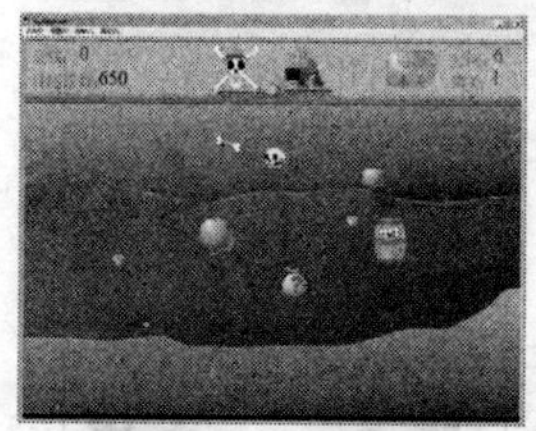
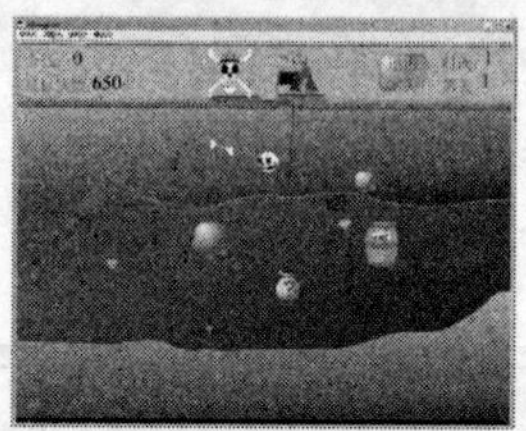
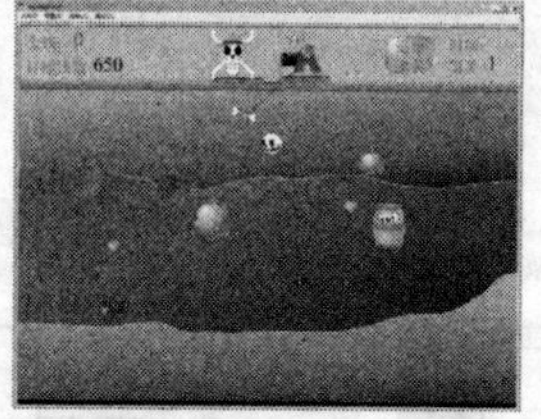

图 14-1 《黄金矿工》运行效果

14.1.3 资源文件的处理

制作本游戏之前，首先需要准备各种资源图片，如表 14-1 所示。

表 14-1　资源文件列表

图片画面	图片名称	图片画面	图片名称
	背景.jpg		金子.png
	石头 1.png		石头 2.png
	钱袋.png		钩子.png
	矿工 1.png		矿工 2.png
恭喜你顺利过关！	恭喜过关.png	你没有达到目标分	没有过关.png
	怪物 1.png		怪物 2.png

14.1.4　开发流程（步骤）

本例开发分为 8 个流程（步骤）：①创建项目、②制作物品(包括石头、金子、钱袋、怪物)元件、③制作矿工和钩子元件、④制作游戏场景、⑤解决难点问题、⑥绘制程序流程图、⑦编写脚本代码、⑧设置并发布产品，如图 14-2 所示。

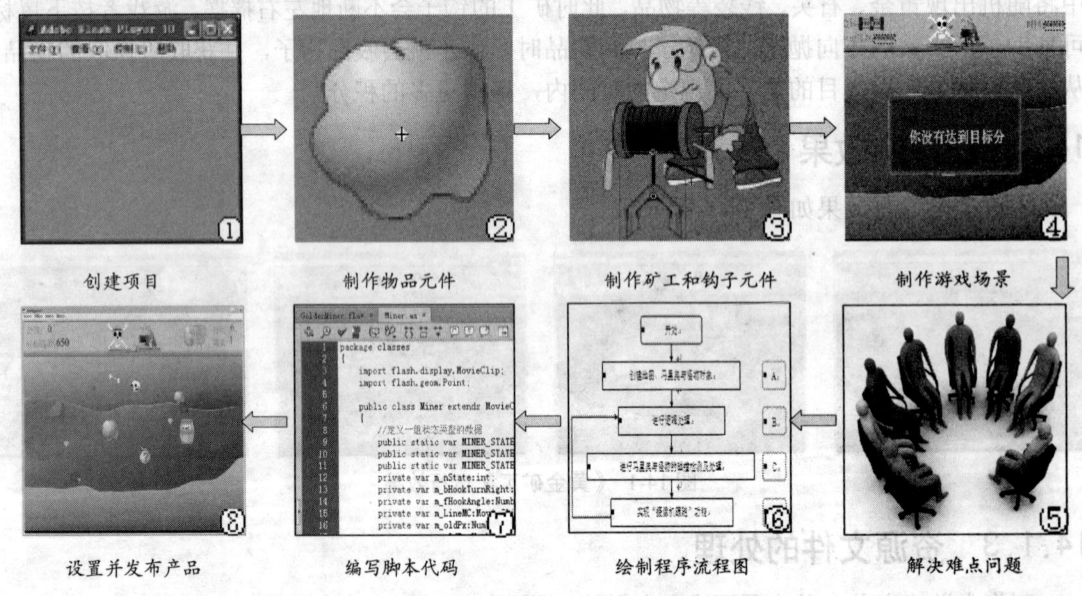

图 14-2 《黄金矿工》开发流程图

14.2 《黄金矿工》游戏的具体制作

14.2.1 流程 1 创建项目

打开 Flash 软件，仿照第三章所讲解的方法，创建新文档，并将其保存为“GoldenMiner.fla”。将舞台尺寸设置为 1280×946，背景颜色设置成浅蓝色。

14.2.2 流程 2 制作物品元件

选择菜单命令【文件】→【导入】→【导入到库】，将本章资源中的“金子.png”、“石头1.png”、“石头 2.png”、“钱袋.png”、“怪物 1.png”、“怪物 2.png”等文件导入到当前项目的库列表中，然后进行下面所述的操作。

1. 制作普通物品元件

（1）选择菜单命令【插入】→【新建元件】，创建一个名为“物品”的影片剪辑元件，如图 14-3 所示。

（2）进入物品元件内部后，在时间轴上单击鼠标右键，并在弹出的菜单中选择【插入关键帧】，接着采用同样的方法连续创建 4 个空白关键帧，如图 14-4 所示。

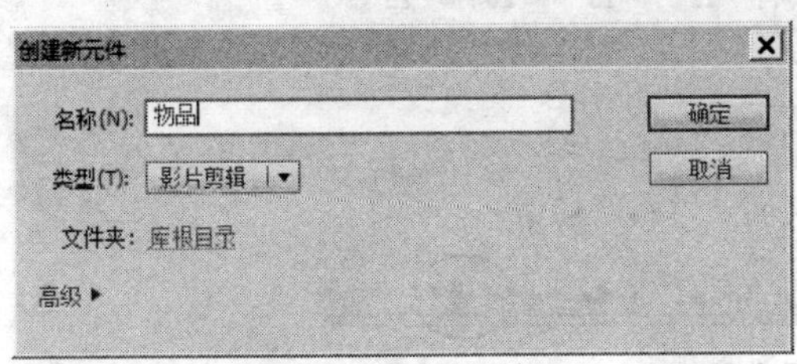

图 14-3 创建新元件

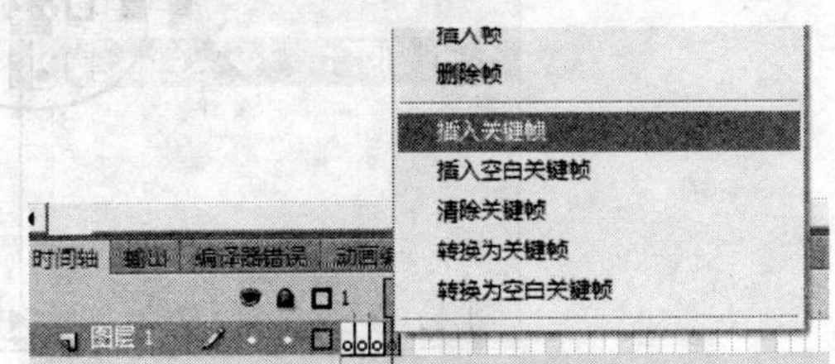

图 14-4 插入空白关键帧

（3）参照前面章节的操作方法，在库列表中，将新导入的“金子”、“钱袋”、“石头 1”、“石头 2”等几张位图依次拖放到物品元件的 4 个关键帧内，并确保物品图像位于元件的中心。

2. 制作怪物元件

选择菜单命令【插入】→【新建元件】，创建一个名为“怪物”的影片剪辑元件。与图 14-4 所示的方法类似，在怪物元件内设置 2 个关键帧，并从库列表中将刚刚导入的 2 个怪物位图分别拖放到 2 个帧内，且确保怪物图像位于元件的中心，如图 14-5 所示。

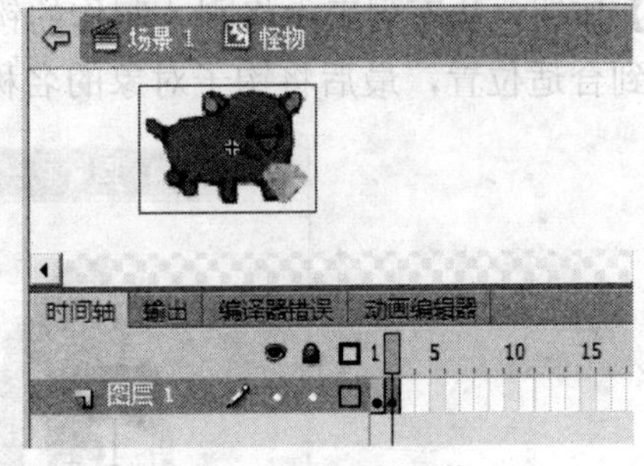

图 14-5 怪物元件

14.2.3 流程 3 制作矿工和钩子元件

参照本章流程 2 中的操作方法，将“钩子.png”、“矿工 1.png”、“矿工 2.png”等 3 张图片导入到当前项目的库列表中，然后进行下面所述的操作。

1．制作钩子元件

选择菜单命令【插入】→【新建元件】，创建一个名为“钩子”的影片剪辑元件。从库列表中将新导入的“钩子.png”位图拖放到当前元件内，并将钩子图像的最顶端放置到元件的中心点，如图 14-6 所示。

图 14-6　钩子元件

2．制作矿工元件

（1）选择菜单命令【插入】→【新建元件】，创建一个名为“矿工”的影片剪辑元件。与图 14-4 所示的方法类似，在矿工元件内设置 2 个关键帧，并从库列表中将刚刚导入的 2 个矿工位图分别拖放到 2 个帧内。

（2）在时间轴下方单击【编辑多个帧】按钮，并将时间轴上的编辑区域改成“全部帧”，如图 14-7 所示。

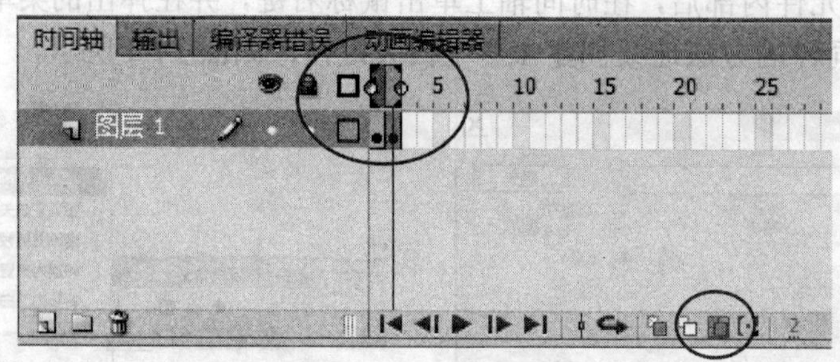

图 14-7　编辑全部帧

（3）此时，元件编辑区将同时显示所有帧的图像，通过工具栏中的【选择工具】点选图像，将 2 张图像重合放置，并都移到元件中心点的上方。接着，单击时间轴上的【新建图层】按钮，从库列表中将刚才制作的钩子元件拖放到新图层上，并用【选择工具】将钩子移动到合适位置，最后将钩子对象的名称设置成“T_Hook”，如图 14-8 所示。

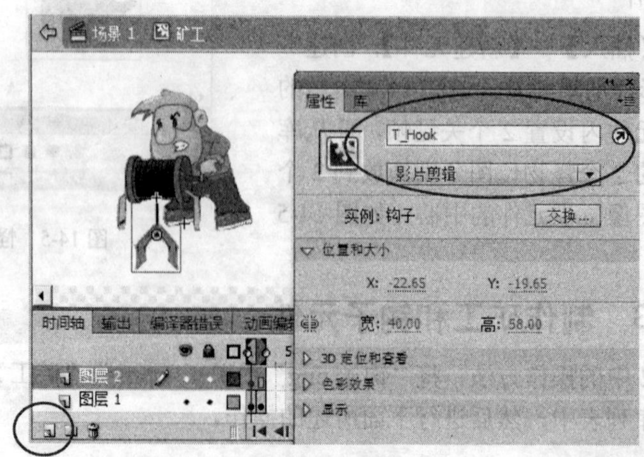

图 14-8　矿工元件

14.2.4 流程 4 制作游戏场景

（1）通过左上角的切换页面，回到场景编辑区。导入“背景.png”、“恭喜过关.png”、“没有过关.png”等 3 张图片。然后，从库列表中将背景图片拖放到场景内，并将位图的坐标设置为（0，0），大小设置为 1280×946。

（2）从库列表中将刚刚制作好的矿工元件拖放到场景中的合适位置，并将其命名为“T_Miner”，如图 14-9 所示。

（3）从库列表中将“恭喜过关”图片拖放到场景中心，并在该对象上单击鼠标右键，并选择“转换为元件”，如图 14-10 所示，最后在属性面板中将“恭喜过关”元件的名称改成“T_Win”。

图 14-9 摆放矿工元件

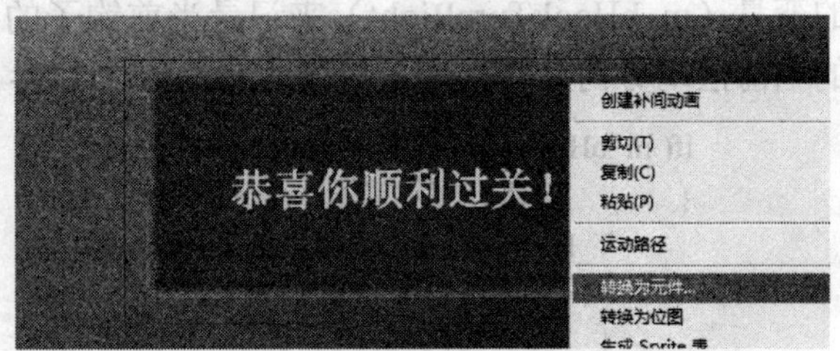

图 14-10 将对象转换成元件

（4）从库列表中将“没有过关”图片拖放到场景内，并将其转换为元件，在属性面板中将没有过关元件的名称改成“T_Lost”。

（5）参照前面章节所介绍的方法，通过文本工具在场景中分别绘制 3 个动态文本，并分别命名为“T_Score”、“T_ObjectScore”、“T_Time”，如图 14-11 所示。同时，将 3 个文本的【消除锯齿】属性都改成“使用设备字体”，如图 14-12 所示。

图 14-11 设置动态文本

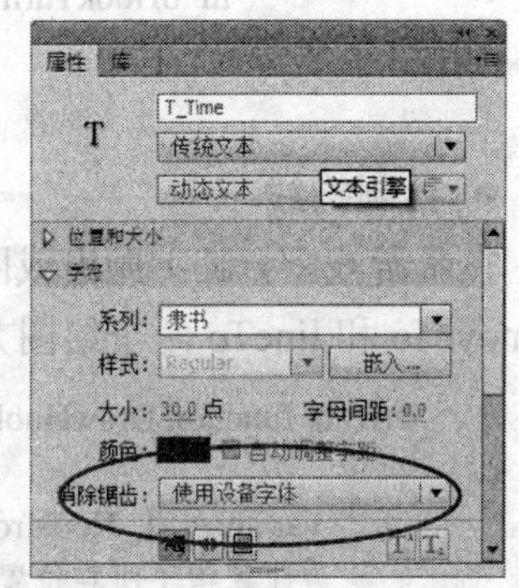

图 14-12 使用设备字体

14.2.5 流程 5 解决程序难点

编写脚本代码，首先需要了解该游戏的制作难点，然后制定出各个难点的解决方法，最后进行真正脚本程序的编写。

1. 脚本制作难点

本游戏的制作过程中会遇到以下几个难点：

（1）如何实现钩子的左右摆动？

（2）在矿工抛出或收回钩子的过程中，如何绘制不断变长（或缩短）的钩线？

2. 难点的解决方法

- **钩子的左右摆动**

Flash 的影片剪辑对象拥有 rotationX、rotationY、rotationZ 等属性，它们分别表示当前对象绕 X、Y、Z 轴旋转的角度数。默认状态下，这 3 个属性的值都为 0。

在 Flash 世界中，X 轴正方向沿屏幕水平向右，Y 轴正方向沿屏幕垂直向下（注意 Y 轴正方向比较特殊），而 Z 轴正方向则垂直屏幕向外。

在本实例中，钩子未被矿工抛出前，它会左右不停地摆动。程序中可定义一个 Bool 类型的变量（m_bHookTurnRight）来记录当前钩子的摆动方向，然后每间隔一段时间就根据钩子的当前摆动方向来调整钩子对象的 rotationZ 属性，具体实现代码如下所述：

```
if( m_bHookTurnRight == true )                              //向右摇摆钩子
{
    T_Hook.rotationZ = T_Hook.rotationZ - 4;
    if( T_Hook.rotationZ < -80 )                            //向右摆动不超过-80度
    {
        m_bHookTurnRight = false;
    }
}
else                                                        //向左摇摆钩子
{
    T_Hook.rotationZ = T_Hook.rotationZ + 4;
    if( T_Hook.rotationZ > 80 )                             //向左摆动不超过80度
    {
        m_bHookTurnRight = true;
    }
}
```

- **绘制钩线**

在本游戏中，矿工抛出或回收钩子的过程中，钩线会自动伸长或缩短，这需要调用系统定义 moveTo 和 lineTo 两个绘图方法来自动绘制钩线，具体方法如下所述：

```
private function DrawHookAndLine()                          //该方法用于画钩线
{
    var arc = -T_Hook.rotationZ * Math.PI / 180;            //计算当前钩子的弧度
    //计算钩子所在位置的x坐标，变量m_moveLen记录钩子抛出的距离
    T_Hook.x = m_oldPx + m_moveLen * Math.sin(arc);
    T_Hook.y = m_oldPy + m_moveLen * Math.cos(arc);
    //画钩线，m_LineMC是在程序中定义的影片剪辑对象
    m_LineMC.graphics.clear();                              //清空绘图缓冲
    m_LineMC.graphics.lineStyle( 0,0x000000 );              //设置绘图颜色（黑色）
    m_LineMC.graphics.moveTo( m_oldPx, m_oldPy );           //移动到钩线起始点
    //画一条从点( m_oldPx, m_oldPy )到点( T_Hook.x, T_Hook.y )的线段
    m_LineMC.graphics.lineTo( T_Hook.x, T_Hook.y );
}
```

14.2.6 流程 6 绘制程序流程图

本游戏的脚本程序中含有 4 个管理类，分别是 myObject 类（对应物品元件）、Monster 类（对应怪物元件）、Miner 类（对应矿工元件）、myStage 类（对应游戏舞台）。这些类中，只有 myStage 类的程序稍复杂，该类的程序流程如图 14-13 所示。

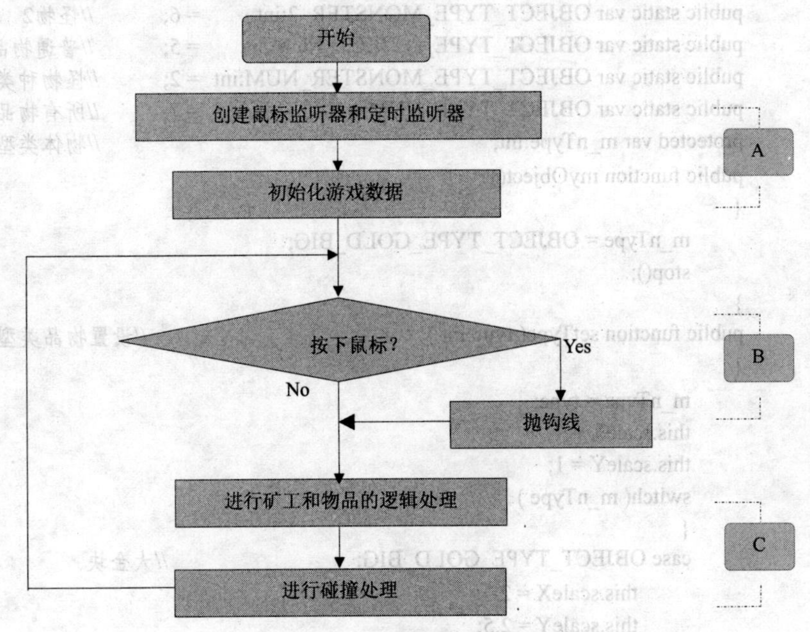

图 14-13 《黄金矿工》游戏 myStage 类的程序流程图

14.2.7 流程 7 编写实例代码

难点问题逐一解决后，开始编写本游戏的脚本程序。参照第三章所讲解的方法，在 GoldenMiner.fla 所在的目录中创建 classes 文件夹，然后在 Flash 中新建 4 个 ActionScript 文件，分别命名为 myObject.as（对应物品元件）、Monster.as（对应怪物元件）、Miner.as（对应矿工元件）、myStage.as（对应游戏舞台）。各类的具体代码如下所述。

1．编写 myObject 类的代码

myObject 类用于管理物品元件，与该类相关的信息有：

（1）物品可分成小金块、大金块、钱袋等多个种类；

（2）物品类是怪物类的父类，也就是说，怪物是一种特殊的物品；

（3）每种物品的显示图像和价值（分数）都不同。

myObject 类的具体代码如下所述：

```
package classes
{
    import flash.display.MovieClip;
    public class myObject extends MovieClip
    {
        //定义一组物品类型的数据
```

```
public static var OBJECT_TYPE_GOLD_BIG:int          = 0;        //小金块
public static var OBJECT_TYPE_GOLD_SMALL:int        = 1;        //大金块
public static var OBJECT_TYPE_MONEY:int             = 2;        //钱袋
public static var OBJECT_TYPE_ROCK_1:int            = 3;        //石头1
public static var OBJECT_TYPE_ROCK_2:int            = 4;        //石头2
public static var OBJECT_TYPE_MONSTER_1:int         = 5;        //怪物1
public static var OBJECT_TYPE_MONSTER_2:int         = 6;        //怪物2
public static var OBJECT_TYPE_OBJECT_NUM:int        = 5;        //普通物品种类的个数
public static var OBJECT_TYPE_MONSTER_NUM:int       = 2;        //怪物种类数
public static var OBJECT_TYPE_NUM:int               = 7;        //所有物品种类数
protected var m_nType:int;                                      //物体类型
public function myObject()
{
    m_nType = OBJECT_TYPE_GOLD_BIG;
    stop();
}
public function setType( type:int )                             //设置物品类型
{
    m_nType = type;
    this.scaleX = 1;
    this.scaleY = 1;
    switch( m_nType )
    {
    case OBJECT_TYPE_GOLD_BIG:                                  //大金块
        this.scaleX = 2.5;
        this.scaleY = 2.5;
        this.gotoAndStop(1);
        break;
    case OBJECT_TYPE_GOLD_SMALL:                                //小金块
        this.gotoAndStop(1);
        break;
    case OBJECT_TYPE_MONEY:                                     //钱袋
        this.gotoAndStop(2);
        break;
    case OBJECT_TYPE_ROCK_1:                                    //石头1
        this.gotoAndStop(3);
        break;
    case OBJECT_TYPE_ROCK_2:                                    //石头2
        this.gotoAndStop(4);
        break;
    }
}
public function getType():int                                   //获取物品类型
{
    return m_nType;
}
public function getScore():int                                  //获取物品的价值
{
    switch( m_nType )
    {
    case OBJECT_TYPE_GOLD_BIG:                                  //大金块
```

```
                return 500;
            case OBJECT_TYPE_GOLD_SMALL:                        //小金块
                return 50;
            case OBJECT_TYPE_MONEY:                             //钱袋
                return 100;
            case OBJECT_TYPE_ROCK_1:                            //石头1
                return 1;
            case OBJECT_TYPE_ROCK_2:                            //石头2
                return 1;
            case OBJECT_TYPE_MONSTER_1:                         //怪物1
                return 1;
            case OBJECT_TYPE_MONSTER_2:                         //怪物2
                return 800;
            }
            return 0;
        }
        public function Logic()
        {
        }
    }
}
```

2．编写 Monster 类的代码

Monster 类用于管理怪物元件，与该类相关的信息有：

（1）怪物类是物品类的子类，属于特殊的物品；

（2）怪物出现后，会左右不断地移动。

Monster 类具体的代码如下所述：

```
package classes
{
    import flash.display.MovieClip;                         //导入包
    public class Monster extends myObject                   //从物品类派生
    {
        private var m_bRight : Boolean = true;              //是否向右移动的标志
        public function Monster()
        {
            m_nType = OBJECT_TYPE_MONSTER_1;
            stop();
        }
        override public function setType( type:int )        //设置怪物类型
        {
            m_nType = type;
            this.scaleX = 1;
            this.scaleY = 1;
            switch( m_nType )
            {
            case OBJECT_TYPE_MONSTER_1:
                this.gotoAndStop(1);
                break;
            case OBJECT_TYPE_MONSTER_2:
```

```
                    this.gotoAndStop(2);
                    break;
                }
            }
            override public function Logic()                    //左右移动
            {
                if( m_bRight == true )                          //向右移动
                {
                    this.scaleX = 1;
                    this.x = this.x + 4;
                    if( this.x > 800 )
                    {
                        m_bRight = false;
                    }
                }
                else                                            //向左移动
                {
                    this.scaleX = -1;
                    this.x = this.x - 4;
                    if( this.x < 380 )
                    {
                        m_bRight = true;
                    }
                }
            }
        }
    }
```

3．编写 Miner 类的代码

Miner 类用于管理矿工元件，与该类相关的信息有：

（1）矿工有不同的状态，如正常、抛出钩子、回收钩子等；

（2）矿工正常状态下，钩子会左右摆动；

（3）矿工在抛出或回收钩子的过程中，钩线将自动延长或缩短；

（4）抛出钩子的状态下，需要检测钩子与物品的碰撞。

Miner 类的具体代码如下所述：

```
package classes
{
    import flash.display.MovieClip;                             //导入系统包
    import flash.display.Sprite;
    import flash.events.MouseEvent;
    import flash.events.TimerEvent;
    import flash.utils.Timer;
    public class myStage extends MovieClip
    {
        //定义一组物品类型的数据
        private var m_bGame:Boolean;                            //是否在游戏
        private var m_aObjects:Array;                           //物品数组
        private var m_nIndex:int;                               //被钩住的物体编号
        private var m_nTime:int;                                //记录当前时间
```

```
private var m_nScore:int;                                    //记录当前分数
private var m_nObjectScore:int;                              //记录目标分数
public function myStage()
{
      stop();
      //这里将完成图14-13中A部分的功能
      m_aObjects = new Array(12);
      m_nObjectScore = 1000;                                 //目标分数
      T_ObjectScore.text = "" + m_nObjectScore;
      Reset();                                               //重置游戏
      this.stage.addEventListener( MouseEvent.MOUSE_UP,onMouseUpEvent );
      var myTimer:Timer = new Timer(50, 0);                  //设置计时器
      myTimer.addEventListener("timer", timerHandler );
      myTimer.start();
}
public function Reset()                                      //重置游戏
{
      for( var i:int = 0; i < m_aObjects.length; i ++ )      //产生物品
      {
            if( m_aObjects[i] != null )
            {
                  this.removeChild( m_aObjects[i] );
            }
            m_aObjects[i] = null;                            //随机设置物品种类
            var type:int = int(   Math.random() * myObject.OBJECT_TYPE_NUM   );
            if( type < myObject.OBJECT_TYPE_OBJECT_NUM )
            {
                  m_aObjects[i] = new myObject();            //创建新物品
            }
            else
            {
                  m_aObjects[i] = new Monster();             //创建新怪物
            }
            m_aObjects[i].setType(type);
            m_aObjects[i].x = 100 + Math.random() * 1080;    //设置物品位置
            m_aObjects[i].y = 300 + Math.random() * 600;
            this.addChild( m_aObjects[i] );
      }
      m_nIndex = - 1;                                        //被抓取的物品标号
      T_Win.visible = false;                                 //不显示输赢文字
      T_Lost.visible = false;
      m_nTime = 1200;                                        //当前剩余时间
      m_nScore = 0;                                          //当前分数
      m_bGame = true;                                        //游戏开始标志
}
public function onMouseUpEvent( e:MouseEvent ):void          //释放鼠标事件
{//这里将完成图14-13中B部分的功能
      if( m_bGame == false )                                 //如果游戏结束
      {
            Reset();
            return;
```

```
            }
            T_Miner.SendHook();                              //发射钩子
        }
        public function timerHandler(e:TimerEvent):void      //逻辑处理
        {//这里将完成图14-13中C部分的功能
            if( m_bGame == false )
                return;
            var getObject:myObject = null;
            if( m_nIndex != - 1 )
            {
                getObject = m_aObjects[m_nIndex];
            }
            if( T_Miner.Logic(getObject) == true )           //矿工的逻辑处理
            {//返回true表示抓到物品，并收回了钩线
                m_nScore = m_nScore + m_aObjects[m_nIndex].getScore();    //加分
                this.removeChild( m_aObjects[m_nIndex] );     //删除物品
                m_aObjects[m_nIndex] = null;
                m_nIndex = -1;
            }
            for( var i:int = 0; i < m_aObjects.length; i ++ )  //处理物品逻辑
            {
                if( m_aObjects[i] == null )
                    continue;
                if( i == m_nIndex )
                    continue;
                m_aObjects[i].Logic();
                if( T_Miner.getObject( m_aObjects[i] ) == true )  //是否被钩到
                {
                    m_nIndex = i;
                }
            }
            T_Score.text = "" + m_nScore;                    //显示积分
            T_Time.text = "" + int(m_nTime * 0.05);          //显示时间
            m_nTime --;
            if( m_nTime <= 0 )                               //游戏结束时间到
            {
                m_bGame = false;
                if( m_nScore > m_nObjectScore )
                {
                    T_Win.visible = true;                    //显示赢利画面
                }
                else
                {
                    T_Lost.visible = true;                   //显示失败画面
                }
            }
        }
    }
}
```

14.2.8 流程 8 设置并发布产品

所有代码编写完成后，需要将这些类与相应的库元素逐一关联起来，参照前面章节的操作方法，将 myStage 类与游戏舞台相关联，将 Miner 类与矿工元件相关联，将 myObject 类与物品元件相关联，将 Monster 类与怪物元件相关联。

编译并调试程序后，运行项目并发布产品，可以看到如图 14-1 所示的效果。

本章小结

《黄金矿工》是一款经典的小游戏，也是当前最流行的 Flash 游戏之一。重点掌握 ActionScript 3.0 语言中定义的一系列绘图方法。

思考与练习

1. 如何通过 ActionScript 语言来绘制直线？
2. 在计算机中完成《黄金矿工》游戏的制作。

第十五章　开发泡泡类游戏《开心泡泡猫》

内容提要

本章将详细讲解流行泡泡类游戏《开心泡泡猫》的开发制作全过程。最后是小结和作业安排。

学习重点

- 《开心泡泡猫》游戏开发过程中各流程的设计与实现方法
- 掌握递归算法

教学环境： 计算机实验室

学时建议： 6 小时（其中讲授 2 小时，实验 4 小时）

现在，越来越多玩家开始迷上了《开心泡泡猫》这款游戏，看着喵星人打泡泡会勾起许多玩家小时候玩泡泡龙时的回忆，也让他们对这款游戏欲罢不能。

15.1 《开心泡泡猫》游戏开发流程

《开心泡泡猫》将弹珠台的概念结合至传统泡泡类游戏之中，带玩家进入喵星人的神奇世界，体验不一样的泡泡游戏！与好友一起享受消泡泡的快乐。接下来将详细介绍如何制作《开心泡泡猫》。

15.1.1 操作规则

游戏开始后，场景中会出现五颜六色的泡泡（这里将其定义为“固有泡泡”）。场景下方有一个泡泡发射台，它会随鼠标的移动而旋转；当玩家单击鼠标左键时，发射台将发射泡泡（这里将其定义为“发射泡泡”）。“发射泡泡”与“固有泡泡”相撞后，系统会进行消除处理，处理方案如下所述：

（1）消除相同颜色的泡泡

如果有 2 个或 2 个以上的“固有泡泡”与“发射泡泡”相连，并且它们的颜色相同，那么这些相同颜色的泡泡会下落。

（2）消除悬空泡泡

如果某些泡泡没有与第一行（最上面一行）泡泡相连（相连是指直接连接或间接连接），那么这些“悬空泡泡”会下落。

本游戏目的是：消除场景中所有的“固有泡泡”。

15.1.2 本例效果

本例实际运行效果如图 15-1 所示。

图 15-1 《开心泡泡猫》运行效果

15.1.3 资源文件的处理

制作本游戏之前，首先需要准备各种资源图片，如表 15-1 所示。

表 15-1 资源文件列表

图片画面	图片名称	图片画面	图片名称
	back.jpg		reset.png
	cat1.png		cat 2.png
	cat3.png		cat4.png
	cat5.png		ball1.png
	ball2.png		ball3.png
	ball4.png		ball5.png
	foundation.png		cannon.png

15.1.4 开发流程（步骤）

本例开发分为 8 个流程（步骤）：①创建项目、②制作喵星人与泡泡元件、③制作发射台元件、④制作游戏场景、⑤解决难点问题、⑥绘制程序流程图、⑦编写脚本代码、⑧设置并发布产品，如图 15-2 所示。

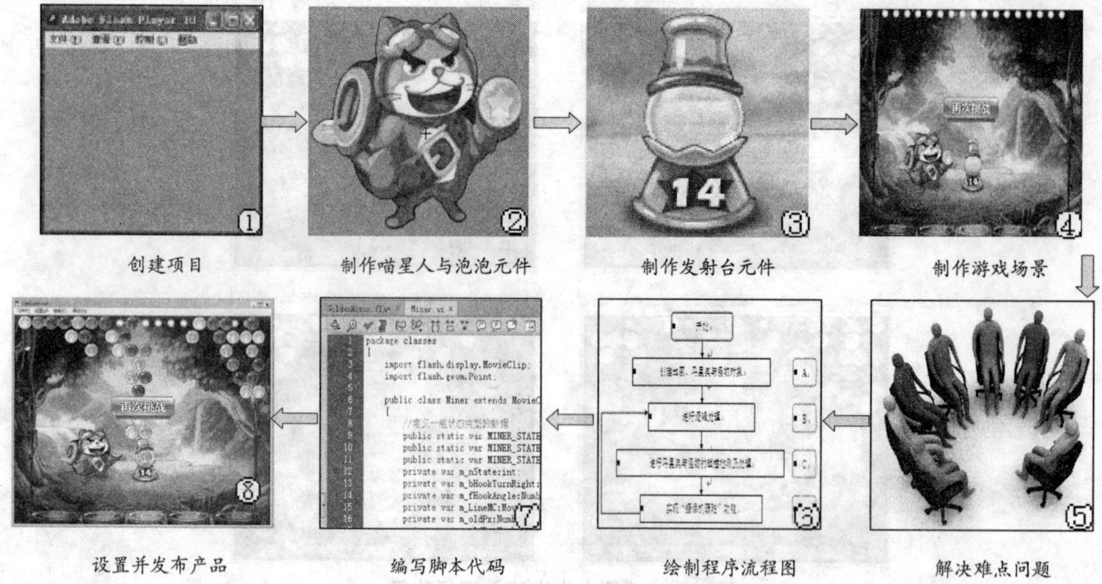

图 15-2 《开心泡泡猫》游戏开发流程图

15.2 《开心泡泡猫》游戏的具体制作

15.2.1 流程 1 创建项目

打开 Flash 软件，仿照第三章所讲解的方法，创建新文档，并将其保存为“CatGame.fla”。将舞台尺寸设置为 730×580，背景颜色设置成浅蓝色。

15.2.2 流程 2 制作喵星人与泡泡元件

选择菜单命令【文件】→【导入】→【导入到库】，将本章资源中的“ball1.png”、“ball2.png”、“ball3.png”、“ball4.png”、“ball5.png”等图片文件导入到当前项目的库列表中，然后进行下面所述的操作。

1. 制作泡泡元件

选择菜单命令【插入】→【新建元件】，创建一个名为“泡泡”的影片剪辑元件。进入泡泡元件内部后，在时间轴上单击鼠标右键，并在弹出的菜单中选择【插入关键帧】，接着采用同样的方法连续创建 5 个空白关键帧，如图 15-3 所示。在库列表中，将新导入的“ball1.png”、“ball2.png”、“ball3.png”、“ball4.png”、“ball5.png”等几张位图依次拖放到“泡泡”元件的 5 个关键帧内，并确保每帧图像的位置相同，且都位于元件的中心。

2. 制作喵星人元件

（1）选择菜单命令【插入】→【新建元件】，创建一个名为“喵星人”的影片剪辑元件。进入喵星人元件内部后，在时间轴上单击鼠标右键，并在弹出的菜单中选择【插入关键帧】，接着采用同样的方法连续创建 5 个空白关键帧，参考图 15-3。在库列表中，将新导入的“cat1.png”、“cat2.png”、“cat3.png”、“cat4.png”、“cat5.png”等几张位图依次拖放到喵星人元件的 5 个关键帧内，并确保喵星人图像位于元件的中心。

（2）单击时间轴左下方的新建按钮，创建一个新的图层，并从库列表中将刚刚制作好的泡泡元件拖放到新图层的适当位置，并将该泡泡对象命名为“T_Ball”，如图 15-4 所示。

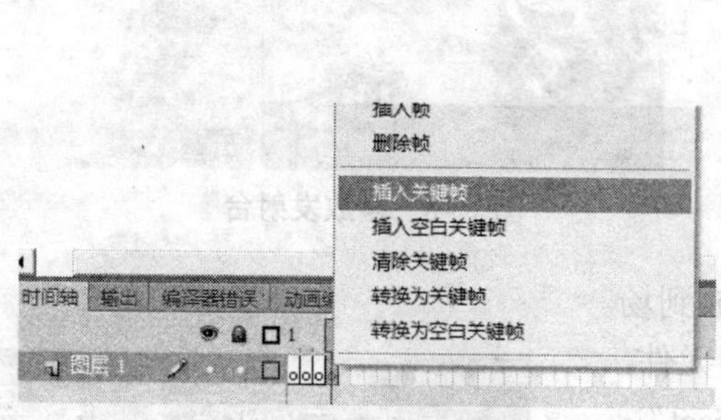

图 15-3　插入关键帧

图 15-4　喵星人元件

15.2.3　流程 3　制作发射台元件

（1）选择菜单命令【文件】→【导入】→【导入到库】，将本章资源中的“cannon.png”、“foundation.png”等文件导入到当前项目的库列表中。

（2）选择菜单命令【插入】→【新建元件】，创建一个名为“发射台”的影片剪辑元件。进入发射台元件内部后，从库列表中，将新导入的“cannon.png”位图拖放到元件图像区域的中心位置。并在位图上单击鼠标右键，从弹出菜单中选择【转换为元件】，如图 15-5 所示。将新元件命名为“炮口”，类型设置为“影片剪辑”。转换完毕后，回到发射台元件内，将刚刚转换完的对象命名为“T_Cannon”。

（3）点选时间轴左下方的【新建图层】按钮，将上下两个图层分别命名为“底座”、“发射口”。最后用鼠标单击“底座”图层的第 1 帧，并从库列表中将“foundation.png”位图拖放到合适位置，如图 15-6 所示。

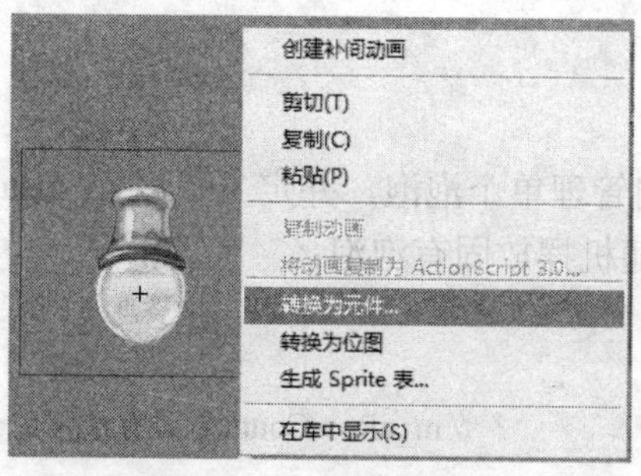

图 15-5　转换为元件

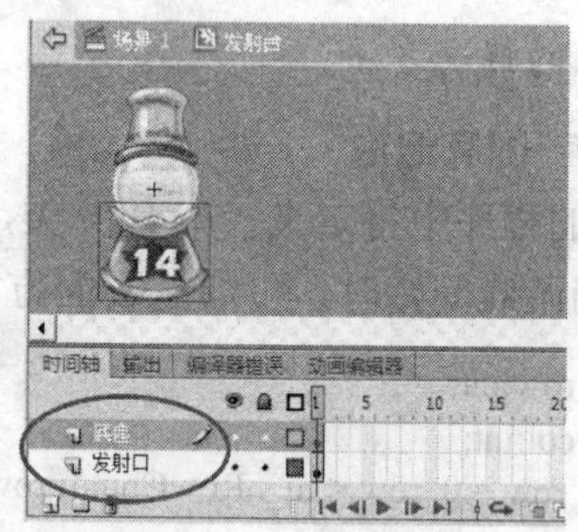

图 15-6　新建底座图层

15.2.4　流程 4　制作游戏场景

（1）通过左上角的切换页面，回到场景编辑区。导入“back.png”、“reset.png”2 张图片。然后，从库列表中将背景图片拖放到场景内，并将位图的坐标设置为（0，0），大小设置为 730×580。

（2）从库列表中将刚刚制作好的喵星人元件拖放到场景中的合适位置，并将其命名为“T_Cat”，如图 15-7 所示。接着，再从库列表中将刚刚制作好的发射台元件拖放到场景中的合适位置，并将其命名为“T_Station”，如图 15-8 所示。

图 15-7　摆放喵星人

图 15-8　摆放发射台

（3）从库列表中将“reset.png”图片拖放到场景内，参照图 15-5 所示的方法，将位图换为元件，并在属性面板中将该对象的名称改成“T_Reset”，如图 15-9 所示。

图 15-9　摆放“再次挑战”元件

15.2.5　流程 5　解决程序难点

编写脚本代码，首先需要了解该游戏的制作难点，然后制定出各个难点的解决方法，最后才能进行真正脚本程序的编写。

1．脚本制作难点

本游戏的制作过程中会遇到以下几个难点：

（1）游戏开始后，场景中会随机出现许多“固有泡泡”，那么该如何摆放这些泡泡？

（2）怎样判断“发射泡泡”与“固有泡泡”发生碰撞？

（3）如何消除相同颜色的泡泡？

（4）如何消除“悬空泡泡”？

2．难点的解决方法

● **摆放“固有泡泡”**

本游戏的程序中将定义一个 Ball 类，专门管理单个泡泡，并定义数组 m_aBalls 存储“固有泡泡”。当游戏开始时，可通过下面方法来随机摆放固有泡泡：

```
var row:int;
var col:int;
for( row = 0; row < m_nRowCount; row ++ )                    // m_nRowCount是固有泡泡的最大行号
{
    for( col = 0; col < m_nColCount; col ++ )                // m_ nColCount是固有泡泡的最大列号
    {
        if( m_aBalls[row][col] != null )                     //如果此位置已经有泡泡，则删除这个泡泡
        {
            this.removeChild( m_aBalls[row][col] );
            m_aBalls[row][col] = null;
        }
        if( row < 6 )                                        //游戏初始时，只有最上面的6行有泡泡
        {
            var type:int = Math.random() * 8;                //随机获取泡泡类型
            if( type <= Ball.MAX_TYPE_VALUE )                //如果类型值不对，该处就没有泡泡
```

```
                {
                    m_aBalls[row][col] = new Ball();                //产生新泡泡
                    m_aBalls[row][col].y = row * 38 + 19;           //设置泡泡纵坐标，泡泡高为38
                    //设置泡泡横坐标，泡泡高为38，m_nXStart是泡泡整体偏移的距离
                    m_aBalls[row][col].x = m_nXStart + col * 38 + 19;
                    m_aBalls[row][col].x += ( row % 2 ) * 19;       //如果是奇数行，则泡泡向右偏移
                    m_aBalls[row][col].setType( type );             //设置泡泡类型
                    this.addChild( m_aBalls[row][col] );            //将泡泡加入场景
                    m_aBalls[row][col].m_bSameType = false;         //用于查找颜色相同的标志
                    m_aBalls[row][col].m_bHungOver = true;          //用于查找悬挂泡泡的标志
                }
            }
        }
    }
```

● **“发射泡泡”与“固有泡泡”的碰撞检测**

“发射泡泡”在运动过程中，系统会不断地检测它与周围的“固有泡泡”是否发生碰撞，具体的碰撞检测方法如下所述：

```
public function isCollideWithBall( ball:Ball ):Boolean     //判断“发射泡泡”是否与“固有泡泡”相撞
{
    //首先计算“发射泡泡”当前所在的行列位置
    var row:int = int(ball.y / 38);
    var col:int = ( ball.x - m_nXStart - (row % 2) * 19 ) / 38;
    //然后，依次查看该位置周围的“固有泡泡”是否与“发射泡泡”相撞
    for( var r:int = row - 1; r <= row + 1; r ++ )
    {
        for( var c:int = col -2; c <= col + 2; c ++ )
        {
            if( isRightPosition( r, c) )                         //如果此处有“固有泡泡”
            {
                var ty:Number = r * 38 + 19;                     //计算“固有泡泡”的y坐标
                var tx:Number = m_nXStart + c * 38 + 19;         //计算“固有泡泡”的x坐标
                tx += ( r % 2 ) * 19;                            //奇数行向右偏移
                //计算“固有泡泡”和“发射泡泡”的距离平方
                var len2:Number = (ball.x - tx) * (ball.x - tx) + (ball.y - ty) * (ball.y - ty);
                if( len2 < 38 * 38 )                             //如果距离平方小于半径和的平方
                {
                    return true;                                 //相撞返回true
                }
            }
        }
    }
    return false;                                                //不相撞返回false
}
```

● **消除相同颜色的泡泡**

当“发射泡泡”和“固有泡泡”发生碰撞后，系统需要查找与“发射泡泡”相连接且颜色相同的泡泡。如果有2个或2个以上的“固有泡泡”与“发射泡泡”相连，并且它们的颜色相同，那么这些相同颜色的泡泡会下落。

查找泡泡前，系统先将所有“固有泡泡”的消除标志清空，具体代码如下所述：

```
for( row = 0; row < m_nRowCount; row ++ )
{
    for( col = 0; col < m_nColCount; col ++ )
    {
        if( m_aBalls[row][col] != null )
        {
            m_aBalls[row][col].m_bSameType = false;    //颜色查找标志
            m_aBalls[row][col].m_bHungOver = true;     //悬空标志
        }
    }
}
```

接着，定义一个变量 num，用于存储符合条件的泡泡数量。然后，从“发射泡泡”所在的位置开始，反复进行下面的操作。

（1）检测当前位置是否存在“固有泡泡”，如果不存在，则不再进行下面的操作。

（2）检测当前位置的“固有泡泡”类型，如果该类型与“发射泡泡”不一致，则不再进行下面的操作。

（3）检测当前位置“固有泡泡”的颜色查找标志，如果已经查找过了，则不再进行下面的操作。

（4）设置当前位置“固有泡泡”的颜色相同标志，num 的数值为+1。

（5）进一步检测周围的“固有泡泡”，即将当前位置的周围位置设置为新的当前位置，然后，重新从第 1 步开始执行。

整个查找操作的程序流程如图 15-10 所示。

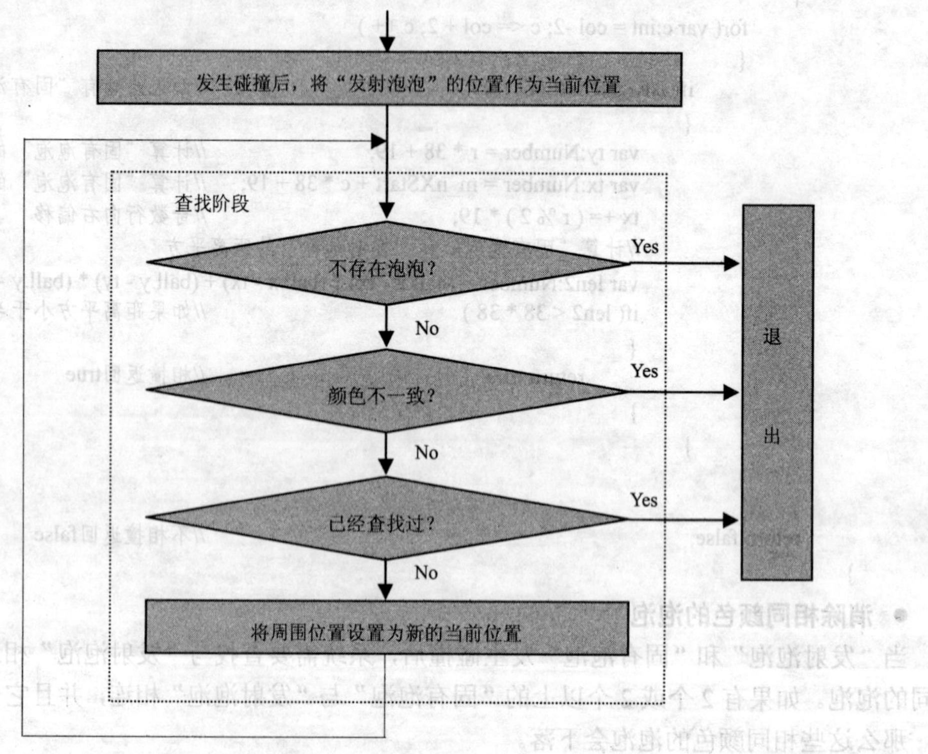

图 15-10　查找操作的程序流程图

查找并消除相同颜色泡泡的操作过程具有以下三个特点：

（1）前后步骤具有递推关系

查找操作时，第 5 步操作将递推回第 1 步操作。

（2）递推的次数有限

查找操作时，通过第 3 步的检测，可以排除已被查找过的泡泡，进而保证了查找操作的全部过程不会无限制地递推下去。

（3）有结束条件

查找操作的第 1、2、3 步操作都有结束条件，而且经过多次递推后，肯定会出现符合结束条件的泡泡。

以上三个特点，正好是递归算法的三要素，所以这里可以采用递归算法，简化原本复杂的操作过程。打开方块的具体实现代码如下，请结合注释来理解：

```
//参数row,col表示当前泡泡的位置
//参数type表示“发射泡泡”的颜色类型
//参数num表示当前已找到的相连且颜色相同泡泡的数量
//返回当前已找到的相连且颜色相同泡泡的数量
public function FindDropBall( row:int, col:int, type:int, num:int ):int
{
    /******************第（1）步，检测当前泡泡是否存在******************/
    if( isRightPosition( row, col) == false )
    {
        return num;
    }
    /**********第（2）步，检测当前泡泡类型是否与指定的类型相同*********/
    if( m_aBalls[row][col].getType() != type )
    {
        return num;
    }
    /***************第（3）步，检测当前泡泡是否已被查找过***************/
    if( m_aBalls[row][col].m_bSameType == true )
    {
        return num;
    }
    /***************第（4）步，设置颜色查找标志，计数值加1**************/
    m_aBalls[row][col].m_bSameType = true;
    num ++;                                    //类型相同，连接的泡泡数加 1
    /******************第（5）步，进一步检测周围的泡泡******************/
    var dis = 0;
    if( row % 2 == 0 )                          //奇数行和偶数行周围的泡泡位置不同
    {
        dis = -1;
    }
    num = FindDropBall( row-1, col+dis, type, num );        //左上角的泡泡
    num = FindDropBall( row-1, col+dis + 1, type, num );    //右上角的泡泡
    num = FindDropBall( row, col-1, type, num );            //左边的泡泡
    num = FindDropBall( row, col+1, type, num );            //右边的泡泡
    num = FindDropBall( row+1, col+dis, type, num );        //左下角的泡泡
    num = FindDropBall( row+1, col+dis + 1, type, num );    //右下角的泡泡
```

```
        return num;
    }
```

● **消除悬空泡泡**

当"发射泡泡"和"固有泡泡"发生碰撞，系统消除相同颜色的泡泡后，还要进行"悬空泡泡"的消除操作。

"悬空泡泡"是指没有与第一行（最上面一行）泡泡相连（直接连接或间接连接）的泡泡，这些泡泡也会自动下落。

查找"悬空泡泡"的具体思路是：首先将所有泡泡的悬空标志设置为 true（表示悬空），然后从遍历第一行的每个泡泡开始，逐个查找与第一行泡泡相连的其他泡泡，将这些泡泡的下落标志更改为false（表示不悬空），查找结束后，让悬空的泡泡下落，具体代码如下所述：

```
//从遍历第一行的每个泡泡开始
for( col = 0; col < m_nColCount; col ++ )
{
    if( m_aBalls[0][col] == null )
        continue;
    var bCheckSame:Boolean = false;
    if( num >= 3 )                          //num是前面已找到的相同颜色的泡泡数量
        bCheckSame = true;                  //需要考虑相同颜色泡泡的下落
    FindHungOver( 0, col, bCheckSame );     //查找与其相连的其他泡泡
}
//查找与(row,col)位置相连的其他泡泡,
//bCheckSame为true表示不再查找已确定要消除的颜色相同的泡泡
public function FindHungOver( row:int, col:int, bCheckSame:Boolean )
{
    /*****************第（1）步，检测当前泡泡是否存在*****************/
    if( isRightPosition( row, col) == false )
    {
        return;
    }
    /**************第（2）步，检测当前泡泡是否已经检测过了**************/
    if( m_aBalls[row][col].m_bHungOver == false )
    {
        return;
    }
    /**************第（3）步，检测当前泡泡是否已经检测过了**************/
    if( bCheckSame == true && m_aBalls[row][col].m_bSameType == true )
    {
        return;
    }
    /*********************第（4）步，设置检测标志*********************/
    m_aBalls[row][col].m_bHungOver = false;
    /*****************第（5）步，进一步检测周围的泡泡*****************/
    var dis = 0;
    if( row % 2 == 0 )                      //奇数行和偶数行周围的泡泡位置不同
    {
        dis = -1;
    }
    FindHungOver( row-1, col+dis, bCheckSame );         //左上角的泡泡
```

```
        FindHungOver( row-1, col+dis + 1, bCheckSame );         //右上角的泡泡
        FindHungOver( row, col-1, bCheckSame );                 //左边的泡泡
        FindHungOver( row, col+1, bCheckSame );                 //右边的泡泡
        FindHungOver( row+1, col+dis, bCheckSame );             //左下角的泡泡
        FindHungOver( row+1, col+dis + 1, bCheckSame );         //右下角的泡泡
    }
```

15.2.6 流程 6 绘制程序流程图

本游戏的脚本程序中含有 5 个管理类，分别是：Ball 类（对应泡泡元件）、Cat 类（对应喵星人元件）、Station 类（对应发射台元件）、myStage 类（对应游戏舞台）、SceneBalls 类（管理“固有泡泡”）。这些类中，只有 myStage 类的程序稍复杂，该类的程序流程如图 15-11 所示。

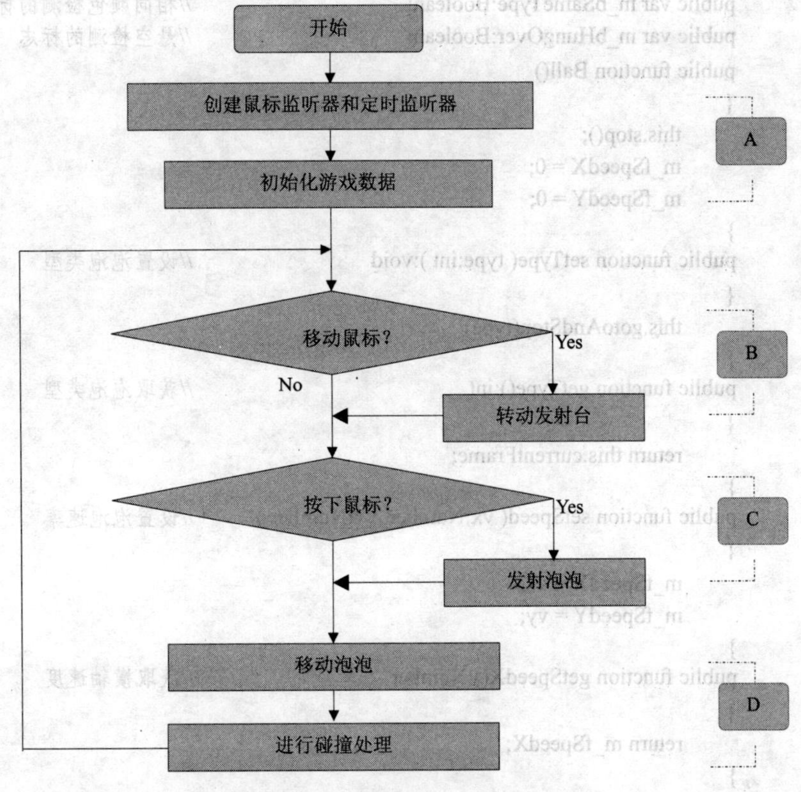

图 15-11 myStage 类的程序流程图

15.2.7 流程 7 编写实例代码

难点问题逐一解决后，开始编写本游戏的脚本程序。参照第三章所讲解的方法，在 GoldenMiner.fla 所在的目录中创建 classes 文件夹，然后在 Flash 中新建 4 个 ActionScript 文件，分别命名为 Ball.as（对应泡泡元件）、Cat.as（对应喵星人元件）、Station.as（对应发射台元件）、myStage.as（对应游戏舞台）、SceneBalls.as（管理“固有泡泡”）。各类的具体代码如下所述。

1. 编写 Ball 类的代码

Ball 类用于管理泡泡元件，与该类相关的信息有：

（1）每个泡泡都有颜色类型和运行速度等属性参数。

（2）每个泡泡都有用于消除查找的检测标志，便于主程序中遍历查找。

（3）泡泡可根据当前速度进行移动和后退。

Ball 类的具体代码如下所述：

```
package classes
{
    import flash.display.MovieClip;                          //导入影片剪辑的支持类
    public class Ball extends MovieClip
    {
        private var m_fSpeedX:Number;                        //泡泡的x轴运动速率
        private var m_fSpeedY:Number;                        //泡泡的y轴运动速率
        public static var MAX_TYPE_VALUE:int = 5;            //泡泡的最大类型值
        public var m_bSameType:Boolean;                      //相同颜色检测的标志
        public var m_bHungOver:Boolean;                      //悬空检测的标志
        public function Ball()
        {
            this.stop();
            m_fSpeedX = 0;
            m_fSpeedY = 0;
        }
        public function setType( type:int ):void             //设置泡泡类型
        {
            this.gotoAndStop(type);
        }
        public function getType():int                        //获取泡泡类型
        {
            return this.currentFrame;
        }
        public function setSpeed( vx:Number, vy:Number )     //设置泡泡速率
        {
            m_fSpeedX = vx;
            m_fSpeedY = vy;
        }
        public function getSpeedX():Number                   //获取横轴速度
        {
            return m_fSpeedX;
        }
        public function getSpeedY():Number                   //获取纵轴速度
        {
            return m_fSpeedY;
        }
        public function isMoving():Boolean                   //判断是否在移动
        {
            if( Math.abs( m_fSpeedX ) > 0.01 )               //浮点数不为0的比较
            {
                return true;
            }
            if( Math.abs( m_fSpeedY ) > 0.01 )
            {
                return true;
            }
```

```
                return false;
            }
            public function Move()                          //移动泡泡
            {
                if( Math.abs( m_fSpeedX ) > 0.01 )          //浮点数不为0的比较
                {
                    this.x = this.x + m_fSpeedX;
                }
                if( Math.abs( m_fSpeedY ) > 0.01 )
                {
                    this.y = this.y + m_fSpeedY;
                }
            }
            public function MoveBack()                      //后退
            {
                if( Math.abs( m_fSpeedX ) > 0.01 )          //浮点数不为0的比较
                {
                    this.x = this.x - m_fSpeedX;
                }
                if( Math.abs( m_fSpeedY ) > 0.01 )
                {
                    this.y = this.y - m_fSpeedY;
                }
            }
            public function Stop()                          //停止运动
            {
                m_fSpeedX = 0;
                m_fSpeedY = 0;
            }
        }
    }
```

2．编写 Cat 类的代码

Cat 类用于管理喵星人元件，与该类相关的信息有：

（1）喵星人手中有一个泡泡（T_Ball）。

（2）喵星人手中的泡泡被发射后要重新产生泡泡。

Cat 类的具体代码如下所述：

```
package classes
{
    import flash.display.MovieClip;                         //导入影片剪辑的支持类
    public class Cat extends MovieClip
    {
        public function Cat()
        {
            this.stop();
            setBall();                                      //设置最初的泡泡
        }
        public function setBall()
        {
```

```
                var type:int = Math.random() * Ball.MAX_TYPE_VALUE + 1;//设置泡泡类型
                T_Ball.setType( type );
                T_Ball.visible = true;
            }
            public function getBallType():int                       //获取它手中泡泡的类型
            {
                if( T_Ball.visible == false )
                    return -1;
                T_Ball.visible = false;
                return T_Ball.getType();
            }
            public function Logic()                                  //逻辑处理
            {
                if( T_Ball.visible == false )                        //如果手中没有泡泡
                {
                    if( this.currentFrame >= this.totalFrames )
                    {
                        this.gotoAndStop(1);
                        setBall();                                   //产生新泡泡

                    }
                    else
                    {
                        this.nextFrame();
                    }
                }
            }
        }
    }
```

3．编写 Station 类的代码

Station 类用于管理发射台元件，与该类相关的信息有：

（1）发射台会随着鼠标的移动而转动方向。

（2）发射台可以发射泡泡。

Station 类的具体代码如下所述：

```
package classes
{
    import flash.display.MovieClip;                          //导入影片剪辑的支持类
    import flash.geom.Point;                                 //导入Point对象的支持类
    public class Station extends MovieClip
    {
        public function Station()
        {                                                    //构造函数，不做任何处理
        }
        //功能：根据鼠标位置对发射台进行旋转
        //参数：mousex、mousey用于指定当前的鼠标位置
        public function Rot( mousex:int, mousey:int ):void
        {
            var centerX:int = this.x;
```

```
            var centerY:int = this.y;
            //计算旋转的弧度数，使炮口朝向鼠标所在的位置
            //atan2用于求（mousex - centerX）/（centerY - mousey）的正切弧度
            var R:Number = Math.atan2( mousex - centerX, centerY - mousey );
            T_Cannon.rotationZ = R * 180/Math.PI;              //沿Z轴旋转的角度数
            if( T_Cannon.rotationZ > 85 )
                T_Cannon.rotationZ = 85;
            if( T_Cannon.rotationZ < -85 )
                T_Cannon.rotationZ = -85;
        }
        public function Send( ball:Ball )                      //发射泡泡
        {
            var speed:Number = 30;
            var R:Number = T_Cannon.rotationZ * Math.PI / 180;    //获得炮口转角的弧度数
            //系统默认的0度角方向为水平向右,而元件的方向垂直向上,所以要加上90度的差值
            R = R + Math.PI * 0.5;
            var vx:Number = -speed * Math.cos( R );
            var vy:Number = -speed * Math.sin( R );
            //获得发射口的位置
            var point:Point = new Point();
            point.x = T_Cannon.x;
            point.y = T_Cannon.y;
            point = T_Cannon.localToGlobal( point );
            ball.x = point.x;
            ball.y = point.y;
            ball.setSpeed( vx, vy );
        }
    }
}
```

4．编写 SceneBalls 类的代码

SceneBalls 类用于管理“固有泡泡”，与该类相关的信息有：

（1）游戏开始时，“固有泡泡”需要随机排列。

（2）需要检测“发射泡泡”与“固有泡泡”的碰撞。

（3）需要进行消除相同颜色和消除“悬空泡泡”的处理。

（4）“发射泡泡”与“固有泡泡”发生碰撞后，如果没有消除操作，则需要将“发射泡泡”变成“固有泡泡”。

SceneBalls 类的具体代码如下所述：

```
package classes
{
    import flash.display.MovieClip;                    //导入影片剪辑的支持类
    public class SceneBalls extends MovieClip
    {
        private var m_aBalls:Array;                    //存储泡泡的数组
        private var m_nColCount:int = 18;              //总列数
        private var m_nRowCount:int = 9;               //总行数
        private var m_nXStart:int = 10;                //泡泡起始的x轴位置
        private var m_aDropBalls:Array;                //存储下落的泡泡
```

```
private var m_bDrop:Boolean;                    //是否有泡泡在下落
public function SceneBalls()
{
    m_aBalls = new Array(m_nRowCount);          //创建各种数组
    for( var row:int = 0; row < m_nRowCount; row ++ )
    {
        m_aBalls[row] = new Array(m_nColCount);
    }
    m_aDropBalls = new Array();
}
public function Reset()
{
    ……，此处代码略，与本章实例制作“流程5”中的同名函数代码相同
    //摆放泡泡后，要进行“悬空泡泡”的检测和消除处理
    for( var i:int = 0; i < m_aDropBalls.length; i ++ )    //清空消除泡泡数据
    {
        if( m_aDropBalls[i] != null )
        {
            this.removeChild( m_aDropBalls[i] );
            m_aDropBalls[i] = null;
        }
    }
    for( col = 0; col < m_nColCount; col ++ )              //查找悬空泡泡
    {
        if( m_aBalls[0][col] == null )
            continue;
        FindHungOver( 0, col, false );
    }
    for( row = 0; row < m_nRowCount; row ++ )              //进行消除处理
    {
        for( col = 0; col < m_nColCount; col ++ )
        {
            if( m_aBalls[row][col] != null )
            {
                if( m_aBalls[row][col].m_bHungOver == true )
                {
                    DropBall( row, col );                  //消除泡泡
                }
            }
        }
    }
}
public function isHaveDrop():Boolean                       //判断是否有泡泡还在下落
{
    return m_bDrop;
}
public function isRightPosition( row:int, col:int ):Boolean//检测该位置上是否有“固有泡泡”
{
    if( row < 0 || row >= m_nRowCount ||
        col < 0 || col >= m_nColCount )
    {
```

```
            return false;
        }
        if( m_aBalls[row][col] == null )
        {
            return false;
        }
        return true;
    }
    public function isCollideWithBall( ball:Ball ):Boolean  //判断当前泡泡是否与场景中的泡
                                                            泡相撞
    {
        ……，此处代码略，与本章实例制作“流程5”中的同名函数代码相同
    }
    //将“发射泡泡”变成“固有泡泡”
    //参数bx,by对应“发射泡泡”的当前坐标
    //参数type对应“发射泡泡”的颜色类型
    public function addBall( bx:Number, by:Number, type ):Boolean
    {
        var Lastrow:int = by / 38;                       //获取“发射泡泡”的行列位置
        var Lastcol:int = ( bx - m_nXStart - (Lastrow % 2) * 19 ) / 38;
        if( Lastrow < 0 || Lastrow >= m_nRowCount ||
            Lastcol < 0 || Lastcol >= m_nColCount )      //如果位置不符合规定
        {
            return false;
        }
        for( ; ; )                                       //死循环，直到找到合适的位置
        {
            if( isRightPosition( Lastrow, Lastcol ) == false )  //这个位置上没有“固有泡泡”
                break;                                   //找到位置，退出循环
            Lastrow = Lastrow + 1;                       //否则找下一个位置
            if( Lastrow >= m_nRowCount )
                return false;
        }
        m_aBalls[Lastrow][Lastcol] = new Ball();         //产生泡泡
        m_aBalls[Lastrow][Lastcol].y = Lastrow * 38 + 19;   //泡泡的高为38
        m_aBalls[Lastrow][Lastcol].x = m_nXStart + Lastcol * 38 + 19;
        m_aBalls[Lastrow][Lastcol].x += ( Lastrow % 2 ) * 19;
        this.addChild( m_aBalls[Lastrow][Lastcol] );
        m_aBalls[Lastrow][Lastcol].setType(type);
        //清除查找标志，以便重新进行颜色相同及“悬空泡泡”的查找
        var row, col:int;
        for( row = 0; row < m_nRowCount; row ++ )
        {
            for( col = 0; col < m_nColCount; col ++ )
            {
                if( m_aBalls[row][col] != null )
                {
                    m_aBalls[row][col].m_bSameType = false;
                    m_aBalls[row][col].m_bHungOver = true;
                }
            }
```

```
        }
        //查找颜色相同且与发射泡泡相连接的泡泡
        var num = FindDropBall( Lastrow, Lastcol, type, 0 );
        //查找“悬空泡泡”
        for( col = 0; col < m_nColCount; col ++ )
        {
            if( m_aBalls[0][col] == null )
                continue;
            var bCheckSame:Boolean = false;
            if( num >= 3 )
                bCheckSame = true;
            FindHungOver( 0, col, bCheckSame );
        }
        //让颜色相同且相连的泡泡和“悬空泡泡”下落
        for( row = 0; row < m_nRowCount; row ++ )
        {
            for( col = 0; col < m_nColCount; col ++ )
            {
                if( m_aBalls[row][col] != null )
                {
                    if( m_aBalls[row][col].m_bHungOver == true )
                    {
                        DropBall( row, col );
                    }
                    else if( num >= 3 && m_aBalls[row][col].m_bSameType == true )
                    {
                        DropBall( row, col );
                    }
                }
            }
        }
        return true;
    }
    public function FindDropBall( row:int, col:int, type:int, num:int ):int
    {//查找颜色相同且与发射泡泡相连接的泡泡
        ……，此处代码略，与本章实例制作“流程5”中的同名函数代码相同
    }
    public function FindHungOver( row:int, col:int, bCheckSame:Boolean )
    {//查找“悬空泡泡”
        ……，此处代码略，与本章实例制作“流程5”中的同名函数代码相同
    }
    public function DropBall( row:int, col:int )                //让泡泡下落
    {//row,col对应下落泡泡的初始位置
        m_aBalls[row][col].setSpeed( 0, 50 );
        for( var i:int = 0; i < m_aDropBalls.length; i ++ ) //首先看下落泡泡缓冲中有没空余位
                                                              置
        {
            if( m_aDropBalls[i] == null )
            {
                m_aDropBalls[i] = m_aBalls[row][col];
                break;
```

```
                    }
                }
                if( i >= m_aDropBalls.length )          //没有空余位置，则添加新位置
                {
                    m_aDropBalls.push( m_aBalls[row][col] );
                }
                m_aBalls[row][col] = null;
                m_bDrop = true;
            public function Logic()                     //进行逻辑处理，移动泡泡
            {
                m_bDrop = false;
                for( var i:int = 0; i < m_aDropBalls.length; i ++ )          //移动下落的泡泡
                {
                    if( m_aDropBalls[i] != null )
                    {
                        m_aDropBalls[i].Move();
                        if( m_aDropBalls[i].y > 540 )
                        {
                            this.removeChild( m_aDropBalls[i] );
                            m_aDropBalls[i] = null;
                        }
                        else
                        {
                            m_bDrop = true;
                        }
                    }
                }
            }
        }
    }
```

5．编写 myStage 类的代码

myStage 类对应游戏的舞台，该类程序流程如图 15-11 所示，具体代码如下所述：

```
package classes
{
    import flash.display.MovieClip;
    import flash.display.Sprite;
    import flash.events.MouseEvent;
    import flash.events.TimerEvent;
    import flash.utils.Timer;
    public class myStage extends MovieClip
    {
        private var m_SceneBall:SceneBalls;              //存储泡泡的数组
        private var m_Ball:Ball;                         //当前发射出来的泡泡
        public function myStage()
        {
            stop();
            //这里将完成图15-10中A部分的功能
            m_SceneBall = new SceneBalls();              //创建“固有泡泡”
```

```
        this.addChild( m_SceneBall );
        m_Ball = new Ball();                            //创建"发射泡泡"
        m_Ball.x = T_Station.x;
        m_Ball.y = T_Station.y;
        this.addChild( m_Ball );
        Reset();                                        //设置初始数据
        //创建鼠标监听器
        this.stage.addEventListener( MouseEvent.MOUSE_DOWN,onMouseDownEvent );
        this.stage.addEventListener( MouseEvent.MOUSE_MOVE,onMouseMoveEvent );
        var myTimer:Timer = new Timer(50, 0);           //创建定时器
        myTimer.addEventListener("timer", timerHandler );
        myTimer.start();
    }
    public function Reset()                                     //设置初始数据
    {
        var type:int = Math.random() * Ball.MAX_TYPE_VALUE + 1;
        m_Ball.setType(type);
        m_SceneBall.Reset();
        T_Reset.visible = false;
    }
    public function onMouseMoveEvent( e:MouseEvent ):void       //鼠标移动事件处理
    {//这里将完成图15-10中B部分的功能
        if( T_Reset.visible == true )                           //如果游戏结束
            return;
        T_Station.Rot( this.stage.mouseX, this.stage.mouseY );  //转动发射台
    }
    public function onMouseDownEvent( e:MouseEvent ):void       //鼠标按下事件处理
    {//这里将完成图15-10中C部分的功能
        if( T_Reset.visible == true )                           //如果游戏已经结束
        {
            Reset();                                            //重新开始游戏
            return;
        }
        if( m_Ball.isMoving() == true )                 //如果"发射泡泡"正在移动
        {
            return;
        }
        if( m_SceneBall.isHaveDrop() == true )          //如果有泡泡在下落
        {
            return;
        }
        T_Station.Send( m_Ball );                       //发射泡泡
    }
    public function timerHandler(e:TimerEvent):void             //定时事件处理
    {
        if( T_Reset.visible == true )                           //如果游戏结束
            return;
        //这里将完成图15-10中D部分的功能
        m_SceneBall.Logic();                            //"固有泡泡"的逻辑处理
        T_Cat.Logic();                                  //喵星人的逻辑处理
        m_Ball.Move();
```

```
            //“发射泡泡”的逻辑处理
            if( m_Ball.x < 19 || m_Ball.x > (730 - 19) )          //“发射泡泡”遇到场景左右边缘
            {
                m_Ball.MoveBack();                                 //后退
                m_Ball.setSpeed( - m_Ball.getSpeedX(), m_Ball.getSpeedY() ); //改变运动方向
                m_Ball.Move();                                     //重新前进
            }
            if( m_SceneBall.isCollideWithBall( m_Ball ) )         //如果发生了碰撞
            {
                //将“发射泡泡”变成“固有泡泡”
                if( m_SceneBall.addBall( m_Ball.x, m_Ball.y, m_Ball.getType() ) == false )
                {//如果无法将“发射泡泡”变成“固有泡泡”
                    T_Reset.visible = true;                        //游戏结束
                    this.setChildIndex( T_Reset, this.numChildren - 1 );
                }
                m_Ball.Stop();                                     //停止运动
                m_Ball.setType( T_Cat.getBallType() );          //获取喵星人手中的泡泡
                m_Ball.x = T_Station.x;
                m_Ball.y = T_Station.y;
            }
            if( m_Ball.y < 0 )                                    //“发射泡泡”遇到场景上边缘
            {//停止运动，将“发射泡泡”变成“固有泡泡”
                m_Ball.y = 0;
                m_SceneBall.addBall( m_Ball.x, m_Ball.y, m_Ball.getType() );
                m_Ball.Stop();
                m_Ball.setType( T_Cat.getBallType() );
                m_Ball.x = T_Station.x;
                m_Ball.y = T_Station.y;
            }
        }
    }
}
```

15.2.8 流程 8 设置并发布产品

所有代码编写完成后，需要将这些类与相应的库元素逐一关联起来，参照前面章节的操作方法，将 myStage 类与游戏舞台相关联，将 Ball 类与泡泡元件相关联，将 Cat 类与喵星人元件相关联，将 Station 类与发射台元件相关联。

编译并调试程序后，运行项目并发布产品，可以看到如图 15-1 所示的效果。

本章小结

《开心泡泡猫》是当前最流行的 Flash 游戏之一。

递归算法的三要素是：①前后步骤具有递推关系；②递推的次数有限；③有结束条件。通过本章游戏的具体制作过程重点掌握递归算法的实际应用。

思考与练习

1. 递归算法的三要素是什么？
2. 在计算机中完成《开心泡泡猫》游戏的制作。

第十六章　开发跑酷类游戏《急速逃亡》

内容提要

本章主要讲解流行游戏《急速逃亡》的开发制作全过程。最后是小结和作业安排。

学习重点

- 《急速逃亡》游戏开发过程中各流程的设计与实现方法

教学环境： 计算机实验室

学时建议： 6 小时（其中讲授 2 小时，实验 4 小时）

2011 年，一款名为《神庙逃亡》（Temple Run）的游戏在 iOS 平台发行，并迅速攀升至 App Store 免费游戏的排行榜榜首。此后，这种操作简单且速度感强的跑酷类动作游戏受到众多玩家的热捧。

16.1 《急速逃亡》游戏开发流程

《急速逃亡》游戏内容和大多数跑酷游戏非常相似，玩家要越过重重障碍和陷阱，不断向前飞奔。接下来将详细介绍如何制作《急速逃亡》游戏。

16.1.1　操作规则

游戏开始后，一名逃亡者飞速地向前奔跑，且速度越来越快。玩家按空格键可让逃亡者跳跃（逃亡者在空中时再次按空格键可以使其进行二次跳跃）。逃亡者需要不断地从一座建筑物跳跃到另一座建筑物上。如果逃亡者不小心从建筑物上摔落，则游戏结束。游戏场景中还会出现金币，逃亡者获取金币可增加积分。本游戏目的是：赢得更多的积分。

16.1.2　本例效果

本例实际运行效果如图 16-1 所示。

图 16-1 《急速逃亡》运行效果

16.1.3 资源文件的处理

制作本游戏之前，首先需要准备各种资源图片，如表 16-1 所示。

表 16-1 资源文件列表

图片画面	图片名称	图片画面	图片名称
	背景 1. png		背景 2.png
	开场.png		结束.png
	建筑 1.png		建筑 2.png
	建筑 3.png		建筑 4.png
	建筑 5.png		建筑 6.png
	建筑 7.png		逃亡者.gif
	金币.gif		

16.1.4 开发流程（步骤）

本例开发分为 8 个流程（步骤）：①创建项目、②制作逃亡者和金币元件、③制作建筑元件、④制作游戏场景、⑤解决难点问题、⑥绘制程序流程图、⑦编写脚本代码、⑧设置并发布产品，如图 16-2 所示。

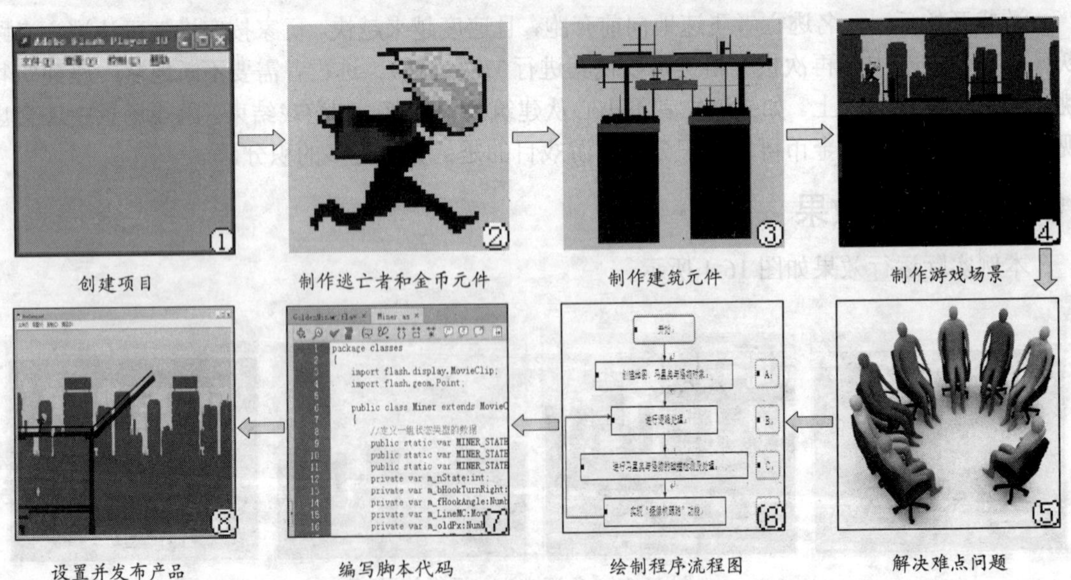

图 16-2 《急速逃亡》游戏开发流程图

16.2 《急速逃亡》游戏的具体制作

16.2.1 流程 1 创建项目

打开 Flash 软件，仿照第三章所讲解的方法，创建新文档，并将其保存为“RunGame.fla”。将舞台尺寸设置为 800×500，背景颜色设置成淡黄色。

16.2.2 流程 2 制作逃亡者和金币元件

逃亡者和金币元件的制作方法都比较简单。选择菜单命令【文件】→【导入】→【导入到库】，将本章资源中的“逃亡者.gif”、“金币.gif”等文件导入到当前项目的库列表中。然后进行下面所述的操作。

1. 修改逃亡者和金币元件的名称

GIF 格式是一种可包含小动画的图片格式。导入“逃亡者.gif”与“金币.gif”图片后，Flash 会在库列表中自动插入许多位图以及相应的影片剪辑元件，其中每张位图对应 gif 动画中的一个画面，而相应的影片剪辑元件则包含了完整的动画。

在库列表中，用鼠标右键点选系统自动生成的 2 个影片剪辑元件，在弹出的菜单中选择“重命名”，将它们分别改名为“逃亡者”、“金币”，如图 16-3 所示。

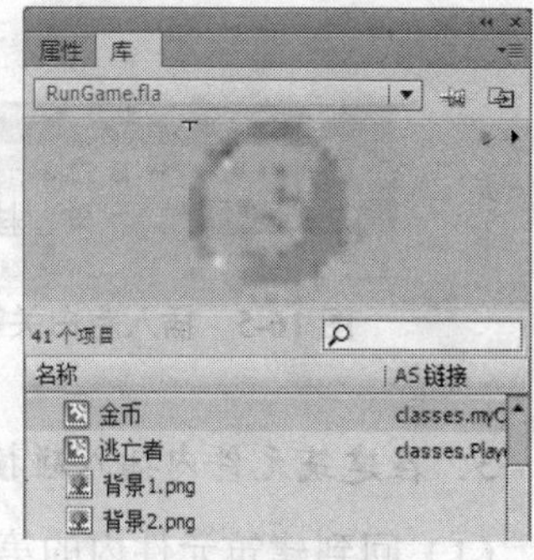

图 16-3 修改元件名称

16.2.3 流程 3 制作建筑元件

选择菜单命令【文件】→【导入】→【导入到库】，将本章资源中的“建筑 1.png”、“建筑 2.png”、“建筑 3.png”、“建筑 4.png”、“建筑 5.png”、“建筑 6.png”、“建筑 7.png”等图片文件导入到当前项目的库列表中，然后进行下面所述的操作。

1. 制作碰撞检测盒

本游戏中，逃亡者只能在建筑物上指定的区域奔跑，所以应该只对这一局部区域进行碰撞检测。通常，可利用增加碰撞检测盒的方法，来实现元件的局部碰撞检测。制作碰撞检测盒的操作方法如下所述：

选择菜单命令【插入】→【新建元件】，创建一个名为“碰撞盒”的影片剪辑元件。在碰撞盒元件的编辑区中，用【矩形工具】（图标为▭）绘制一个没有边框（笔触宽度为 0）的矩形，并设置矩形的左上角位于元件的中心，如图 16-4 所示。

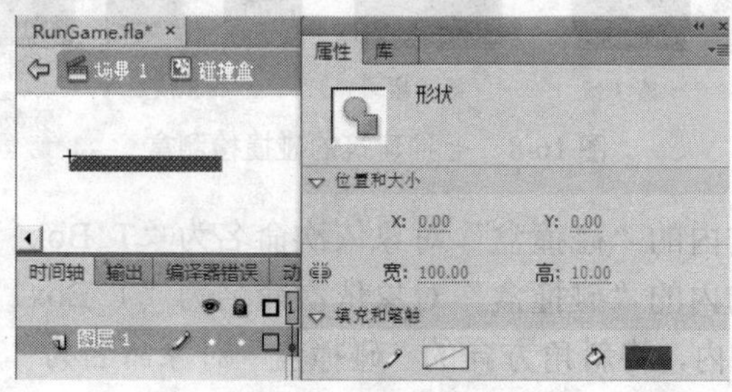

图 16-4 绘制碰撞盒

2．制作建筑元件

选择菜单命令【插入】→【新建元件】，创建一个名为“建筑”的影片剪辑元件。进入建筑元件内部后，在时间轴第 2 帧上单击鼠标右键，并在弹出的菜单中选择【插入关键帧】，接着采用同样的方法连续创建 7 个空白关键帧，如图 16-5 所示。在库列表中，将新导入的“建筑 1.png”、“建筑 2.png”、“建筑 3.png”、“建筑 4.png”、“建筑 5.png”、“建筑 6.png”、“建筑 7.png”等几张位图依次拖放到建筑元件的 7 个关键帧内，适当调整各帧图像大小，并确保每帧图像的位置相同，且都位于元件的中心，如图 16-6 所示。

图 16-5　插入空白关键帧

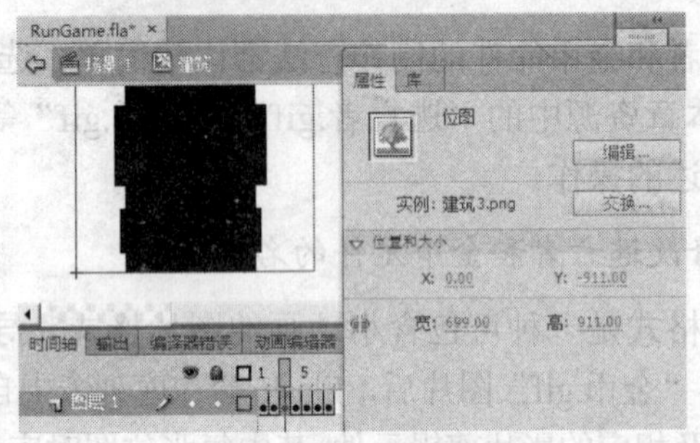

图 16-6　制作建筑元件

3．在建筑元件内插入碰撞盒

（1）回到建筑元件内的第 1 帧，先后 2 次从库列表中将“碰撞盒”元件对象拖放到如图 16-7 所示的位置，并用【任意变形工具】（图标为▣）调整碰撞盒的大小和角度。最后将 2 个“碰撞盒”对象依次命名为“T_Box1”和“T_Box2”。

（2）仿照第 1 帧碰撞盒的制作方法，参照图 16-8，为其他帧也制作碰撞盒。

图 16-7　制作第 1 个建筑的碰撞检测盒

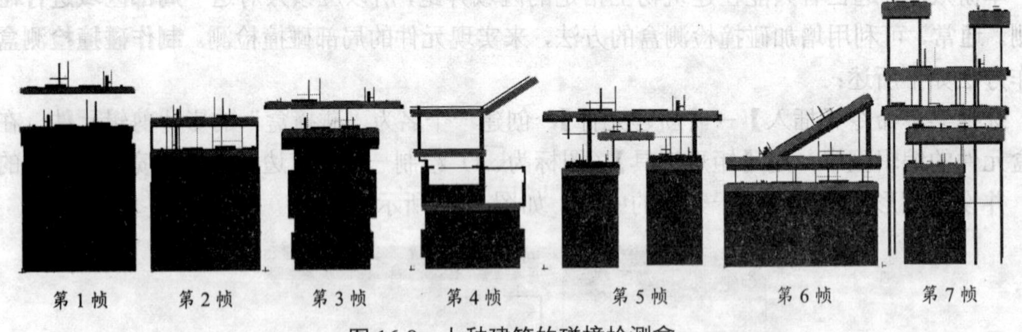

图 16-8　七种建筑的碰撞检测盒

（3）将第 2 帧建筑物内的“碰撞盒”对象依次命名为“T_Box1”、“T_Box2”。

（4）将第 3 帧建筑物内的“碰撞盒”对象依次命名为“T_Box1”、“T_Box2”。

（5）在第 4 帧建筑物内，将斜角方向的“碰撞盒”对象命名为“T_Rot_Box1”，其余“碰撞盒”对象依次命名为“T_Box1”、“T_Box2”、“T_Box3”。

（6）将第 5 帧建筑物内的“碰撞盒”对象依次命名为“T_Box1”、“T_Box2”、“T_Box3”、“T_Box4”。

（7）在第 6 帧建筑物内，将斜角方向的“碰撞盒”对象命名为“T_Rot_Box2”，其余“碰撞盒”对象依次命名为“T_Box1”、“T_Box2”。

（8）将第 7 帧建筑物内的“碰撞盒”对象依次命名为“T_Box1”、“T_Box2”、“T_Box3”、“T_Box4”、“T_Box5”、“T_Box6”。

16.2.4 流程 4 制作游戏场景

通过左上角的切换页面，回到场景编辑区。导入“背景 1.png”、“背景 2.png”、“开场.png”、“结束.png”等图片。然后，在时间轴上添加 3 个空白帧，并按下面的操作步骤来制作游戏场景。

1. 制作开机与结束画面

从库列表中将“开场.png”位图拖放到场景中的第 1 帧内，再将“结束.png”位图拖放到场景中的第 3 帧内，并设置 2 张位图的坐标均为（0，0），大小都设置为 800×500。接着，在第 3 帧内添加一个动态文本，命名为“T_Score”，文本内容设置为“Score:0000000”，如图 16-9 所示。

图 16-9 添加动态文本

2. 制作游戏背景

（1）回到场景中的第 2 帧，从库列表中将“背景 1.png”和“背景 2.png”2 张位图拖放到舞台内，并设置 2 张位图的坐标分别为（0，0）和（800，0），且 2 张位图的大小均设置为 800×500，如图 16-10 所示。

图 16-10 设置游戏背景

（2）在舞台内，用鼠标右键点选 2 张位图，并将位图转换为元件，如图 16-11 所示。将两个新元件命名为“背景 1”和“背景 2”，如图 16-12 所示。

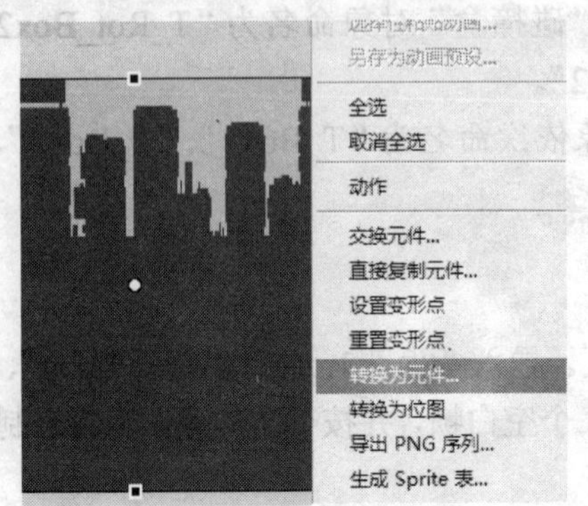

图 16-11　转换为元件

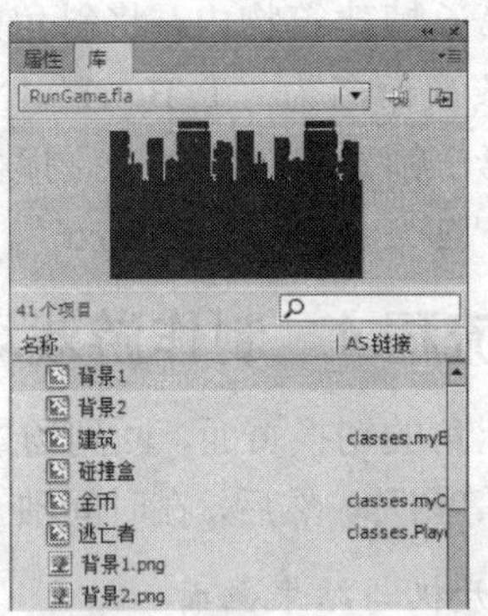

图 16-12　更改元件名称

（3）在舞台内点选 2 个背景元件实例，并在属性面板中将 2 个对象分别命名为“T_Back1”和“T_Back2”。

3．摆放建筑和游戏主角

（1）从库列表中拖出“建筑”元件实例，将 2 个实例分别命名为“T_Building1”和“T_Building2”，并在属性面板中将 2 个实例的坐标分别设置为（0，850）和（1000，850）。

（2）从库列表中拖出 1 个“逃亡者”元件实例，将该实例分别命名为“T_Player”，并在属性面板中将实例的坐标分别设置为（60，90）。此时，第 2 帧图像的最终效果如图 16-13 所示。

图 16-13　游戏场景的最终效果

16.2.5　流程 5　解决程序难点

编写脚本代码，首先需要了解该游戏的制作难点，然后制定出各个难点的解决方法，最后才可进行真正脚本程序的编写。

1．脚本制作难点

本游戏的制作过程中会遇到以下几个难点：

（1）游戏开始后，逃亡者不断地向前奔跑，游戏背景和建筑物都将快速移动，从而产生动感效果，那么如何实现这种动感效果？

（2）逃亡者跳跃后，如果一落在建筑物上（与建筑物碰撞）就开始奔跑，那么如何实现这种碰撞处理效果？

2．难点的解决方法

● **实现动感效果**

在本游戏的程序中，通过逆向移动的方式来实现逃亡者奔跑的动感效果，即逃亡者的实际位置不变，而背景和建筑物会飞速地向后移动。具体的实现代码如下所述：

```
public function moveBackAndBuildings()    //移动背景和建筑物，不断调用此方法可以实现动感效果
{
        T_Back1.x = T_Back1.x - 4;                                    //移动背景1
        T_Back2.x = T_Back2.x - 4;                                    //移动背景2
        if( T_Back1.x <= - 800 )                                      //如果背景1移出了舞台
        {
              T_Back1.x = T_Back2.x + 800;                            //重新设置背景1的位置
              var back:MovieClip = T_Back1;                           //更新背景1与背景2的引用
              T_Back1 = T_Back2;
              T_Back2 = back;
        }
        T_Building1.x = T_Building1.x - T_Player.getSpeedX();         //移动建筑1
        T_Building2.x = T_Building2.x - T_Player.getSpeedX();         //移动建筑2
        if( T_Building1.x <= - 800 )                                  //如果建筑1移出了舞台
        {
              T_Building1.Reset();                                    //重新设置建筑1的位置
              T_Building1.x = T_Building2.x + 1000;
              var building:myBuilding = T_Building1;                  //更新建筑1与建筑2的引用
              T_Building1 = T_Building2;
              T_Building2 = building;
        }
}
```

● **逃亡者建筑物的碰撞处理**

逃亡者跳跃后，如果落在建筑物上（与建筑物碰撞），则开始奔跑。为实现这一效果，在绘制游戏场景时，就在各种建筑物内增加了很多“碰撞盒”，如图 16-8 所示。在逃亡者下落过程中，如果其脚下坐标与“碰撞盒”上边的距离很小，就可断定逃亡者与建筑物发生了碰撞，并将逃亡者的状态改成奔跑即可，具体的实现代码如下所述。

```
public function collideWithPlayer( p:Player ):Boolean //逃亡者与建筑的碰撞处理，参数p是逃亡者对象
{
        for( i = 0; i < m_aCoins.length; i ++ )                       //逃亡者与金币的碰撞处理
        {// m_aCoins是之前定义的数组，用于存储金币对象
            if( m_aCoins[i].visible == true )
            {
                  if( p.hitTestObject( m_aCoins[i] )   )              //如果发生了碰撞
                  {
                        m_aCoins[i].visible = false;                  //金币消失
                        p.AddScore( 10 );                             //增加积分
                  }
```

```
        }
    }
    if( p.getSpeedY() < 0 )        //上升过程不进行碰状检测,p.getSpeedY()可获得逃亡者的Y轴速度
    {
        return false;
    }
    var child:DisplayObject;
    child = this.getChildByName("T_Rot_Box1");                //获取第1个倾斜的“碰撞盒”
    if( child != null )
    {
        if( collideBox( p, child, 30 ) == true )              //进行逃亡者与“碰撞盒”的碰撞处理
        {
            return true;
        }
    }
    child = this.getChildByName("T_Rot_Box2");                //获取第2个倾斜的“碰撞盒”
    if( child != null )
    {
        if( collideBox( p, child, 38 ) == true )              //进行逃亡者与“碰撞盒”的碰撞处理
        {
            return true;
        }
    }
    for( var i:int = 1; i <= 6; i ++ )                        //对“碰撞盒”进行碰撞处理
    {
        var str:String = "T_Box" + i;
        child = this.getChildByName(str);
        if( child != null )
        {
            if( collideBox( p, child, 0 ) == true )
            {
                return true;
            }
        }
    }
    return false;
}
//逃亡者与“碰撞盒”的碰撞处理
//参数p是逃亡者对象,child是“碰撞盒”对象,angle是“碰撞盒”倾斜的角度
//返回true表示发生了碰撞,返回false表示没有碰撞
private function collideBox( p:Player, child:DisplayObject, angle:Number ):Boolean
{
    var pFootx:Number = p.x + 20;                             //逃亡者脚底坐标
    var pFooty:Number = p.y + 50;
    var bx1:Number = this.x + child.x - 10;                   //碰撞盒左边相对于场景的X坐标
    var bx2:Number = bx1 + child.width + 20;                  //碰撞盒右边相对于场景的X坐标
    var by1:Number = this.y + child.y;                        //碰撞盒左上角相对于场景的Y坐标
    if( pFootx > bx1 && pFootx < bx2 )                        //如果逃亡者的X坐标位于“碰撞盒”区域
    {
        var arc:Number = angle * Math.PI/180;
        //计算“碰撞盒”上与逃亡者相对应点的Y轴坐标(逃亡者坐标在“碰撞盒”上边的投影)
```

```
            var by:Number = - Math.tan(arc)*(pFootx - bx1);
            by = by + by1;
            //如果逃亡者的Y轴坐标与碰撞盒很接近
            if( pFooty >= by - p.getSpeedY() && pFooty < by + p.getSpeedY() + 30 )
            {
                p.y = by - 50;                  //设置逃亡者的位置
                return true;                    //返回碰撞信息
            }
        }
        return false;
    }
```

16.2.6 流程 6 绘制程序流程图

本游戏的脚本程序中含有 4 个管理类，分别是：myBuilding 类（对应建筑元件）、myCoin 类（对应金币元件）、Player 类（对应逃亡者元件）、myStage 类（对应游戏舞台）。这些类中，只有 myStage 类的程序稍复杂，该类的程序流程如图 16-14 所示。

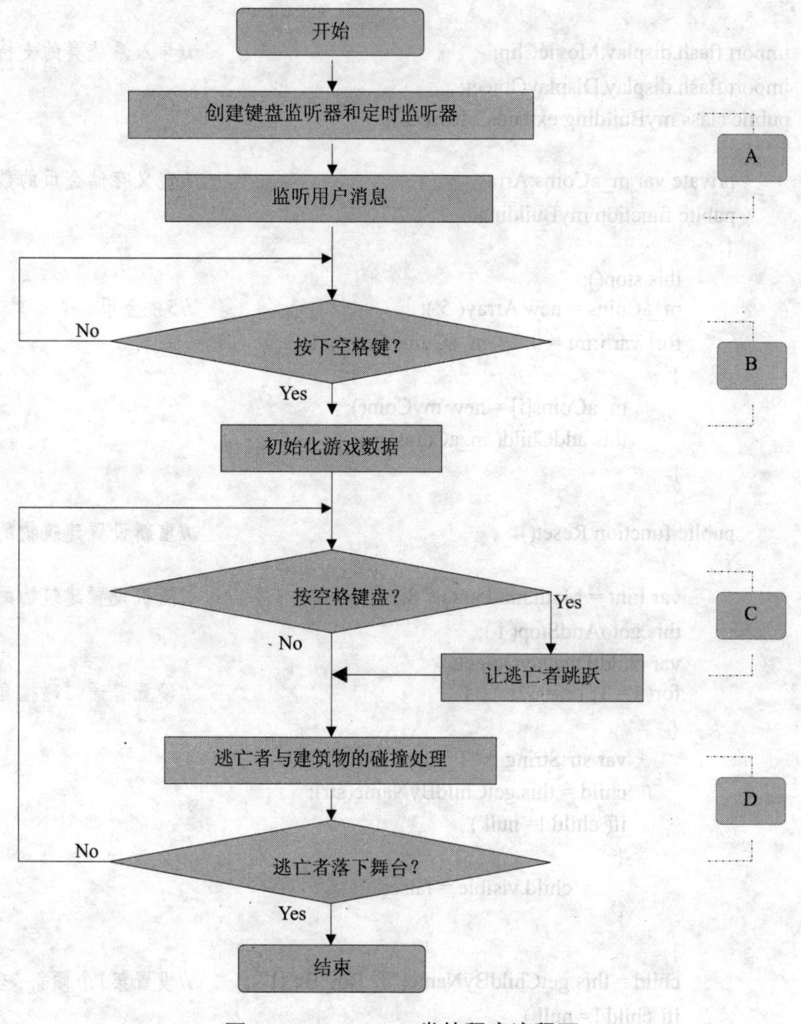

图 16-14 myStage 类的程序流程图

16.2.7　流程 7　编写实例代码

难点问题逐一解决后，接下来开始编写本游戏的脚本程序。参照第三章所讲解的方法，在 RunGame.fla 所在的目录中创建 classes 文件夹，然后在 Flash 中新建 4 个 ActionScript 文件，分别命名为 myBuilding.as（对应建筑元件）、myCoin.as（对应金币元件）、Player.as（对应逃亡者元件）、myStage.as（对应游戏舞台），并将这些文件保存在 classes 目录下。各类的具体代码如下所述。

1．编写 myBuilding 类的代码

myBuilding 类用于管理建筑元件，与该类相关的信息有：

（1）游戏中共有 7 种建筑，会随机设置建筑物的种类。

（2）每个建筑内都包含金币和“碰撞盒”子对象。

（3）逃亡者可以在建筑上奔跑。

Ball 类的具体代码如下所述：

```
package classes
{
    import flash.display.MovieClip;                         //导入系统类的支持包
    import flash.display.DisplayObject;
    public class myBuilding extends MovieClip
    {
        private var m_aCoins:Array;                         //定义存储金币的数组
        public function myBuilding()
        {
            this.stop();
            m_aCoins = new Array( 5 );                      //5枚金币
            for( var i:int = 0; i < m_aCoins.length; i ++ )
            {
                m_aCoins[i] = new myCoin();
                this.addChild( m_aCoins[i] );
            }
        }
        public function Reset()                             //重新设置建筑物的属性
        {
            var i:int = Math.random() * 8;                  //随机设置建筑物的类型
            this.gotoAndStop( i );
            var child:DisplayObject;
            for( i = 1; i <= 6; i ++ )                      //设置普通“碰撞盒”的属性
            {
                var str:String = "T_Box" + i;
                child = this.getChildByName(str);
                if( child != null )
                {
                    child.visible = false;
                }
            }
            child = this.getChildByName("T_Rot_Box1");      //设置第1个倾斜“碰撞盒”的属性
            if( child != null )
            {
```

```
                        child.visible = false;
                    }
                    child = this.getChildByName("T_Rot_Box2");    //设置第2个倾斜“碰撞盒”的属性
                    if( child != null )
                    {
                        child.visible = false;
                    }
                    for( i = 0; i < m_aCoins.length; i ++ )    //设置金币的属性
                    {
                        m_aCoins[i].x = Math.random() * this.width;
                        m_aCoins[i].y = -500 - Math.random() * 400;
                        m_aCoins[i].visible = true;
                    }
                }
                public function collideWithPlayer( p:Player ):Boolean
                {
                    ……，此处代码略，与本章实例制作“流程5”中的同名函数代码相同
                }
                private function collideBox( p:Player, child:DisplayObject, angle:Number ):Boolean
                {
                    ……，此处代码略，与本章实例制作“流程5”中的同名函数代码相同
                }
            }
        }
```

2．编写 myCoin 类的代码

myCoin 类用于管理金币元件，该类非常简单，没有特殊的功能代码，只有类的基本结构，如下所述：

```
package classes
{
    import flash.display.MovieClip;
    import flash.display.DisplayObject;
    public class myCoin extends MovieClip
    {
        public function myCoin()
        {
        }
    }
}
```

3．编写 Player 类的代码

Player 类用于管理逃亡者元件，与该类相关的信息有：

（1）逃亡者拥有速度、积分等属性。

（2）逃亡者可进行跳跃。

（3）逃亡者在空中可进行二次跳跃。

（4）逃亡者会越跑越快。

Station 类的具体代码如下所述：

```
package classes
{
    import flash.display.MovieClip;                         //导入影片剪辑的支持类
    public class Player extends MovieClip
    {
        private var m_fSpeedX:Number;                       //x轴运动速度
        private var m_fSpeedY:Number;                       //y轴运动速度
        private var m_bAir:Boolean;                         //是否在空中
        private var m_bFirstJump:Boolean;          //是否在空中第一次起跳（可以跳跃2次）
        private var m_nScore:int;                           //记录积分
        public function Player()                            //构造方法
        {
            this.stop();                                    //停止元件的自动播放
            Reset();                                        //设置初始属性
        }
        public function Reset()                             //设置初始属性
        {
            m_fSpeedX = 5;
            m_fSpeedY = 0;
            m_bAir = true;
            m_bFirstJump = true;
            m_nScore = 0;
        }
        public function getScore():int                      //获取当前积分
        {
            return m_nScore;
        }
        public function AddScore( s:int )                   //增加积分
        {
            m_nScore = m_nScore + s;
        }
        public function getSpeedX():Number                  //获取X轴速度
        {
            return m_fSpeedX;
        }
        public function getSpeedY():Number                  //获取Y轴速度
        {
            return m_fSpeedY;
        }
        public function isAir():Boolean                     //判断逃亡者是否在空中
        {
            return m_bAir;
        }
        public function setAirState( bAir:Boolean )         //设置逃亡者是否被控制的标志
        {
            m_bAir = bAir;
            if( m_bAir == false )
            {
                m_fSpeedY = 0;
            }
        }
```

```
public function Jump()                                    //设置跳跃属性
{
    if( m_bAir == false )                                 //如果还在奔跑（没在空中）
    {
        m_fSpeedY = -12;
        m_bAir = true;
        m_bFirstJump = true;
    }
    else if( m_bFirstJump == true )        //如果已经在空中，并完成了第一次跳跃
    {
        m_fSpeedY = m_fSpeedY - 12;                       //进行二次跳跃
        m_bAir = true;
        m_bFirstJump = false;
        this.gotoAndStop( 8 );
    }
}
public function updateFrame()                   //根据当前状态，设置逃亡者的动作
{
    if( m_bAir == true )                                  //如果在空中
    {
        if( m_fSpeedY < 0 )                               //如果是向上跳跃过程
        {
            if( this.currentFrame < 8 )                   //设置起跳动作画面
            {
                this.gotoAndStop( 8 );
            }
            else                                          //设置翻滚动作画面
            {
                if( this.currentFrame >= 19 )
                {
                    this.gotoAndStop(12);
                }
                else
                {
                    this.nextFrame();
                }
            }
        }
        else                                              //下落过程
        {
            if( this.currentFrame < 20 )                  //设置下落动作画面
            {
                this.gotoAndStop(20);
            }
            else
            {
                if( this.currentFrame >= 24 )
                {
                    this.gotoAndStop(20);
                }
                else
```

```
                        {
                            this.nextFrame();
                        }
                    }
                }
            }
            else                                          //如果在奔跑
            {
                if( this.currentFrame >= 7 )
                {
                    this.gotoAndStop(1);
                }
                else
                {
                    this.nextFrame();
                }
            }
        }
        public function YMove()                           //沿Y轴方向移动
        {
            this.y = this.y + m_fSpeedY;
        }
        public function Logic()                           //逻辑活动，由上层调用
        {
            updateFrame();                                //更新动作画面
            m_fSpeedX = m_fSpeedX + 0.1;                  //更新速度
            m_fSpeedY = m_fSpeedY + 1;
            m_nScore = m_nScore + 1;                      //更新分数
        }
    }
}
```

4．编写 myStage 类的代码

myStage 类对应游戏的舞台，该类的程序流程如图 16-14 所示，具体代码如下所述：

```
package classes
{
    import flash.display.MovieClip;                       //导入各种系统类的支持包
    import flash.display.Sprite;
    import flash.events.KeyboardEvent;
    import flash.ui.Keyboard;
    import flash.events.TimerEvent;
    import flash.utils.Timer;
    import flashx.textLayout.operations.MoveChildrenOperation;
    public class myStage extends MovieClip
    {
        public function myStage()                         //舞台构造方法
        {
            stop();                                       //停止自动播放
            //以下定义键盘监听器和定时监听器
            this.stage.addEventListener(KeyboardEvent.KEY_DOWN,onKeyboardDownEvent);
```

```
        var myTimer:Timer = new Timer(80, 0);
        myTimer.addEventListener("timer", timerHandler );
        myTimer.start();
    }
    public function onKeyboardDownEvent(e:KeyboardEvent):void       //处理用户按键操作
    {
        switch(e.keyCode)
        {
        case Keyboard.SPACE:                                        //如果是空格键
            if( this.currentFrame != 2 )                            //如果处于开机或结束画面
            {
                Reset();                                            //重制游戏
            }
            else
            {
                T_Player.Jump();                                    //让逃亡者跳跃
            }
            break;
        }
    }
    public function Reset()                                         //重制游戏
    {
        this.gotoAndStop(2);
        T_Building1.x = 0;                                          //设置建筑的坐标位置
        T_Building2.x = 1000;
        T_Player.Reset();                                           //设置逃亡者的初始属性
        T_Building1.Reset();                                        //设置建筑物的初始属性
        T_Building2.Reset();
        T_Back1.x = 0;                                              //设置背景的坐标位置
        T_Back2.x = 800;
    }
    public function moveBackAndBuildings()                          //更新背景图像
    {
        ……，此处代码略，与本章实例制作“流程5”中的同名函数代码相同
    public function timerHandler(e:TimerEvent):void                 //定时相应
    {
        if( this.currentFrame != 2 )                                //如果尚未开始游戏
        {
            return;
        }
        moveBackAndBuildings();                                     //移动背景和建筑物
        T_Player.setAirState(true);                                 //先让逃亡者下落
        T_Player.YMove();
        if( T_Building1.collideWithPlayer( T_Player ) )  //判断逃亡者与建筑1是否发生碰撞
        {
            T_Player.setAirState(false);                            //发生碰撞，改变运动状态
        }
        else if(T_Building2.collideWithPlayer(T_Player)) //判断逃亡者与建筑1是否发生碰撞
        {
            T_Player.setAirState(false);                            //发生碰撞，改变运动状态
```

```
                }
                T_Player.Logic();                              //逃亡者的逻辑处理
                ResetView();          //重新设置舞台位置，使逃亡者在屏幕上的实际位置保持不变
                if( T_Player.y > 500 )                         //如果逃亡者掉落，则游戏结束
                {
                    var score:int = T_Player.getScore();
                    this.gotoAndStop(3);
                    this.y = 0;
                    T_Score.text = "Score:"+ score;
                }
            }
            public function ResetView() //重新设置舞台位置，使逃亡者在屏幕上的实际位置保持不变
            {
                this.y = 200 - T_Player.y;
                if( this.y < -0 )
                {
                    this.y = 0;
                }
            }
        }
    }
```

16.2.8　流程 8　设置并发布产品

当所有代码编写完成后，需要将这些类与相应的库元素逐一关联起来，参照前面章节的操作方法，将 myStage 类与游戏舞台相关联，将 Player 类与逃亡者元件相关联，将 myBuilding 类与建筑元件相关联，将 myCoin 类与金币元件相关联。

编译并调试程序后，运行项目并发布产品，可以看到如图 16-1 所示的效果。

本章小结

《急速逃亡》是当前较流行的跑酷类游戏之一。在游戏开发过程中重点掌握不同类的程序流程图对不规则（不是简单的矩形或圆形）图像，可通过增加“碰撞盒”的方法来进行碰撞检测。

思考与练习

1．在计算机中完成《急速逃亡》游戏的制作。

第十七章　Flash 游戏的优化

内容提要

本章由 5 节组成。主要介绍 Flash 画面、ActionScript 脚本的优化方法和如何使游戏更具魅力的方法。最后是小结和作业安排。

学习重点

- Flash 画面的优化
- ActionScript 脚本的优化
- 使游戏更具魅力

教学环境： 计算机实验室

学时建议： 1 小时（其中讲授 1 小时，实验 0 小时）

Flash 游戏常常被嵌入到网页中，在网络环境下进行传输。Flash 游戏通常要具备容量小、执行速度快等特征。容量过大会增加网络下载的等待时间，执行速度慢会影响动画的质量，这些情况都会使用户失去耐心。所以，一款 Flash 游戏的 demo（样本）开发完成后，开发团队除了要查找 demo 的 bug（错误）外，还要对 demo 进行优化。

17.1　Flash 画面的优化

Flash 操作简便，功能强大，现已成为交互式矢量图形和 Web 动画方面的标准。绘制 Flash 游戏图像时，可从以下几方面来进行画面的优化。

1. 尽量使用【传统补间】动画

由前面章节的游戏制作可知，Flash 中的【传统补间】动画是一种【移动渐变】动画，可以减少关键帧的数量，从而减少文件的大小。

2. 多采用实线

绘制 Flash 图形时，应尽量多用实线，少用特殊线条（如短划线、虚线、波浪线等）。由于实线的线条构图最简单，因此使用实线将使 Flash 文件的容量更小。

3. 多使用简单图形

制作 Flash 动画时，应多使用简单形状（如矩形）的图形。图形越复杂，软件运行时就越消耗 CPU 运算时间。可使用菜单命令【修改】→【形状】→【优化】，将矢量图形中不必要的线条删除，从而减小文件。

4. 压缩资源

需要导入资源文件时，应尽量将资源文件进行压缩处理。例如需要导入位图图像时，应尽量将位图以 JPEG 的格式进行压缩；需要导入音效文件时，最好将音效以 MP3 的格式进行压缩。JPG 与 MP3 格式的资源文件所占用的存储空间都比较小。

如果有多张规格相同的图片，建议用 Photoshop 等工具软件将这些图片拼成一张大图片，如图 17-1 所示。

图 17-1 合并图片

这样做可以节省存储空间。下面来做这样的实验，将 10 张规格相同的图片拼成一张大图片，会发现 10 张图片总共占用存储空间的大小要比拼成的大图片所占用的存储空间多。

5. 限制字体和字体样式的数量

在 Flash 中输入文字时，应尽量采用相同的字体。Flash 中的字体越多，其产品文件的存储空间越大。

6. 少用【过渡填充】

【过渡填充】（放射状填充、线性填充等）会使被填充的区域占用更多的存储空间。

7. 使用工具进行优化

很多工具都可以对 Flash 文件进行优化。例如 Flash Optimizer 就是一个功能强大而又简单易用的 Flash 优化工具，该工具可以将 Flash 动画文件的大小压缩至原来的 60%~70%，并保持动画品质基本不变。

17.2 ActionScript 脚本的优化

运行性能较低的游戏时，CPU 会把 90%的时间花费在运行 10%的代码上，这 10%的代码正是需要努力优化的地方。优化 ActionScript 程序可以从如下所述的几个方面入手。

1. 合理利用【垃圾回收器】

使用 ActionScript 语言进行编程不需要考虑内存的分配与释放，因为 ActionScript 提供了垃圾回收的机制，可自动管理内存的分配与“回收”。显然，ActionScript 语言的这个特性方便了开发者，但这个特性也带来了一些隐患。

举个例子来说，游戏中经常需要进行场景的切换，例如某时需要从“平原”场景切换到“洞穴”场景。进入“洞穴”场景后，“平原”场景已经没有显示的必要，这时需要释放“平原”场景所占用的内存资源。在处理这种切换操作时，很多开发者选择用垃圾回收器来回收“平原”场景所占用的内存资源。乍看之下，这种处理方法似乎并无不妥，垃圾回收器的确可以自动回收不再使用的内存资源。但是垃圾回收器不会立即处理“平原”场景所占用的资源，而是等待一段时间后才对这些资源进行回收。在游戏从“平原”场景切换到“洞穴”场景的开始阶段，系统的内存中会同时存储两个场景的资源，此时，系统内存将很可能溢出。

既然垃圾回收器存在上面所述的问题，那么该如何解决这一问题呢？通常所采用的方法是手工释放多余的内存资源。也就是说，除简单类型（int，char，boolean 等）的变量外，必须将所有不再使用的对象设置为 null，即使用类似下面的代码：

```
//img是某个类的对象，下面方法就可将img置空
img=null
```

关于垃圾回收器的使用，这里还要说明一点，先看下面的代码：

```
//a不为空
a=newLogic();
```

一些程序员会错误地理解上面的代码，认为它实现的功能是：给 a 赋予新值，而 a 仍然占用原来的存储空间。但实际上并不是这样，这段代码的实际功能是：给 a 分配新的存储空间，然后再对 a 进行赋值，而 a 原来的存储空间要交给垃圾回收器来处理。因为垃圾回收器并不能立即工作，所以执行上面代码时，系统内存在某一时间段内要同时存储两个对象，这就很可能造成系统内存的溢出。那么，比较合理的写法应该是：

```
//a不为空
a=null;
a=newLogic();
```

这样的代码虽然麻烦一些，但对于用 ActionScript 语言开发 Flash 游戏来说是非常必要的。

2．尽量不在构造方法里对对象做初始化工作

一些程序员喜欢把所有对象的初始化工作都放在构造方法里。这样做会使程序在执行构造方法时处于内存使用的高峰期，当需要初始化的对象很多时，很可能导致内存的溢出。所以，这里建议在构造方法里先不要初始化对象，而是在第一次使用对象时才对该对象做初始化工作。例如使用类似如下的代码：

```
//img是一个未被初始化的对象
//如果img为null说明img尚未初始化
if(img==null){
        //初始化
}
```

3．定义少量的类

系统会为每个类的实例都增加一些额外的开销。具体地说，每个类的实例所占用的内存空间要比该实例中所有变量占用的总空间大，所以减少类的数量也会降低游戏对内存的需求量。但是，有些时候在程序中增加某个类的定义会使代码的结构更清晰、更易阅读，所以该方法的

使用，要建立在不影响程序代码可读性的基础上。

4. 使用 ActonScript 提供的类

一些程序员喜欢自己编写特定功能的类，这些类中有的与 ActonScript 所提供的类的功能相似。其实这并不是编程的好习惯，因为 ActonScript 所提供的每个功能都充分考虑了网络环境的局限性，而且 ActonScript 发展到今天，必然经过了无数实际设备的考验，可以说是 Macromedia 公司经过长期的实践而总结下来的，所以，ActonScript 中各个类的编码效率通常要比程序员自己编写的相似类要高。

5. 不要在循环语句中定义变量

编写 Flash 游戏的代码时，尽量不要在某个循环的内部定义变量。如下面一段代码：

```
for( var i:int = 0; i < 10; i ++ ){
        var m:int = a[i];
        a[i] = b[i];
        b[i] = a[i];
}
```

在上面的代码中，a 和 b 是两个 int 型的数组，代码的功能是交换两个数组的内容。程序执行代码时，每次循环系统都要新建一个 int 型的变量 m，这样会增加对 CPU 的消耗。当然新建一个 int 型变量消耗的 CPU 时间很少，但如果定义的是某个类的实例而且循环次数又比较多的情况，CPU 的性能就明显下降了。那么，以上代码应改写为：

```
var m:int = 0;
for( var i:int = 0; i < 10; i ++ ){
m = a[i];
a[i] = b[i];
b[i] = a[i];
}
```

这样改写后，程序在执行代码时，每次循环中 CPU 不需要再为变量 m 重新分配存储空间，也就达到了降低游戏对 CPU 消耗的目的，即提高了 CPU 的性能。

6.以内存换速度

如果某个游戏程序需要的内存空间比较少，但计算量却很大，可以考虑分配一些内存来存储需要重复计算的中间变量，减少了计算的步骤，进而节省了 CPU 计算的时间。

7. 算法的选择

算法的选择，对初学者来说较难掌握。不过还是有一些技巧可言的，例如在游戏程序中尽量不使用起泡排序法，而用二插排序法来代替，学过编程的人都应该知道这两种排序方法的差异。

17.3 使游戏更具魅力

编写游戏当然希望它能吸引人。一款游戏的雏形完成后，还可在以下几个方面对其进行优化。

1．注意控制游戏的节奏

有些方块消除类游戏，例如俄罗斯方块游戏，这类游戏中如果物体运动的速度太快，会让玩家有一种措手不及的感觉。如果每次出现新方块的时候都能停顿一下，会让玩家在玩游戏时更轻松。相反，一些如跳舞机类的游戏，如果节奏缓慢就无法调动玩家的兴趣，所以要根据游戏的性质，适当地修改代码，提高或放缓游戏的节奏。

2．利用图片实现丰富多彩的表达效果

在游戏中，可以将各种特殊的文字做成图片，用图片来取代文字，会使游戏更加生动，比如用五角星来表示游戏的难度等。

3．使游戏能够自动调整难度

如果在一个俄罗斯方块游戏中使用如下代码，可以使游戏难度不断加大。

```
private void giveLevel(){
    if(level<=10){
        levelSleep=600-(level - 1) * 50;
        if(levelSleep<200)
            levelSleep=200;
        levelDelTask=200+(level-1)*100;
        if(levelDelTask>1000)
        levelDelTask=1000;
        //画等级--五角星
        paintStar();
    }else{
        gameWin();
    }
}
```

在上面代码中，level 表示游戏等级，levelSleep 表示每个方块下落前的等待时间，levelDelTask 表示过一关所需要消除的方块数目，也可以理解为过一关需要完成的任务。上面代码中的计算公式可以保证游戏难度不断增加，进而提高了游戏的吸引力。

本章小结

优化 Flash 动画，可从使用【传统补间】动画、多采用实线、压缩资源等方面入手；优化 ActionScript 脚本，可从合理利用【垃圾回收器】、尽量不在构造方法里对对象做初始化工作、定义少量的类等方面入手。

思考与练习

1．为什么要对 Flash 游戏进行优化?
2．优化 Flash 动画时，有哪些常用的方法？
3．ActionScript 语言中的“垃圾回收”机制是怎样的功能？
4．ActionScript 脚本常用优化方法有哪些？